Ulrich Förstner   German Müller

Schwermetalle in Flüssen und Seen

als Ausdruck der Umweltverschmutzung

Mit einem Geleitwort von H.-J. Elster

Mit 83 Abbildungen und 59 Tabellen

Springer-Verlag
Berlin Heidelberg New York 1974

Univ. Doz. Dr. Ulrich Förstner
Prof. Dr. German Müller

Laboratorium für Sedimentforschung
Universität Heidelberg
D–6900 Heidelberg, Berliner Straße 19

Umschlagfoto: Sven-Simon-Fotoagentur GmbH, Essen

ISBN 978-3-642-49243-3   ISBN 978-3-642-49242-6 (eBook)
DOI 10.1007/978-3-642-49242-6

Zum Geleit

Seitdem unsere Umweltkrise, d.h. die anthropogene Fehlsteuerung und
Überlastung der von der Zivilisation betroffenen Ökosysteme und der
gesamten Biosphäre offenbar geworden ist, erschien in den letzten
Jahren eine Flut von Veröffentlichungen, welche die Bevölkerung und
vor allem die Politiker und Verwaltungsorgane auf die drohenden Gefahren aufmerksam machen sollten. In dieser "Warnphase" ist manches
gesagt und geschrieben worden, was mehr auf Befürchtungen für unsere
Zukunft als auf solider wissenschaftlicher Basis beruhte, da man angesichts der bekannt gewordenen Teilaspekte nicht warten konnte, bis
alle Einzelfragen geklärt waren. Diese Warn- und Aufklärungsperiode
hat uns allen bewußt gemacht, daß wir die Zukunft der Biosphäre nicht
den sich widersprechenden Einzelinteressen der menschlichen Gesellschaft überlassen können, sondern daß wir sie sorgfältig und um-
fassend planen müssen.

Diese Planungsperiode liegt als Aufgabe noch vor uns. Was wir dazu
benötigen, sind detaillierte Erkenntnisse über die Belastungen und
Belastbarkeit der Ökosysteme, die insgesamt unsere Umwelt, d.h. die
irdische Biosphäre zusammensetzen. Die aquatischen Lebensräume spielen seit Jahrzehnten in der Ökosystemforschung eine besondere Rolle.
Da jedoch Ökosysteme nur interdisziplinär erforscht werden können,
hat die Kommission für Wasserforschung der Deutschen Forschungsgemeinschaft bereits 1959 das "Bodenseeprojekt" als interdisziplinäre Ge-
meinschaftsarbeit angeregt und finanziert. Es folgten u.a. die ebenfalls interdisziplinären Projekte "Schadstoffe in Binnengewässern"
und "Nahrungskettenprobleme in aquatischen Lebensräumen".

Professor Dr. German Müller und seine Mitarbeiter übernahmen in diesen
Gemeinschaftsprojekten die Untersuchung der Sedimente, die als rever-
sible Sedimente eine wichtige Steuerungsfunktion bei vielen Stoffwechselvorgängen im Ökosystem haben und als definitive Sedimente eine
wichtige Rolle als Nahrungsbasis für die Bodenfauna und als Dokumen-
tation der Geschichte des Ökosystems spielen.

Das vorliegende Buch bringt eine gedrängte Zusammenfassung der Ergebnisse auf dem Teilgebiet der Schwermetall-Belastung unserer Binnengewässer mit Hinweisen auf die entsprechende Situation in den Küstengewässern der Bundesrepublik. Es liefert wichtige Grundlagen für die
"Planungsperiode", doch sind viele Ergebnisse zugleich ernste Warn-
signale, und gleichzeitig werden am Schluß des Werkes Hinweise für
Sanierungsmöglichkeiten gegeben.

Auch in diesem Buch wird offenbar, wie wenig wir auf vielen für die
Planung unserer Zukunft wichtigen Gebieten bisher wissen - z.B. über
die kritischen Konzentrationen und die physiologischen Wirkungen von
Einzelfaktoren im Rahmen der jeweiligen toxischen Gesamtsituation.

So kann man dem Werk der beiden Autoren nur weiteste Verbreitung wün-
schen: Als Beitrag zur Aufklärung der gegenwärtigen Situation und
Tendenz in unseren Binnengewässern, als Warnung vor akuten und zukünftigen Gefahren, aber auch als Anregung zu Diskussionen und weiteren
Untersuchungen der noch offenen Fragen.

Prof. Dr. H.-J. ELSTER
Limnologisches Institut
(Walter-Schlienz-Institut)
der Universität Freiburg
in Konstanz

Vorwort

Die vorliegende Studie befaßt sich mit umweltbedingten Metallkonzentrationen in Flüssen und Seen, insbesondere mit der Herkunft, Verbreitung und den Auswirkungen von toxischen Schwermetallen. Im Mittelpunkt steht eine Bestandsaufnahme der Schwermetall-Belastung von Gewässern in der Bundesrepublik Deutschland und die generelle Beschreibung der Anreicherungsvorgänge von Schwermetallen in aquatischen
Systemen.

Die Einbeziehung sedimentologischer Untersuchungen stellt eine wichtige Verbesserung der gewässerkundlichen Methodik dar. Nach ZÜLLIG
(1956) spiegeln die <u>Sedimente</u> "als Ausdruck des Zustandes eines Gewässers" die hydrochemischen und ökologischen Verhältnisse sowie
deren Veränderungen über längere Zeiträume hinweg wider. Durch die
konsequente Anwendung geochemischer Prospektionsverfahren können über
die Analyse der Sedimente auch temporäre und lokale Verschmutzungsursachen aufgespürt werden, die bislang mit ausschließlich wasserorientierten Messungen kaum erfaßbar waren.

Unsere Untersuchungen ergeben das Bild einer bedrohlichen Entwicklung
in den aquatischen Ökosystemen und für die Trinkwasserversorgung.
Hieraus leitet sich die Forderung nach veränderten Technologien auf
den Gebieten der Abwasserreinigung, der Trinkwasseraufbereitung und
der Verwendung und Wiedergewinnung von Schwermetallen ab.

Heidelberg, im Winter 1973   ULRICH FÖRSTNER
                                              GERMAN MÜLLER

Dank

Die Laboratoriums- und Geländeuntersuchungen zu dieser Studie wurden
von der Deutschen Forschungsgemeinschaft im Schwerpunktprogramm "Schadstoffe im Wasser", vom Bundesministerium des Innern über den Fachausschuß "Wasserversorgung und Uferfiltrat" sowie vom Centre Européen
d'Etudes des Polyphosphates finanziell unterstützt.

Wir danken den Kollegen in diesen Gremien, Prof. Dr. W. BLEINES (Karls-
ruhe), Prof. Dr. J. BORNEFF (Mainz), Dr. DIESEL (Bundesinnenministerium,
Bonn), Prof. Dr. H.-J. ELSTER (Konstanz), Dipl.-Ing. B. FOKKEN (Köln),
Dr. U. de HAAR (DFG, Bad Godesberg), Dr. K. HABERER (Wiesbaden),
Dr. H.-W. HOLZ (Nienburg), Dr. J. KANDLER (Knapsack b. Köln), Dr. F.
KOPPE (Essen), Dr. H. KUSSMAUL (Düsseldorf), Prof. Dr. K.-H. QUENTIN
(München), Prof. Dr. J.K. REICHERT (Aachen) und Prof. Dr. SIEVERS
(Berlin) für Probenmaterial, Diskussionen und Literaturhinweise.
Wichtige Anregungen und z.T. auch Probenmaterial gaben uns Frau Dr.
S. LITTLE-GADOW (Wilhelmshaven), Prof. Dr. K. AURAND (Berlin), Dr. H.
HELLMANN (Koblenz), Dr. W. KÄSS (Freiburg), Dr. W. KRUMBEIN (Helgoland),
Dr. A. SCHÄFER (Mainz) und Dr. G. WAGNER (Langenargen).

Herr Dr. H. ERLENKEUSER, Dr. E. SUESS und Dr. H. WILLKOMM (Kiel) über-
ließen uns freundlicherweise Daten aus einer bislang unveröffentlich-
ten Arbeit über Schwermetalle in der Ostsee.

Die Betriebsleitung der Energie-Versorgung Schwaben AG., Dampfkraftwerk Heilbronn, stellte uns ihr Gelände für eine Uferfiltrat-Versuchsstrecke am Neckar zur Verfügung; Betriebs-Chemiker Dr. FLEISCHHAUER
danken wir für sein persönliches Interesse an der Durchführung dieser
Arbeiten. Die Wasser- und Schiffahrtsdirektion Stuttgart sowie das
Wasser- und Schiffahrtsamt Heidelberg ermöglichten zwei Probeentnahme-
fahrten auf dem Neckar und die Einrichtung einer ständigen Beobach-
tungsstation an der Schleuse Heidelberg - Karlstor.

Herr H. MANDEL aus Ludwigsburg-Oßweil gab uns durch seine dringliche
Anfrage über eine mögliche Gefährdung von Fischen durch Cadmium den
direkten Anlaß für detaillierte Untersuchungen im mittleren Neckarabschnitt. Den Angelsportsvereinen Besigheim, Kirchheim/Neckar und
Bammental sowie den Landesfischerei-Behörden von Baden-Württemberg
danken wir für die Bereitstellung des Fischmaterials aus Neckar und
Rhein.

Teilaspekte der vorliegenden Untersuchungen wurden von Dr. K. BANAT
und M. GASTNER an unserem Laboratorium selbständig bearbeitet. Wir
danken unseren Mitarbeitern Dipl.Min. P.S. RAO, K.L. SOONG (M.S.) und
cand.min. D. REINHARD für die Überlassung von Zwischenergebnissen aus
ihren laufenden Untersuchungen.

Die analytischen Arbeiten wurden von Frau I. KRÜLL, Frau G. RAUSCH
und Herrn M. GASTNER mit bewährter Sorgfalt durchgeführt. Bei der
Probeentnahme und -aufbereitung wirkten cand.min. M. KÜHN, cand.chem.
A. RULAND und Herr F. WOLF mit.

Die graphische Ausgestaltung lag in den Händen von Herrn U. KÄSTNER (Heidelberg). Der Springer-Verlag erfüllte unseren Wunsch nach einer möglichst aktuellen Wiedergabe von Untersuchungsergebnissen und Literaturzitaten durch die außergewöhnlich kurze Drucklegungsfrist von weniger als drei Monaten nach Vorliegen der abschließenden Messungen. Den mit der Gestaltung des Buches befaßten Mitarbeitern des Verlagshauses gilt unser herzlicher Dank, insbesondere Herrn Dr. H. WIEBKING für seinen großen persönlichen Einsatz.

Inhaltsverzeichnis

Die Konzentrationen von Schwermetallen werden
nachfolgend vorwiegend in ppm oder ppb angegeben.

1 ppm (parts per million) entspricht
1 mg/kg (bei Wasser $\approx$ 1 mg/l) oder 1 g/t oder
0,0001% (10^{-4}%)

1 ppb (parts per billion[*]) entspricht
1/1000 ppm oder
1 µg/kg (bei Wasser $\approx$ 1 µg/l) oder 1 mg/t oder
0,000 0001% (10^{-7}%)

1000 ppb = 1 ppm; 10.000 ppm = 1%

---

[*]billion (amerik.) = Milliarde

A. Bedrohte Gewässer

1. Wasserverschmutzung - Ursachen und Folgen

Die zunehmende Belastung unserer Umwelt durch Schadstoffe wird besonders deutlich am Zustand der Flüsse und Seen in den dicht besiedelten, hoch industrialisierten Gebieten. Die meisten dieser Gewässer
sind in ihrem biologischen Bestand direkt bedroht. Viele zeigen bereits Symptome einer nachhaltigen Vergiftung und einigen kommt lediglich noch die Funktion von Abwässerkanälen zu.

Für diese nachteilige Entwicklung gibt es verschiedene Gründe:
Zunächst einmal ist - als Konsequenz des Bevölkerungswachstums und
der erhöhten Lebensansprüche - das Aufkommen an Abfallstoffen aus dem
industriellen, landwirtschaftlichen, kleingewerblichen und individuellen Bereich in den vergangenen Jahrzehnten sprunghaft angestiegen.
Der Bau von Kläranlagen hat damit weder zahlenmäßig noch in der technischen Ausstattung Schritt halten können.

Traditionell werden die Binnengewässer als Vorfluter für Abwassereinleitungen benutzt, in erster Linie wegen der geringen Kosten. Die
prinzipielle Eigenart dieser Wassersysteme führt jedoch dazu, daß die
Schadstoffe in einem sehr begrenzten Transportmedium immer mehr kon-
zentriert werden. Hinzu kommen Anreicherungsvorgänge auf dem Grund
der Gewässer und Multiplikationseffekte verschiedener Substanzen,
deren ökologische Langzeitwirkungen bislang noch nicht zu übersehen
sind.

Schließlich erfordert eine ständig steigende Zahl von Abfallsubstan-
zen immer umfangreichere Kontrollsysteme. Hohe Kosten und analytische
Nachweisschwierigkeiten, vor allem aber die veralteten Vorschriften,
langfristigen Verträge und Ausnahmeregelungen stehen vielfach wirksamen Maßnahmen gegen die Verschmutzung der Binnengewässer im Wege.

Die unmittelbaren Folgen einer zunehmenden Schadstoffbelastung der
Binnengewässer für unsere Trinkwasserversorgung und für unsere marinen Nahrungsquellen werden immer deutlicher:

Die Wasserversorgung großer Gebiete ist verstärkt auf Oberflächengewässer angewiesen, da die natürlichen Grundwasservorräte ständig ab-
nehmen und zudem immer schwieriger zugänglich werden. Schon jetzt
decken die Flüsse und Seen in der Bundesrepublik Deutschland zwei
Drittel des gesamten Wasseraufkommens von Industrie und Gemeinden,
und nahezu 10% dieser Oberflächengewässer müssen sogar zu Trinkwasserqualität aufbereitet werden. Bei den derzeit üblichen Reinigungsverfahren und den ständig steigenden Schadstoffgehalten im Wasser ist
nicht auszuschließen, daß gefährliche Substanzen unter ungünstigen
Voraussetzungen auch in erhöhter Dosis in die Trinkwasserversorgung
gelangen.

Zwangsläufig erreicht die Masse der Schadstoffe - in gelöster, kolloi-
daler oder fester Form - über die Fließgewässer die Weltmeere. In
besonderem Maße konzentrieren sich diese Substanzen in den Flachmeeren

am Rande dicht besiedelter Industrieregionen, beispielsweise in der Ostsee und in der Nordsee. Da solche Giftstoffe zum Teil in der Nahrungskette eine weitere Anreicherung erfahren, werden zunehmend toxische Grenzwerte in Fischen und in anderen nutzbaren Meeresorganismen überschritten. Diese Entwicklung ist umso bedenklicher, als gerade das Meer zukünftig die Rolle eines Hauptlieferanten für Proteine übernehmen soll.

Weniger spektakulär, aber kaum weniger bedrohlich sind die anderen Konsequenzen einer biologischen Verödung der Binnengewässer: zunehmende Schmutzfrachten und Geruchsbelästigungen verringern ständig den Freizeitwert unserer Flüsse und Seen. Auch unterhalb einer akuten Alarmschwelle wird die Versorgung mit Wasser von ausreichender Qualität sowie die Beseitigung der verstärkt anfallenden Abwässer immer problematischer.

2. Salz-Gehalte der Binnengewässer

Die irdischen Wasservorräte scheinen nahezu unerschöpflich - wenn man die Ozeane in die Kalkulationen mit einbezieht. Noch immer sind jedoch die Kosten einer Aufbereitung von Meerwasser so hoch, daß man auch in der überschaubaren Zukunft bei der Versorgung weiter Gebiete mit Trink- und Brauchwasser vor allem auf die natürlichen Süßwasservorkommen angewiesen sein wird. Wie die Tabelle 1 zeigt, sind diese Vorräte sehr begrenzt:

Tabelle 1. Die Wasservorräte der Erde (aus LEOPOLD und DAVIS, 1970)

Erscheinungsform	Menge Kubikkilometer	Anteil an der Gesamtmenge (Prozent)
Oberflächengewässer		
Süßwasserseen	125 000	0,009
Salzseen und Binnenmeere	104 000	0,008
Flüsse und Ströme	1 000	0,0001
	230 000	0,017
Grundwasser		
Bodenfeuchtigkeit	67 000	0,005
Grundwasser (bis 800 m)	4 170 000	0,31
Grundwasser (tiefer als 800 m)	4 170 000	0,31
	8 407 000	0,625
Eiskappen und Gletscher	29 190 000	2,15
Atmosphäre	13 000	0,001
Ozeane	1 321 890 000	97,2
Insgesamt (angenähert)	1 360 000 000	100

In Betracht kommen bei den Oberflächengewässern die Süßwasserseen mit 0.009% sowie die Flüsse und Ströme mit 0.0001% der globalen Vorräte; von den Grundwässern (0.6%) können z.Zt. kaum mehr als ein Fünftel bis ein Zehntel wirtschaftlich gefördert werden, so daß bis auf weiteres höchstens ein Drittel Prozent der gesamten irdischen Wasservorräte verfügbar sein wird.

Für Trinkwasserzwecke kann davon wiederum nur ein Teil wegen einer zu hohen - natürlich oder zivilisatorischen - Salzbelastung verwendet werden.

2.1 Natürliche Salzkonzentrationen

Die chemische Zusammensetzung der Binnengewässer ist das Ergebnis verschiedener Umgebungsfaktoren, die gleichzeitig, aber mit unterschiedlicher Intensität wirksam sind (GORHAM, 1961): Die Böden und Gesteine (Chemismus, Löslichkeit, u.a. Teilfaktoren), das Klima (Niederschläge, Temperatur), die Morphologie, die Flora und Fauna, der Zeitfaktor und - in immer stärkerem Maße - anthropogene Einflüsse.

Für die natürliche hydrochemische Entwicklung der Binnengewässer besitzt der Teilfaktor "Niederschläge" die größte Bedeutung. Wie stark dabei allein die Salinität der Gewässer beeinflusst wird, zeigen - in globalem Rahmen - die beiden Flußbeispiele der Tabelle 2:

Tabelle 2. Chemismus von Fließgewässern (aus LIVINGSTONE, 1963). Zahlenangaben in mg/l

	Orinoco (Puerto Ayacuho)	Rio Grande (Laredo)	Mittel Erde
Bikarbonat - HCO_3^-	22.0	183	58.4
Sulfat - SO_4^{2-}	8.8	238	11.2
Chlorid - Cl^-	2.0	171	7.8
Calcium - Ca^{2+}	3.2	109	15.0
Magnesium - Mg^{2+}	0.5	24	4.1
Natrium - Na^+	8.7	117	6.3
Kalium - K^+	n.b.	7	2.3
Kieselsäure	8.0	30	13.1
Salz-Gehalt	53.2	879	118.2

Im feuchttropischen Orinoco spiegelt sich noch weitgehend die Hydrochemie des Regenwassers mit dem extrem geringen Salz-Gehalt wider; der Rio Grande aus den semiariden Tropen besitzt demgegenüber um das 20-fache höhere Salzanteile, wobei besonders Sulfat und Chlorid überproportional angereichert sind.

Hydrochemische Unterschiede bei vergleichbaren klimatischen Verhältnissen sind dagegen meist auf den Gesteinsuntergrund zurückzuführen. Wässer aus magmatischen oder metamorphen Gesteinsprovinzen sind generell ionenärmer als solche aus sedimentären Gebieten; sehr salzreiche Gewässer finden sich im Einflußbereich von chemischen Sedimenten (CONWAY, 1942).

Charakteristische Entwicklungstrends in den natürlichen Wässern lassen sich aus den von LIVINGSTONE (1963) gesammelten - meist einige Jahrzehnte alten - Analysendaten von Binnengewässern aus verschiedenen Klimazonen der Erde ablesen (Abb. 1):

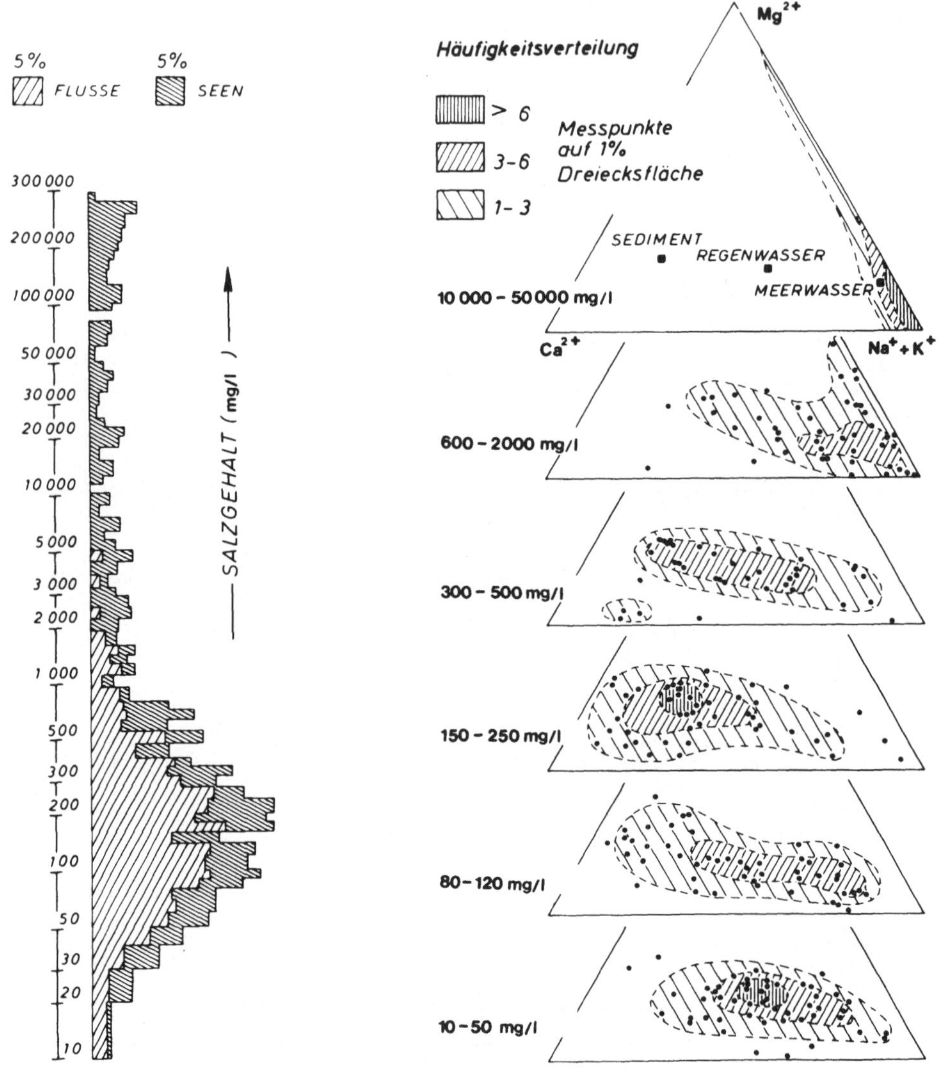

Abb. 1. Salz-Gehalte und Haupt-Kationen der Binnengewässer (aus FÖRSTNER, 1974; nach Daten von LIVINGSTONE, 1963)

Die <u>Salz-Gehalte</u> in den Flüssen reichen von 10 mg/l bis zu ca.
2000 mg/l. Häufig ist eine Salzfracht zwischen 100 und 200 mg/l. Dagegen sind die Seen gleichmäßiger über dieses Salinitätsspektrum verteilt; Süßwasserseen, im allgemeinen mit sog. "Durchflußseen" gleich-
zusetzen, enthalten bis ca. 1000 mg/l an gelösten Salzen. Höhere Salzkonzentrationen - bis über 300 g im Liter Wasser - finden sich in den
abflußlosen Seen in Gebieten mit geringen Niederschlägen und einer
hohen Verdunstungsrate.

Offensichtlich verschiebt sich mit steigenden Salz-Gehalten auch die
Zusammensetzung der <u>Hauptkomponenten</u>. Die Abb. 1 gibt die Verhältnisse
zwischen Calcium, Magnesium und Alkalien von Binnengewässern verschiedener Salinitätsstufen wieder:

In den extrem salzarmen Flußwässern, wie wir sie nur in sehr nieder-
schlagsreichen Gebieten finden, stimmt das Verteilungsmaximum der
Haupt-Kationen genau mit der mittleren Regenwasser-Zusammensetzung
(WEDEPOHL, 1969) überein. Bei zunehmenden Salinitäten verändern sich
die Kationenverhältnisse in Richtung auf einen durchschnittlichen
Chemismus von Sedimentgesteinen (POLDERVAART, 1955) - eine Folge in-
tensiver Wechselwirkung der Gewässer mit dem Gesteinsuntergrund. In
den Trockengebieten schließlich führt die hohe Verdunstungsrate zu
noch stärkerer Salzanreicherung in den Gewässern; es treten Fällungs-
reaktionen und Sorptionsprozesse hinzu, insbesondere Karbonatabschei-
dungen (GIBBS, 1970, 1971), die eine fortschreitende Differenzierung
der Lösungen bewirken. Zuletzt stellt sich in den sehr salzreichen
Wässern der Salzseen eine ausgeprägte Natriumchlorid-Vormacht ein.

2.2 Zivilisatorische Salz-Belastungen

Diese natürlichen Entwicklungen in den Binnengewässern werden zunehmend
durch anthropogene Einflüsse überlagert, gebietsweise so stark - vor
allem durch Chlorid- und Sulfatlaugen - daß der natürliche Chemismus
nicht mehr zu erkennen ist. Ein Vergleich von Wasseranalysen aus dem
vergangenen Jahrhundert (Abb. 2) für die Donau, den Rhein und die
Weser nach Daten aus LIVINGSTONE (1963) mit neueren Meßwerten zeigt
eine für viele unserer Flüsse und Seen sehr unheilvolle Entwicklung:

Während der vergangenen 80 Jahre wurde die Donau in ihrem Chemismus
kaum verändert; die von SCHWAGER (1893) gemessenen Hauptionen Chlor,
Sulfat, Bikarbonat, Natrium, Calcium und Magnesium fanden sich in unseren Analysendaten in gleicher Höhe wieder. Demgegenüber sind im selben Zeitraum (Meßwerte von EGGER, 1887; SEYFERT, 1893) die Salz-Gehalte des Rheins um ungefähr das Dreifache, die der Weser sogar um das
Achtfache angestiegen. Die Veränderungen fanden vor allem bei der
Natriumchlorid-Komponente statt.[1]

Der Anstieg der Natriumchlorid-Gehalte im Rhein und in der Weser geht
auf das Konto von Salinenabwässern, die im Falle der Weser überwiegend
aus den thüringischen Salzlagerstätten kommen. Die Salzfracht des
Rheins - im Niederrheingebiet ca. 10 Millionen Tonnen pro Jahr (HIN-
RICH, 1972b) - stammt nahezu zur Hälfte aus den elsäßischen Kalila-

---

[1]Für Säuglinge und für Herzkranke sollen schon 40-50 mg/l Chlorid bedenklich sein. Bei 200 mg/l Chlorid ist der Geschmack des Trinkwassers
bereits stark beeinträchtigt. Bei einer Chloridkonzentration von über
250 mg/l werden die Wasserpflanzen in ihrer Assimilationstätigkeit ge-
schädigt.

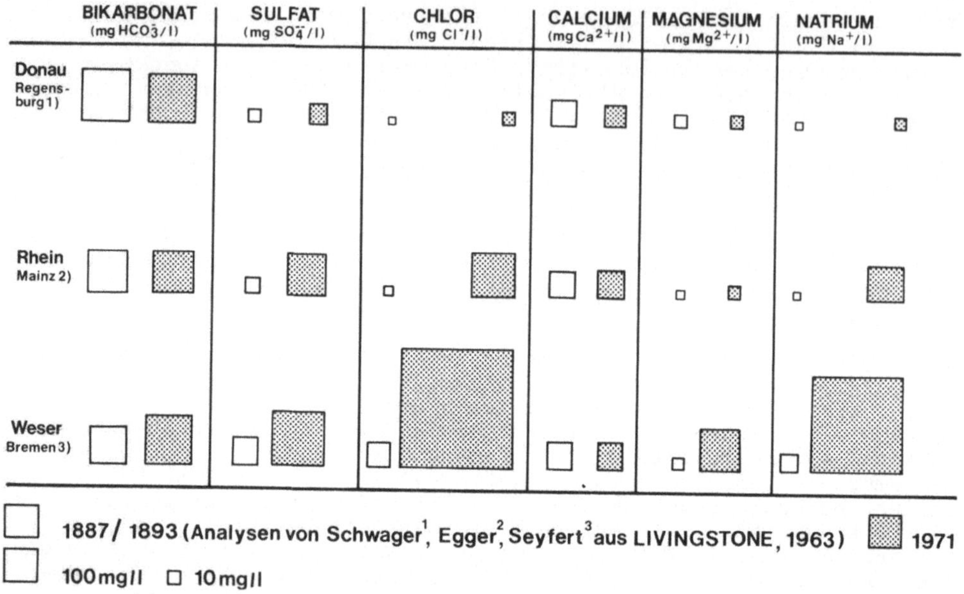

Abb. 2. Veränderung des Ionen-Bestandes von Donau, Rhein und Weser zwischen 1887/1893 (Meßdaten aus LIVINGSTONE, 1963) und 1971 (BANAT et al., 1972c)

gern. Eine Verminderung dieser enormen Salzbelastung stellt eine schwer lösbare internationale Aufgabe dar.

3. Wasserbedarf - Abwassereinleitungen - Schadstoffe im Wasser

Der Wasserbedarf von Industrie und Kommunen steigt - auch bei stagnierenden Bevölkerungszahlen - weiterhin stark an. Lag z.B. 1959 das Industrie-Wasseraufkommen in der Bundesrepublik Deutschland noch bei 8 Mrd.m^3, so ist für das Jahr 1985 nahezu mit einer Verdoppelung der Nachfrage zu rechnen und im Jahre 2000 werden voraussichtlich mehr als 22 Mrd.m^3 in diesem Bereich erforderlich sein (Bericht des Battelle-Instituts für das Bundesministerium des Innern, 1972). Gleichzeitig nimmt auch die Abwasserbelastung immer bedrohlichere Formen an, und das nicht nur mengenmäßig, sondern auch - verursacht durch neuentwickelte Technologien - mit einem immer weiteren Spektrum gefährlichen Substanzen.

Einen informativen Überblick über die anstehenden Probleme auf dem Wasser- und Abwassersektor geben u.a. STIEGELE und KLEE in ihrem Buch "Kein Trinkwasser für morgen" (1973). Hier sollen die Verhältnisse in der Bundesrepublik Deutschland kurz dargestellt werden:

Abb. 3 zeigt die Zunahme des Wasseraufkommens im kommunalen und industriellen Bereich zwischen 1960 und 1970 nach den Erhebungen des Verbandes der Deutschen Gas- und Wasserwerke (VGW - Wasserstatistik) und des Statistischen Bundesamtes (HÜBNER, 1972). Die Gesamtzuwachsraten betrugen in diesem Zeitraum in beiden Bereichen jeweils 130%.

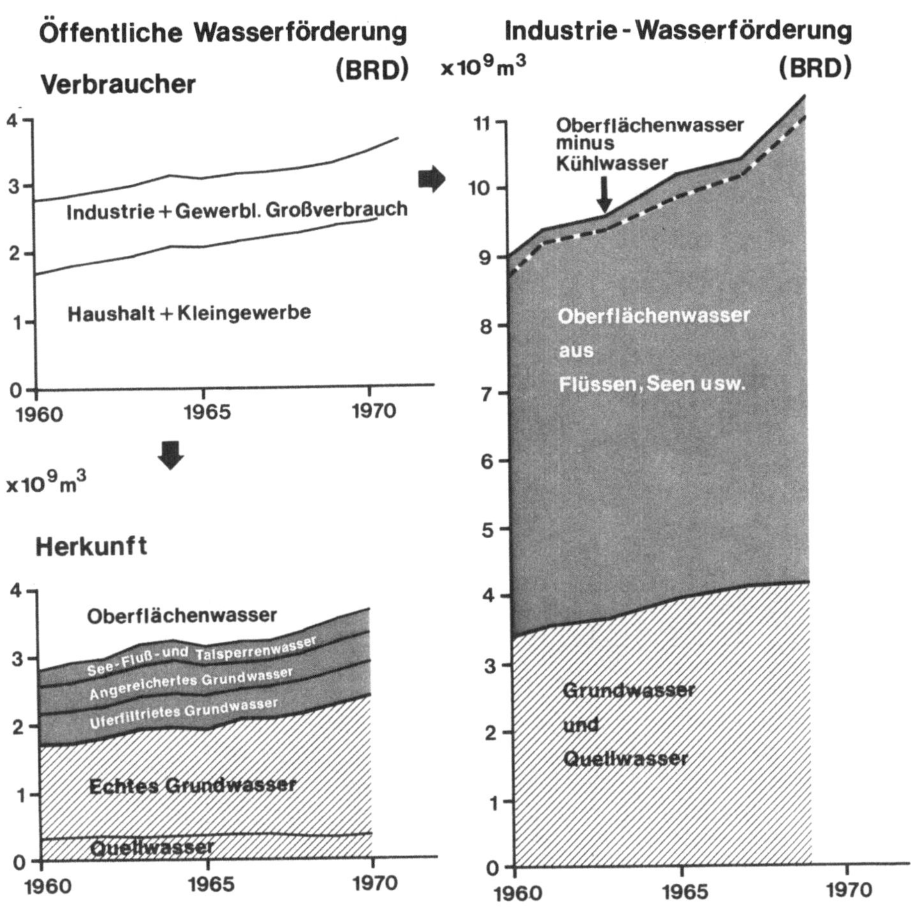

Abb. 3. Wasserförderung und Herkunft des Wassers in der Bundesrepublik
Deutschland zwischen 1960 und 1970 (nach Zahlenangaben von HÜBNER, 1972)

Besonders stark war im Rahmen der öffentlichen Wasserförderung der
Anstieg bei See- und Talsperrenwasser sowie bei echtem Grundwasser
mit 196%, 159% bzw. 146%.

Läßt man den für industrielle Kühlwasserzwecke eingesetzten Anteil der
Oberflächengewässer außer Betracht, so liegt der eigentliche "Wasserverbrauch" in Industrie und Kommunen nahezu gleich hoch bei 3 bis
4 Mrd.m³/Jahr. Die Kosten für die Wasseraufbereitung sind im öffentlichen Bereich oft höher, da dort - bei gleichem Leitungsnetz für
Trink- und Brauchwasser - die Hauptmenge des geförderten Wassers
Trinkwasserqualität aufweisen muß. Vor allem bei den aus Flüssen,
Seen oder Talsperren direkt oder indirekt - durch Uferfiltration
oder künstliche Grundwasseranreicherung - gewonnenen Wässern ist häufig
eine zusätzliche Reinigung erforderlich; mit einer steigenden Verschmutzung der Oberflächengewässer wird auch der technische Aufwand
zur Trinkwassergewinnung in Zukunft sehr stark zunehmen müssen. Daneben erfordert die wachsende Gefährdung des Grundwassers durch Sicker-
wässer aus Mülldeponien gerade im öffentlichen Sektor immer umfangreichere Kontrollmaßnahmen. Es stellt sich weiter die Frage nach der

zukünftig verfügbaren Wassermenge. Berechnungen von HUSMANN (1972) zufolge "wird im Jahre 2000 das praktisch erreichbare Grundwasser (ca. 16 Mrd.m^3/J.) "ausverkauft" und das gewinnbare Oberflächenwasser (30 Mrd.m^3/J.) zu etwa 30% vergeben sein". Eine gewisse Entlastung bringt inzwischen die zunehmende Anwendung einer Kreislaufwasserführung im industriellen Bereich. Die Abb. 4 zeigt, daß die Wiederverwendungsrate für das Wasser in der Kohlenindustrie am höchsten liegt, gefolgt von den Raffinerien und der Eisen- und Stahlindustrie.

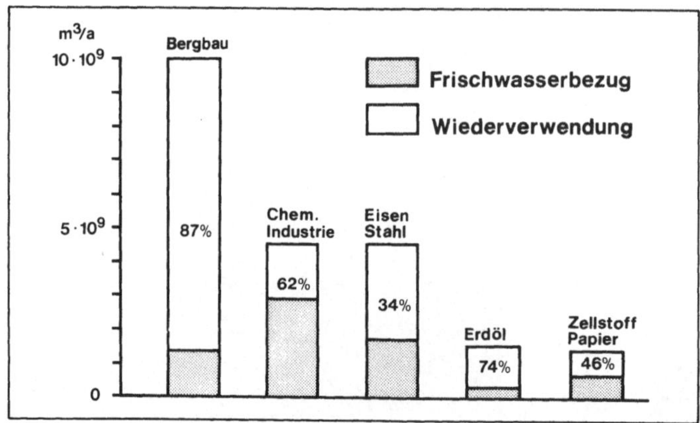

Abb. 4. Wasserverbrauch und -wiederverwendung in wichtigen Industriezweigen (aus HUSMANN, 1972)

Die entscheidenden Fortschritte müssen jedoch auf dem Abwassersektor stattfinden. Das Ausmaß einer ständig zunehmenden Abwasserbelastung der Binnengewässer ergibt sich aus den Aufstellungen des Bundesinnenministeriums ("Betrifft: Umweltschutz - Sofortprogramm der Bundesregierung", 1970) wonach über die öffentlichen Kanalisationen folgende Wassermengen in die Gewässer eingeleitet werden (Tabelle 3):

Tabelle 3. Über die öffentlichen Kanalisationen in die Gewässer eingeleiteten Wassermengen. Werte in Millionen Kubikmeter pro Tag

Jahr	Industrie- abwasser	Häusliches und kleingewerbl. A.	Grund- und Bachwasser
1957	3,4	4,5	2,0
1963	5,0	6,6	1,8
1968	5,2	7,6	1,8
1985 (geschätzt)	7,7	13,0	1,8

Die Zuwachsraten waren besonders hoch bei den häuslichen und kleingewerblichen Abwässern. Diese Entwicklung wird auch in der Zukunft anhalten. Demgegenüber ist der Anstieg bei den Industrieabwässern, die in die öffentlichen Kanalisationen eingeleitet werden, wesentlich geringer, da vor allem die Großbetriebe in verstärktem Maße eigene Aufbereitungsanlagen einrichten, die auf ihre spezifischen Belange besser abgestimmt werden können.

Abb. 5 gibt eine Übersicht über die anfallenden Mengen und die Art
der Behandlung von Abwässern in der Bundesrepublik Deutschland für
das Jahr 1969: Bei den unmittelbar in die Gewässer abgeleiteten Industrieabwässern (ca. 10.5 Mrd.m^3) handelt es sich zu 63% um Kühl-
wasser, 16% entfielen auf gefördertes, aber ungenutzt abgeführtes
Wasser (darunter Grubenwasser, das z.T. sehr hohe Salzgehalte aufwies), 15% waren behandelte bzw. gereinigte Betriebswässer; 600
Millionen Kubikmeter Industrieabwässer wurden 1969 ungereinigt in die
Flüsse und Seen abgelassen.

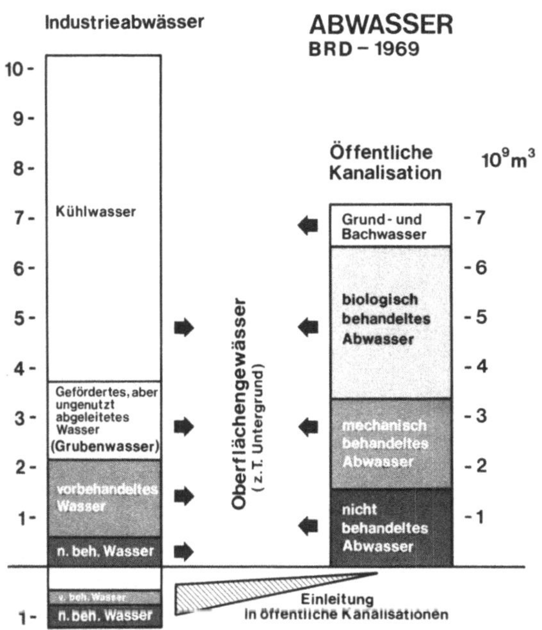

Abb. 5. Abwassermengen und
Abwasserbehandlung in der
BRD im Jahre 1969 (nach
Zahlenangaben von HÜBNER,
1972)

Noch bedrohlicher ist die Situation im öffentlichen Abwasserbereich.
Z.Zt. gelangen 52% der Abwässer ungereinigt oder lediglich mechanisch
"gereinigt" in die Vorfluter; 10% der Abwässer erfahren immerhin eine
teilbiologische Reinigung. Vollbiologisch behandelt - was eine ausreichende Zufuhr von Sauerstoff erfordert - wurden 38% der in der
Bundesrepublik Deutschland anfallenden öffentlichen Abwässer ("Umweltschutz" 18, 1972); auch hier bleiben jedoch immer noch nährstoff-
reiche, phosphor- und stickstoffhaltige Lösungen übrig, die eine Faul-
schlammbildung in den Gewässern fördern. Zur Entfernung dieser Substanzen sind zusätzliche chemische und biologische Verfahren notwendig - die sog. "dritte Reinigungsstufe" -, "doch bleibt die Realisie-
rung dieser gegebenen Möglichkeiten in der Zukunftsplanung ein Finan-
zierungsproblem" (BRINGMANN, 1972).

Tatsächlich werden die Kosten, die mit einer umweltgerechten Abwasserbehandlung auf uns alle zukommen, ganz außerordentlich hoch sein.
Allein der Nachholbedarf bei den Kommunen beträgt nach Schätzungen
des Bundesinnenministeriums (1971) 8 Milliarden DM für Kläranlagen
und 20 Milliarden DM für Kanalisationen. Nach BÖHNKE (1971) wird in
Zukunft der jährliche Investitionsbedarf auf diesem Sektor bei 5.4
Milliarden DM liegen müssen. Sollten diese Summen nicht aufgebracht

Tabelle 4. Wirkung der Schadstoffe in den Gewässern im Hinblick auf die Trinkwasserversorgung (aus HABERER, 1972)

Art	Klasse	Störende Wirkung auf				
		Gewässer		Aufbereitung von	Mensch	
		Biozönose	O_2-Haushalt	Abw.u.Trinkwasser	Organoleptisch	Pathogen
Biologisch	Pathogene Keime,Viren					akut
Anorganisch	Trübstoffe	verändern das Lichtklima		bodenverdichtend	Färbung,Trübung	
	Salze			korrosions- fördernd	(Geschmack)	
	Nährstoffe (P,N-Salze)	eutrophierend	O_2-zehrend		(Geruch und Geschmack)*	
	Spurenmetalle	toxisch		störend (katalyt.wirksam)		(akut) latent
Organisch	Phenole				Geruch,Geschmack	
	Öl,Treibstoffe		verhindert O_2-Aufnahme		Geruch,Geschmack	
	Tenside		verhindert O_2-Aufnahme	störend	Schaumbildung	
	Planktontoxine	toxisch für Fische			Geruch,Geschmack	akut
	Polycycl. Aromaten					cancerogen
	Pestizide	toxisch für Fische und Fischnährtiere				(akut) latent
	Sonst.persistente Chemikalien	(toxisch)				latent
Physikalisch	Radionuklide	toxisch				latent
	Abwärme	hetero- trophierend	O_2-Verarmung	korrosions- fördernd verkeimungs- fördernd	geruchs- intensivierend	

*als Sekundärwirkung nach Eutrophierung

werden können, wird für viele Gewässer das biologische Ende schon in
absehbarer Zeit eintreten.

Schon jetzt sind die Auswirkungen einer unzureichenden Abwasserbehandlung in den meisten unserer Binnengewässer unmittelbar zu erkennen.
Experten schätzen, daß durch Industrieabwässer verschmutzte Flüsse bis
zu einer Million verschiedene Schadstoffe enthalten (COENEN et al.,
1972a). Dazu zählen Substanzen, die als unbedenklich gelten, jedoch
Geruchs- und Geschmacksbelästigungen hervorrufen; andere Stoffe führen
bereits zu einer signifikanten Störung der aquatischen Ökosysteme,
sind aber für den Menschen keine unmittelbare Gefahr; eine dritte
Gruppe von Fremdstoffen besitzt direkte oder indirekte Auswirkungen
auf den menschlichen Organismus und kann dort schwere Schädigungen
verursachen. Maßgebend für eine Umweltbelastung ist dabei jedoch nicht
allein die Gegenwart der verschiedenen Schadsubstanzen, sondern vor
allem ihre Konzentration, ihre biologischen, chemischen und physikalischen Eigenschaften und nicht zuletzt ihre Kombinationseffekte
("Synergismen").

Eine Zusammenstellung der im Hinblick auf die Trinkwasserversorgung
zu beachtenden Schadstoffe in den Gewässern gibt HABERER (1972) in
Tabelle 4.

Wir können anhand dieser Tabelle feststellen, daß von einigen organischen Substanzen - Planktontoxinen, polyzyklischen Aromaten und
Pestiziden - eine unmittelbare Gefahr für den Menschen ausgehen kann.
Besonders vielseitige Umweltgifte stellen die Schwermetalle dar: sie
sind toxisch für den biologischen Bestand der Gewässer, störend bei
der Wasseraufbereitung und sie führen zu latenten oder sogar akuten
Gesundheitsschädigungen im menschlichen Organismus.

4. Giftige Schwermetalle

Das Auffinden stark erhöhter Quecksilber-Gehalte in Flüssen der USA
hat in besonderem Maße den Blick der Öffentlichkeit auf die Gefahren
gelenkt, die sich aus dem Vorhandensein von Schwermetallen in unseren
Wasserversorgungssystemen ergeben können. Spektakuläre Unfälle in
Japan durch Cadmium- und Quecksilberverseuchungen in Binnen- und
Küstengewässern haben den Eindruck weiter verstärkt, daß es sich bei
dieser Stoffgruppe möglicherweise um die gefährlichste Form der Umweltverschmutzung überhaupt handeln kann.

Das aus zwei Gründen: Einmal sind die Schwermetallverunreinigungen
im Gegensatz zu den meisten organischen Schadstoffen - durch natürliche Prozesse in den Gewässern nicht mehr abbaubar, andererseits
werden gerade die Schwermetalle durch verschiedene Mechanismen in
mineralischen sowie organischen Substanzen angereichert und über längere Zeiten gespeichert. Sie können über die biologische Kette bis
in den menschlichen Organismus gelangen und dort chronische oder
akute Schädigungen verursachen.

4.1 Spurenstoffe

Wir finden häufig dieselben Substanzen, die in erhöhten Konzentrationen gefährliche Umweltgifte darstellen, als charakteristische Komponenten in "gesunden" biologischen Systemen vor. Spurenstoffe, orga-

nische und anorganische Verbindungen sowie Elemente im Mikrogrammbe-
reich, bilden einen Teil der natürlichen Umwelt von Mensch, Tier und
Pflanze - in der Atemluft, im Wasser, im Boden und in der Nahrung.
Viele dieser Substanzen schaffen überhaupt erst die Voraussetzung für
einen geordneten Ablauf bestimmter biochemischer Prozesse, und auch
der menschliche Körper benötigt mindestens zehn Metalle - in sehr
unterschiedlichen Konzentrationen - zur Aufrechterhaltung seiner Funk-
tionen (vgl. Abb. 6). Schwermetalle wie Kupfer, Zink, Mangan, Kobalt
und Eisen sind z.B. unerläßliche Bestandteile bei der Stoffwechsel-
katalyse (SELBY et al., 1970).

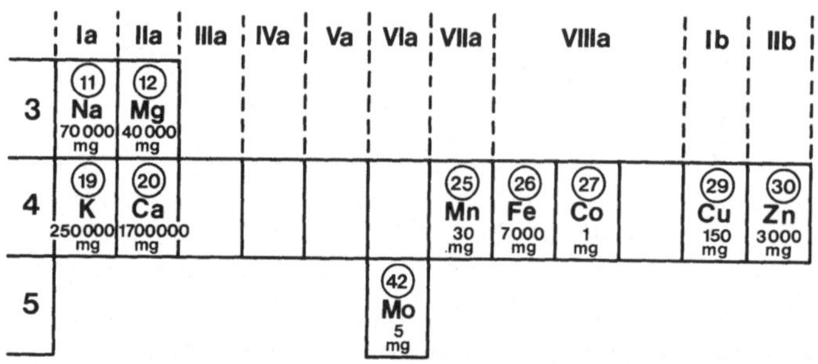

Abb. 6. Essentielle Metalle für den Menschen (nach VAHRENKAMP, 1973)

Es zeigt sich, daß die Wirkung von Spurenstoffen in hohem Maße kon-
zentrationsabhängig ist. Was die sogenannten "essentiellen" Komponenten anbelangt (diese Gruppe wird immer größer!), so gibt es für jeden
Organismus und für jede einzelne Funktion einen bestimmten Konzentrationsbereich, in dem diese Spurensubstanzen optimal wirksam sind
(Abb. 7) - er ist in vielen Fällen noch nicht genau bekannt. Generell

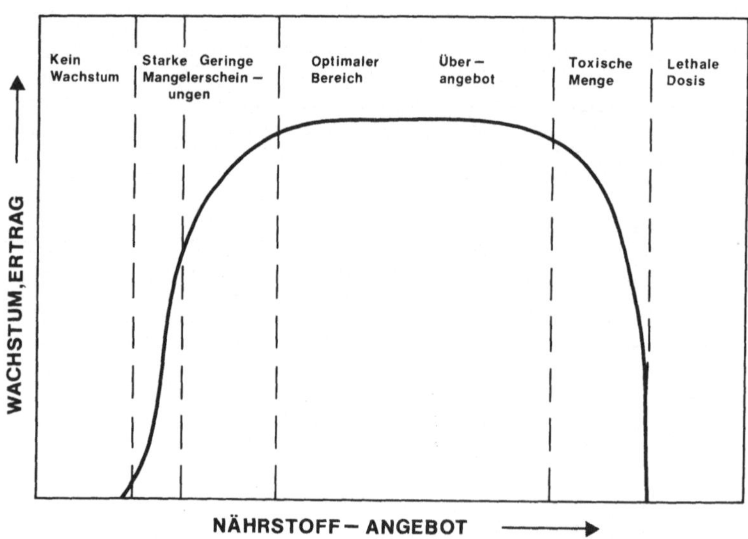

Abb. 7. Idealisiertes Diagramm des Wachstums eines Organismus in Abhängigkeit von der Konzentration eines essentiellen Nährstoffes
(aus SMITH; cit. in GOLDWATER, 1972)

gilt jedoch, daß eine Schädigung durch eine Umweltchemikalie umso
nachhaltiger eintritt, je enger und niedriger der "optimale Bereich"
und je stärker die Schadstoffanreicherung ist. Beide Faktoren scheinen
bei der Belastung durch bestimmte Schwermetallgifte in einer besonders
ungünstigen Weise zusammenzutreffen.

4.2 Metalle - Schwermetalle

Die charakteristische Eigenschaft der Metalle ist ihre hohe elektrische
Leitfähigkeit. Der metallische Charakter nimmt im Periodensystem jeweils in Richtung auf die Edelgase ab, steigt jedoch in den Hauptgruppen von oben nach unten an (Abb. 8).

Die Grenze zu den "Nichtmetallen" verläuft über Elemente, die sowohl
metallische wie nichtmetallische Eigenschaften besitzen - Kohlenstoff,
Phosphor, Arsen, Antimon, Selen. Bei den etwas stärker metallischen
Elementen Beryllium, Zink, Cadmium, Quecksilber, Indium, Thallium und
Zinn ist das elektrische Leitvermögen ebenfalls noch gering; diese
Elemente werden als "Halbmetalle" bezeichnet.

Die Häufigkeit der Metalle in der Erdkruste nimmt mit steigendem Atom-
gewicht generell ab (Abb. 8). Hauptkomponenten - mehr als 1% in den
Gesteinen der Erdkruste - sind Aluminium, Eisen, Calcium, Natrium,
Kalium und Magnesium; außer Titan und Mangan (O.5% bzw. O.1%) treten
alle übrigen Metalle mit weniger als O.1% auf - als "Spurenmetalle".

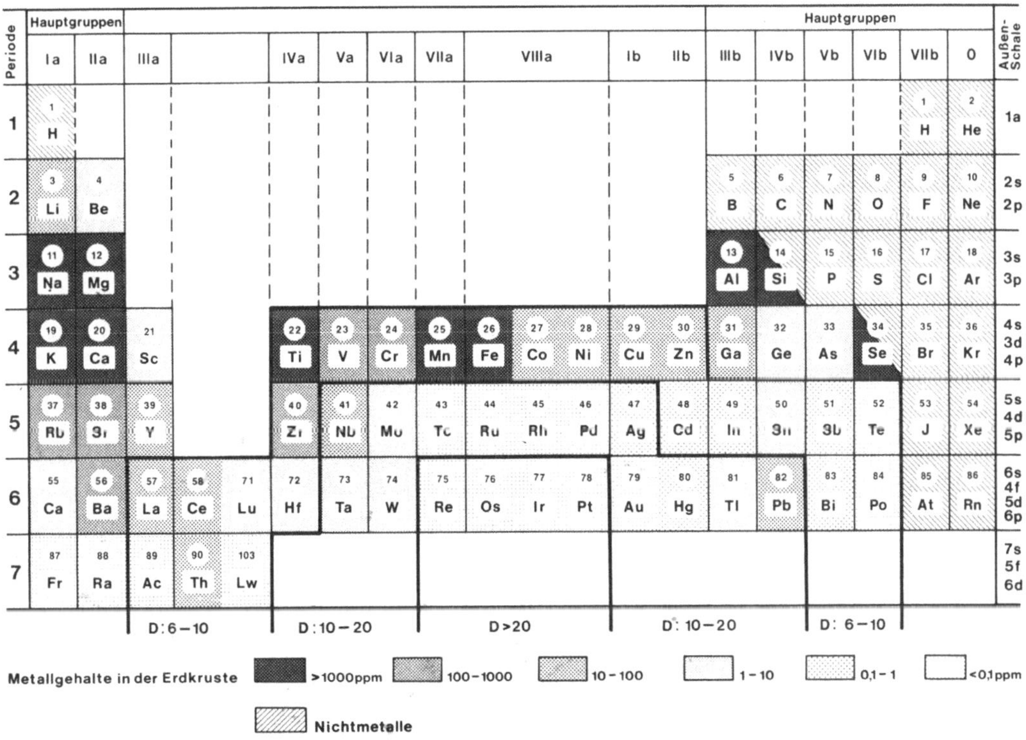

Periodisches System der Elemente (Hauptgruppen / Außen-Schale):

Periode	Ia	IIa	IIIa	IVa	Va	VIa	VIIa	VIIIa			Ib	IIb	IIIb	IVb	Vb	VIb	VIIb	0	Außen-Schale
1	1 H																1 H	2 He	1a
2	3 Li	4 Be											5 B	6 C	7 N	8 O	9 F	10 Ne	2s 2p
3	11 Na	12 Mg											13 Al	14 Si	15 P	16 S	17 Cl	18 Ar	3s 3p
4	19 K	20 Ca	21 Sc	22 Ti	23 V	24 Cr	25 Mn	26 Fe	27 Co	28 Ni	29 Cu	30 Zn	31 Ga	32 Ge	33 As	34 Se	35 Br	36 Kr	4s 3d 4p
5	37 Rb	38 Sr	39 Y	40 Zr	41 Nb	42 Mo	43 Tc	44 Ru	45 Rh	46 Pd	47 Ag	48 Cd	49 In	50 Sn	51 Sb	52 Te	53 J	54 Xe	5s 4d 5p
6	55 Ca	56 Ba	57 La	58 Ce	71 Lu	72 Hf	73 Ta	74 W	75 Re	76 Os	77 Ir	78 Pt	79 Au	80 Hg	81 Tl	82 Pb	83 Bi	84 Po	85 At	86 Rn	6s 4f 5d 6p
7	87 Fr	88 Ra	89 Ac	90 Th	103 Lw														7s 5f 6d

D: 6-10   D: 10-20   D > 20   D: 10-20   D: 6-10

Metallgehalte in der Erdkruste: >1000 ppm   100-1000   10-100   1-10   0,1-1   <0,1 ppm   Nichtmetalle

Abb. 8. Periodisches System der Elemente und Häufigkeit des Vorkommens
der einzelnen Metalle in der Erdkruste

Der Grad der Reaktions- bzw. Verbindungsfähigkeit der einzelnen
Metalle kann aus der "Spannungsreihe" abgelesen werden: Chemisch sehr
aktiv sind die Alkalien und Erdalkalien; besonders reaktionsträge
zeigen sich dagegen Gold, Quecksilber und Silber ("Edelmetalle").

Das "edlere" Verhalten und eine gleichzeitige Dichtezunahme resultie-
ren aus dem fortschreitenden Auffüllen der d-Elektronenschalen bei
den "Übergangselementen" in der vierten, fünften und sechsten Periode;
dabei wird das "Elektronengas" immer stärker an die Metallionen
fixiert. Die Folge sind Deformationen der Elektronenhüllen bei den
Anionen, falls die Metalle Verbindungen eingehen. Besonders die Oxide,
Sulfide und Jodide verlieren zunehmend den Charakter von Ionenver-
bindungen.

Die "Schwermetalle" - Dichte größer 6.0 g/cm^3 - beziehen daraus die
folgenden gemeinsamen Eigenschaften:
Mit zunehmend "edlem" Charakter des Metallions werden die Metalloxide
beständiger als die entsprechenden Hydroxide und die Sulfid- und Oxid-
verbindungen immer unlöslicher. Außerdem werden stabile Komplexe mit
Ionen und mit Molekülen gebildet.

Die spezielle Funktion der Schwermetalle in biologischen Systemen ist
in ihrem komplexierenden Verhalten gegenüber organischen Molekülen
begründet. Während die an biochemischen Reaktionen beteiligten Leicht-
metalle, z.B. Natrium und Calcium, als bewegliche Kationen vorliegen
und bevorzugt an der Weiterleitung von Nervenimpulsen bzw. bei Muskel-
kontraktionen beteiligt sind, besitzen die schwereren Metalle wie
Eisen, Kupfer und Zink eine wesentlich stärker fixierte Position und
wirken vor allem an Elektronenübertragungsprozessen oder als Katalysa-
toren bei Stoffwechselvorgängen mit (WILLIAMS, 1967). Schwermetalle
sind die aktiven Zentren der großen Zahl von Metall-Enzymen. So erklärt sich, daß diese Substanzen trotz ihrer teilweise minimalen Konzentrationen eine so enorme Wirkung besitzen (VAHRENKAMP, 1973).

Die ins Zellinnere gelangten Metallionen werden in spezieller Umgebung
eingebaut; dabei spielt häufig eine ganz außerordentliche "Selektivität" mit. Durch den Einbau anderer Metalle wird die Funktionsfähigkeit
der Komplexe z.T. verändert, oft gestört. Insbesondere die schweren
Metalle Silber, Cadmium, Zinn, Quecksilber und Blei sowie solche mit
einer hohen Elektronegativität, z.B. Kupfer, Nickel und Kobalt, besitzen "eine große Affinität zu den besonders reaktionsfähigen Amino-
und Sulfydrylgruppen" (BOWEN, 1966). Bei der bevorzugten Komplexierung
dieser Moleküle durch die genannten Schwermetalle verlieren die Enzyme
die Fähigkeit, steuernd in die Stoffwechselvorgänge einzugreifen.

Ein geeigneter Ausgangspunkt für die Ermittlung toxischer Eigenschaften von Spurenmetallen schien demnach die Reihenfolge der Elektronega-
tivitäten zu sein, die im übrigen auch mit der Beständigkeit der
Chelatderivate dieser Metalle übereinstimmt:

Hg > Cu > Sn > Pb > Ni > Co > Cd > Fe > Zn > Mn > Mg > Ca > Sr

Obwohl in einigen natürlichen Systemen gewisse Korrelationen mit
dieser Einteilung gegeben sind, konnte bisher im strengen Sinne weder
für eine biologische Art noch selbst für eine Untergruppe eine solche
Abfolge in der Toxizität beobachtet werden. Als gesichert kann jedoch
gelten, daß "alle zweiwertigen Übergangsmetalle und außerdem die
anderen elektronegativen Metalle, welche unlösliche Sulfide bilden,
wie Silber, Molybdän, Antimon, Thallium und Wolfram, durch ihre
Reaktionsfähigkeit mit Proteinen, und speziell mit Enzymen, bei erhöhten Konzentrationen in irgendeiner Weise toxisch wirken" (BOWEN,
1966).

4.3 Schadwirkungen der Schwermetalle

Über die faktischen Auswirkungen von Schwermetallkonzentrationen, wie
sie normalerweise in den Binnengewässern anzutreffen sind, liegen keine Daten vor. Auch bei erhöhten Gehalten ist es oft schwierig, spezifische Symptome festzustellen, da die Schwermetallgifte im allgemeinen
ausgesprochene Langzeitwirkungen zeigen. Sie rufen meist chronische,
z.T. unterschwellige Schädigungen hervor, die dann z.T. durch andere
Faktoren - z.B. Sauerstoffmangel in den Flüssen - verstärkt und akut
werden. Erst bei katastrophalen Epidemien werden - wie in Japan - die
Folgen der Schwermetallvergiftungen unmittelbar deutlich.

Die einzelnen Organismen - bisweilen sogar nahe verwandte Gruppen -
reagieren sehr unterschiedlich auf bestimmte Metallverunreinigungen.
Ein Beispiel ist das Kupfer, das als hochgradig toxisch für Algen und
Pilze gilt; es gibt jedoch Pilzarten, die in gesättigter Kupferlösung
existieren und sogar weiterwachsen können (BOWEN, 1966). Tierversuche
ergeben deshalb vielfach keine hinreichend klaren Aussagen über Schadwirkungen von Schwermetallen auf den Menschen.

So ist man weitgehend auf empirische Erfahrungswerte beim Umgang mit
Schwermetallen in hohen Konzentrationen angewiesen, und dabei scheinen
vor allem die Elemente Quecksilber, Cadmium, Blei, Zink, Kupfer,
Nickel und Chrom für den menschlichen Organismus unmittelbar gefährlich
zu sein.

<u>Quecksilber</u> ist vermutlich das stärkste Metallgift in unserer Umwelt;
es wird in erster Linie mit den Abwässern aus der PVC-, Papier- und
Chloralkali-Industrie in die Flachmeere und Binnengewässer eingebracht.

Quecksilberabfälle, die normalerweise als Metall, als zweiwertige
Salze oder als organische Verbindungen - z.B. Phenylquecksilber bei
der Holzverarbeitung - vorliegen, in denen sie weniger gefährlich
sind, können durch Mikroorganismen in das besonders gefürchtete Methylquecksilber übergeführt werden. Dieser Umwandlungsprozeß wird durch
erhöhte Temperaturen und ein hohes Nährstoffangebot in den Gewässern
sehr begünstigt (JERNELÖV, 1972).

Organische Quecksilberverbindungen wirken schon in äußerst geringen
Mengen toxisch. Untersuchungen von HARRISS et al. (1971) zeigen, daß
bereits 1 ppb von bestimmten Organo-Quecksilber-Komplexen im Wasser
das Wachstum des Süß- und Meerwasserplanktons bis auf die Hälfte reduzieren kann; bei über 50 ppb war im allgemeinen jegliches Wachstum
unterbunden.

Eine unmittelbare Gefährdung von Menschen ergibt sich vor allem aus
einer starken Anreicherung des Quecksilbers durch die biologische
Nahrungskette (Abb. 9), in deren Entwicklung ganz besonders der Anteil von Methylquecksilber zunimmt. Erste akute Vergiftungserscheinungen durch quecksilberverseuchte Fische sind aus Japan bekannt geworden.

In den Jahren 1953 bis 1956 und 1965 erkrankten in Minamata und
Niigata über 100 Menschen an schweren Schädigungen des Nervensystems;
52 Menschen, meist Fischer und deren Familienmitglieder, starben an
dieser zunächst rätselhaften Krankheit. Es befanden sich unter den
erkrankten Personen auch 19 Mütter, die während der Schwangerschaft
quecksilberhaltige Fische gegessen hatten; sie brachten Kinder mit
schweren neurologischen Defekten zur Welt (DEGENHARDT, 1972).

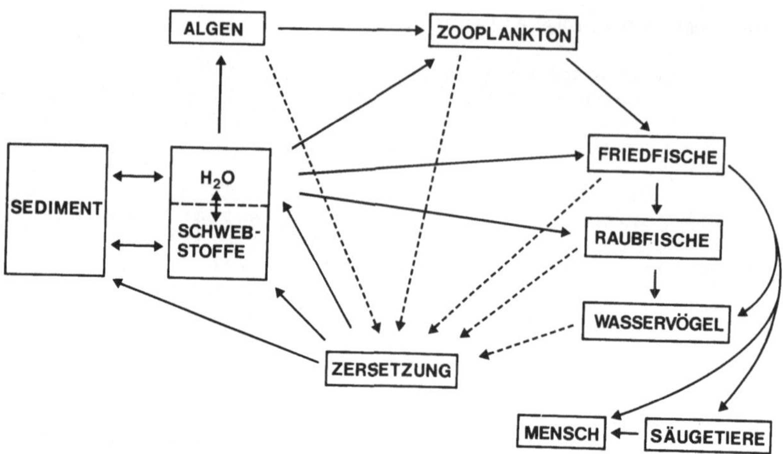

Abb. 9. Quecksilber in der biologischen Nahrungskette (abgeändert nach HARTUNG, 1972)

Die Verbreitung der "Minamata-Krankheit" - wie sie später genannt wurde - fiel zeitlich zusammen mit starken Produktionssteigerungen in Kunststoff-Fabriken, deren Abwässer bis in die angrenzenden Fischgründe der Minamata-Bucht und der Meeresküste vor Niigata gelangt waren (TAKEUCHI, 1972, Abb. 10). Es stellte sich nachträglich heraus, daß die Katastrophe von Minamata durch Methylquecksilberchlorid-Komponenten ausgelöst wurde, die bei der katalytischen Umwandlung von Azetylen in Azetaldehyd unvorhergesehenermaßen - an Stelle von anorganischen Quecksilberverbindungen entstanden waren (TAKEUCHI et al., 1962). Auch das Desaster von Niigata wurde durch Abwässer einer Chemie-Fabrik hervorgerufen.

Im März 1973 verurteilte das Bezirksgericht Kumamoto in Kiuschu die Firma Chisso Co. - Hersteller von Plastik - zu umgerechnet 12 Mill. DM Schadensersatz an 112 Kläger. Dazu kommen außergerichtliche Vereinbarungen mit weiteren 259 anerkannten Minamata-Opfern und rund 1000 amtlich noch nicht anerkannten Kranken, deren Zahl sich monatlich um ungefähr 150 erhöht. Schließlich mußte sich die Firma noch verpflichten, 600 000 t quecksilberverseuchten Schlamm aus der Bucht von Minamata abzutransportieren (Tageblatt, Heidelberg, 5.4.1973).

Eine dritte Massenvergiftung durch quecksilberhaltige Abwässer ist am 22. Mai 1973 in Japan festgestellt worden. Eine Forschungsgruppe der Kumamoto-Universität berichtete über Erkrankungen von 59 Personen in der Stadt Goshonoura auf der Insel Amakusa gegenüber Minamata (VDI-Nachrichten, 30.5.1973).

Inzwischen sind die Kontrollmaßnahmen gegen Quecksilbervergiftungen weltweit verschärft worden: In Schweden mußte in 40 verschiedenen Regionen, darunter auch in Teilen der Ostsee, der Fischfang bis auf weiteres untersagt werden. Vor zwei Jahren wurden in den USA auf Anordnung der Food and Drug Administration (FDA) mehrere Tonnen Thunfischkonserven vernichtet, weil die Quecksilber-Gehalte über dem zugelassenen Höchstwert von 0.5 ppm lagen. Aus dem gleichen Grunde mußte ebenfalls 1971 importierter Thunfisch in der Bundesrepublik beschlagnahmt werden (VESTER, 1972).

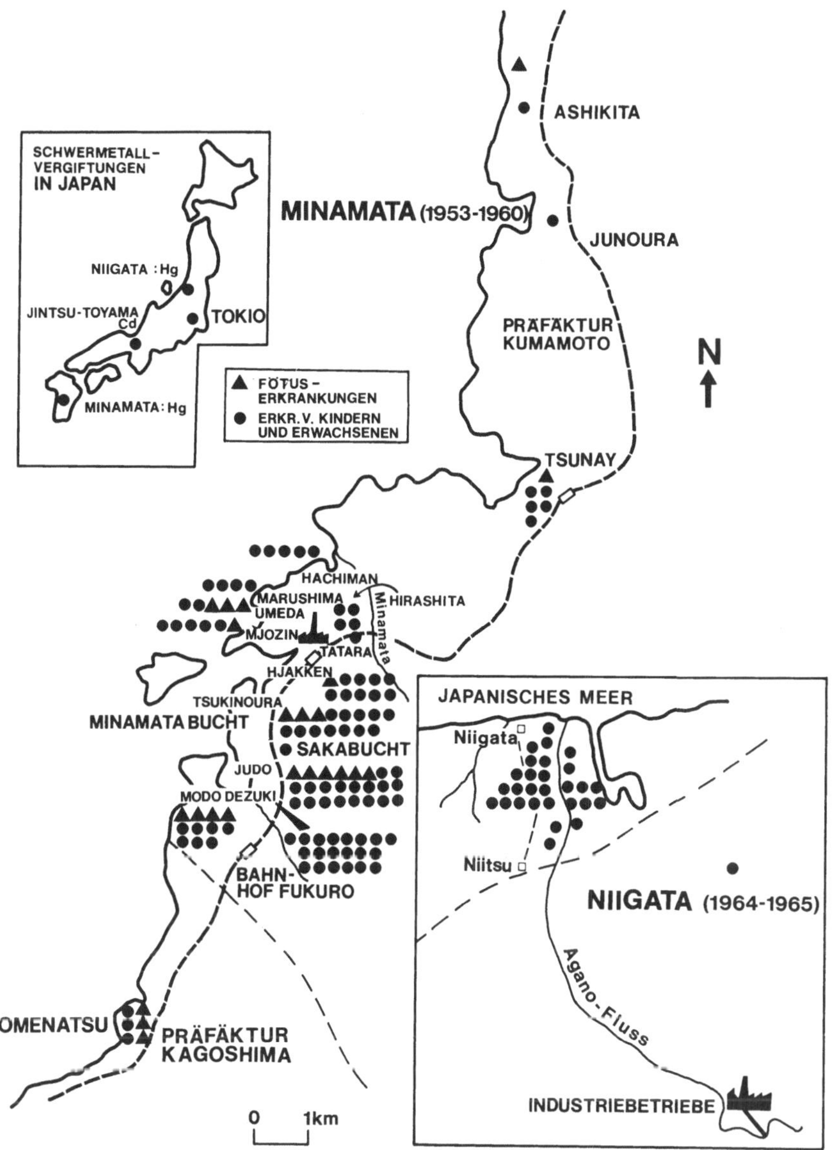

Abb. 10. Verteilung der Hg-Vergiftungsfälle in Japan (nach TAKEUCHI, 1972)

Das Ausmaß und die Folgen der Quecksilberverseuchungen von Binnengewässern läßt sich besonders eindringlich an einer Entwicklung in den Großen Seen Nordamerikas verfolgen: Dort wurden 1970 in Fischen aus dem St. Clara-See, an dessen westlichem Ufer die Stadt Detroit liegt, Quecksilber-Gehalte bis zu 3 ppm gefunden. Die kanadischen Behörden ließen über 5 Tonnen Fisch aus diesem Gebiet vernichten. Da sich herausstellte, daß die mittlere Verweilzeit des Quecksilbers in den

Fischen bei ungefähr 400 Tagen liegt, mußte auch nach der Beseitigung der Vergiftungsursachen der Fischfang in diesen und in den benachbarten Regionen des Erie-Sees eingeschränkt werden (BAILS, 1972; GREIG und SEAGRAN, 1972).

DUSTMAN et al. (1972) untersuchten daraufhin auch die Wasservögel, die sich von Fischen aus diesen Seeregionen ernähren; sie fanden dabei in einigen Organen, vor allem in der Leber und in den Nieren, Methylquecksilber stark angereichert. Die Maximalwerte reichten bis 175 mg Hg/kg Trockensubstanz. Diese Gehalte liegen noch über den Daten aus jenen Schellfischen, welche die Katastrophen von Minamata und Niigata verursacht haben (im Falle von Niigata wurden 5 bis 20 ppm Quecksilber in den Fischen gemessen). Damit greifen die Schadwirkungen des Methylquecksilbers bereits aus dem aquatischen Bereich auf die terrestrische Nahrungskette über.

Terrestrischen Ursprungs sind auch die Verunreinigungen durch organische Quecksilberverbindungen, die als Saatgutbeizmittel lange Zeit in großem Maße Verwendung fanden. Nachdem diese Substanzen zu Giftepidemien in der dritten Welt (Nord-Irak 1956, Zentral-Irak und Pakistan 1961, Guatemala 1965) und zu katastrophalen Vogelsterben geführt haben, wird ihr Gebrauch allmählich reduziert. 1966 wurde in Schweden Methylquecksilber, im Jahre darauf auch das pilztötende ("Fungizid") Phenylquecksilber aus dem Verkehr gezogen (COENEN et al., 1972b).

Das Ausmaß der bisher wohl katastrophalsten Quecksilbervergiftung wurde erst jetzt bekannt (BAKIR et al.,1973): Im Irak wurden vom Januar bis März 1972 insgesamt 530 Menschen mit schweren Vergiftungserscheinungen in die Krankenhäuser eingeliefert, von denen 459 starben. Ursache war - wie in vielen früheren, jedoch weniger katastrophalen Fällen - der Verzehr von methylquecksilberbehandeltem Saatgut.

<u>Cadmium</u> steht in seiner toxischen Wirkung dem Quecksilber kaum nach; geringer scheint jedoch insgesamt das Ausmaß der Cadmiumverseuchung im aquatischen Bereich zu sein. Dennoch wurde gerade in diesem Milieu - am Beispiel des Jintsu-Flusses in Japan - zuerst ein Zusammenhang zwischen den bis dahin ungeklärten Symptomen der "Itai-Itai-Krankheit" und einer besonders hohen Cadmium-Belastung erkannt (KOBAYASHI, 1969):

Die chronische Cadmiumintoxikation beträgt fünf bis zehn Jahre, in manchen Fällen bis zu 30 Jahren. Erste Anzeichen sind ein gelblicher Ring um die Zahnhälse ("Cadmiumring"), der Geruchssinn läßt nach. Es folgt eine fortschreitende Zerstörung des Knochenmarks, die Zahl der roten Blutkörperchen wird dezimiert und die Nieren erleiden schwere Schädigungen. Eine Calciumverarmung im Knochengerüst führt zu äußerst schmerzhaften (Itai-Itai = Au-Au) Skelettschrumpfungen bis zu 30 cm.

Die Ursache der Cadmiumvergiftungen im Jintsu-Gebiet (Abb. 11) war ein Zinkbergwerk, das lange vor Ausbruch der Erkrankungen stillgelegt worden war, dessen Abraum jedoch weiterhin vom Flußwasser ausgewaschen wurde. Schon vor den akuten Vergiftungserscheinungen bei den Menschen hatten die dort ansässigen Bauern einen starken Rückgang ihrer Reisernte festgestellt und mit den Auslaugungen der Lagerstättenrückstände in Verbindung gebracht.

Nach diesen erschreckenden Befunden schien die Möglichkeit einer weltweiten Cadmiumverseuchung der Gewässer, ähnlich der durch Quecksilberverbindungen, nicht mehr ausgeschlossen. Viele der in der Folgezeit

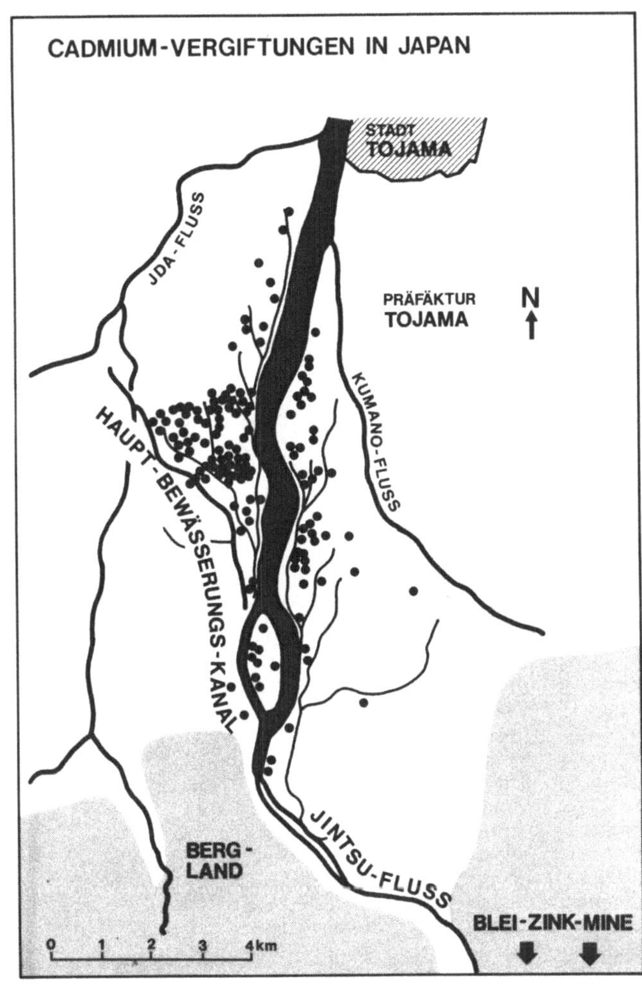

Abb. 11. Verteilung von Cd-Vergiftungs- fällen in Japan (nach KOBAYASHI, 1971)

angestellten Untersuchungen lassen jedoch erkennen, daß Cadmium - zumindest im aquatischen Bereich - "kein zusätzliches Quecksilber ist" (Env. Sci. & Techn., Sept. 1971). Der wichtigste Unterschied zum Quecksilber dürfte darin liegen, daß durch die Tätigkeit von Mikro- organismen keine signifikanten Mengen an Cadmiumalkylen erzeugt wer- den, die dann wiederum besonders leicht in der aquatischen Nahrungs- kette angereichert werden können.

Dennoch kann sich eine lokale Cadmiumverseuchung, wie im Falle des Jintsu-Gebietes, auch in anderen Gewässern wiederholen. Untersuchun- gen in den USA an 720 Oberflächenwasserproben durch DURUM et al. (1971) zeigten, daß immerhin in vier Prozent der Proben höhere Cad- mium-Gehalte auftraten, als nach den Bestimmungen des U.S. Public Health Service und der World Health Organization für Trinkwasser zu- gelassen sind. Bedenklich erhöhte Cadmium-Gehalte wurden in der öffentlichen Trinkwasserversorgung in den USA (Env. Sci. & Techn., Sept. 1971) und in Großbritannien (VESTER, 1972) gefunden.

Cadmiumvergiftungen können schließlich auch durch Farben und Glasuren
hervorgerufen werden, vor allem bei Verwendung von importierten Ton-
waren. Für die deutschen Hersteller gelten hier gesetzliche Höchstmengenverordnungen.

Über die pflanzliche Nahrung scheint ebenfalls eine Cd-Aufnahme möglich. Eine Zusammenfassung diesbezüglicher Literaturdaten gibt
SHACKLETTE (1972): Die normalen Cadmium-Gehalte der Pflanzen liegen
je nach Spezies zwischen 0.05 ppm (z.B. in Karotten) und 2 ppm (Laub
von wechselgrünen Bäumen). In Gebieten stärkerer Cadmium-Belastung -
durch Gesteinseinflüsse oder durch Luftverschmutzung - werden Cd-
Anreicherungen von 50 ppm in Gräsern und in Salatblättern gemessen;
Moose (Bryophyten) aus dem Swansea-Gebiet in Wales enthielten sogar
bis zu 340 ppm von diesem Metallgift (GOODMAN und ROBERTS, 1971).
In den Nahrungsmitteln selbst fanden KROPF und GELDMACHER-v. MALLINCK-
RODT (1968) Cadmium-Werte zwischen 0.004 ppm und 282 ppm.

Es gibt offenbar keinen natürlichen Vorgang, durch welchen das einmal
angesammelte Cadmium wieder aus den Pflanzen abgeschieden werden kann.
Die Landwirtschaft kennt bislang auch kein Verfahren, um die Cadmium-
Aufnahme von Pflanzen aus dem Boden zu verhindern oder auch nur zu
reduzieren (SHACKLETTE, 1972). Im Gegenteil: mit der Zugabe von Super-
phosphatdünger steigt der Cadmium-Gehalt in den Nutzpflanzen deutlich
an.

Eine Cadmium-Aufnahme erfolgt jedoch offensichtlich nicht nur aus dem
Boden: ROSS und STEWARD (1969) spritzten Apfelbäume mit einer wäßrigen Cadmiumchlorid-Lösung (43 ppm Cd) und fanden eine deutliche Cadmiumanreicherung in den reifenden Früchten. Nach diesen Erfahrungen
wird die Empfehlung der U.S. Federal Water Pollution Control Administration verständlich, mit 5 ppb Cadmium im Bewässerungs-Wasser
einen niedrigeren Grenzwert anzusetzen, als selbst für Trinkwasserzwecke (10 ppb) bislang vorgeschrieben wurde.

In der Zukunft muß mit einer besonders starken Cadmium-Belastung der
Gewässer gerechnet werden, nachdem die Verschmutzung der Atmosphäre
durch dieses Metall und seine Verbindungen während der vergangenen
10 Jahre steil angestiegen ist. Neue Zahlenangaben aus den USA zeigen, daß die in die Luft emittierten Cadmium-Mengen - vor allem aus
der Schrottverwertung und von Hüttenprozessen - bereits mehr als ein
Drittel der gesamten Cadmiumproduktion ausmachen.

Es ist inzwischen sicher, daß die Cadmiumverseuchung der Luft bedrohlichere Auswirkungen hat, als eine Belastung der Atmosphäre durch
Blei- und Zinkabgase. Nach Schätzungen (Env. Sci. & Techn., Sept. 1971)
besitzt Cadmium eine mittlere Verweilzeit im menschlichen Körper von
10-25 Jahren (Methylquecksilber dagegen nur etwa 70 Tage) und im Laufe des Lebens steigt im Durchschnittsmenschen der Cadmiumpegel um das
30 000-fache an. Aus den bisher vorliegenden Erfahrungen der Cadmium-
Industrie weiß man, daß erhöhte Cadmium-Gehalte in der Atemluft zu
Leber- und Nierenschädigungen, Lungenkrankheit und letztlich zum Tode
führen können. Es scheint inzwischen auch Hinweise zu geben, daß Cadmium als metallisches Pulver, in Oxid-, Sulfid- und sogar in löslicher
Form Krebs erzeugen kann (FURST, 1971). Besonders bedroht sind die
Mitarbeiter und Anwohner von bestimmten metallverarbeitenden Industriebetrieben (Blei- und Zinkschmelzwerke, Galvanisierbetriebe, Beizerei-
en) und auch die starken Raucher, da in jeder Zigarette ca. 2 µg
Cadmium enthalten sind. Von den eingeatmeten Cadmium-Mengen werden
schätzungsweise 40% zurückgehalten, bei der Trinkwasser- und Nahrungsaufnahme dürften es dagegen nur etwa 5% sein. Auf einem inter-

nationalen Hearing des Vereins Deutscher Ingenieure (VDI) im Februar
1973 in Düsseldorf wurde deshalb die Empfehlung ausgesprochen, die
maximalen Cadmiumkonzentrationen in der Luft bei 0.05 $\mu g/m^3$ festzusetzen und den Verbrauch von Cadmium bei verschiedenen Produkten -
vor allem in der Kunststoffindustrie - stark einzuschränken.

Blei ist das traditionsreichste Metallgift. In der griechischen und
römischen Kultur wurde Blei zur Herstellung von Koch- und Trinkgefäßen verwendet, besonders für die gehobenen Schichten; manche Wissenschaftler sind deshalb der Ansicht, daß der Niedergang des römischen
Imperiums eine Folge von chronischen Bleivergiftungen bei seinen
führenden Staatsmännern war, und sie scheinen ihre Theorie auch an
den erhöhten Bleikonzentrationen in Knochenresten belegen zu können
(HALL, 1971). Mischungen von Bleiacetat und basischem Bleikarbonat
haben seit alters her als "Erbschaftspulver" Verwendung gefunden.
Schwere chronische Vergiftungen waren früher häufig bei Arbeitern,
die viel mit Blei und Bleiverbindungen zu tun hatten: "Bleisäume"
an den Zahnhälsen, Bleikoliken, Krämpfe und Schädigungen des Nervensystems sind einige der Symptome von Bleierkrankungen.

Eine aktuellere Gefahrenquelle waren die Bleizusätze in Farben; insbesondere Kinder sind durch bleihaltiges Spielzeug bedroht gewesen.
Auch kam es vor, daß Fruchtsäfte und saure Flüssigkeiten die Glasuren von Steingutgefäßen anlösten und dabei Blei in die Nahrungsmittel
gelangte. Inzwischen sind derartige Zusätze weitgehend eingeschränkt
worden; so mußten in den USA bis Ende 1972 die Blei-Gehalte in den
Farben auf 0.5%, bis Ende 1973 auf 0.03% reduziert werden.

Die natürlichen Blei-Gehalte im Wasser liegen bei ungefähr 5 ppb;
meist werden auch in den generell stärker verschmutzten Gewässern
keine signifikant erhöhten Pb-Werte im Wasser angetroffen. Eine Gefährdung des Trinkwassers ergibt sich jedoch dann, wenn weiches
Wasser mit Rohrleitungen aus Blei in Kontakt steht, oder aber - was
in England beobachtet wurde (EGAN, 1972) - wenn schwach saure Moorwässer durch Bleirohre geleitet werden. Es wird auch die Möglichkeit
diskutiert, daß Blei aus Pb-stabilisierten Plastikrohren in erhöhten
Gehalten ins Trinkwasser gelangen kann, vor allem wenn diese Leitungen neu in Gebrauch genommen werden (PACKHAM, 1971).

Blei findet sich, ebenso wie Cadmium, in rasch zunehmenden Gehalten
im Meerwasser. Während der vergangenen Jahrzehnte stieg der Metallpegel in den nördlichen Meeren um das 3- bis 20-fache an (VESTER,
1972). Auch die Untersuchungen von MUROZUMI et al. (1969) im Eis von
Nordgrönland ergeben eine enorme Zunahme der Blei-Belastung: von
800 v. Chr. bis heute erhöhten sich die Bleianteile im Eis um den
Faktor 200, dabei seit 1945 allein um das vierfache.

Dieser Anstieg ist zu 95% auf die Verwendung von Bleialkylzusätzen
als Antiklopfmittel im Treibstoff hochverdichteter Ottomotoren zurückzuführen; 1970 wurden aus schätzungsweise 350 000 t Blei - das
sind 10% der Weltjahresproduktion - solche Additive hergestellt. Der
größte Teil dieser Blei-Mengen wird mit den Motorabgasen an die Atmosphäre abgegeben. In den Ballungszentren stieg der Blei-Gehalt der
Atemluft um das 1 000- bis 10 000-fache der normalen Werte an; die
Bleikonzentrationen im Boden nahmen lokal von ca. 15 ppm auf weit
über 1 000 ppm zu (CHOW, cit. in WIDENER, 1970).

Untersuchungen von CHOW et al. (1973) über den Blei-Gehalt in Sedimenten des Santa Monica-, Santa Barbara- und San Pedro-Beckens vor
der Küste Süd-Kaliforniens sind von besonderem Interesse, da hier

durch Isotopenuntersuchungen nachgewiesen werden konnte, daß der ab
1940 besonders stark zunehmende Blei-Gehalt der Sedimente zum größten
Teil aus Benzin-Additiven stammt. Es wird angenommen, daß ein Transport durch Winde vor allem aus dem Stadtgebiet von Los Angeles vorliegt, in dem pro Tag 18,4 Tonnen Blei aus Automobilabgasen an die
Atmosphäre abgegeben werden.

Den direkten Beweis für den atmosphärischen Transport bleibelasteter
Partikeln liefert die Untersuchung von CHESTER und STONER (1973) an
Stäuben, die aus der unteren Atmosphäre über dem östlichen Atlantik
zwischen England und Südafrika entnommen wurden. Vom Äquator (Pb-Ge-
halte um 120 ppb) steigen die Blei-Werte in nördlicher wie südlicher
Richtung stark an: zwischen $30^{O}N$ und $50^{O}N$ liegt der Durchschnittsgehalt bei 1453 ppb, vor der südafrikanischen Küste bei 695 ppb. Ein
Zusammenhang mit dem Grad der Industrialisierung des Gebietes, aus
dem der Windtransport erfolgt, ist unverkennbar.

Die toxischen Auswirkungen der Blei-Belastung werden z.Zt. lebhaft
diskutiert. Einen Überblick über die anstehenden Probleme gibt der
Symposiumsbericht "Blei und Umwelt" des Bundesgesundheitsamtes.

Besonders gefährlich sind sicherlich die organischen Bleiverbindungen, die bei unvollständiger Verbrennung von Benzin entweichen, wobei ähnliche Mechanismen wie bei den organischen Quecksilberalkylen
zu Schädigungen des Zentralnervensystems und der Nebennieren führen
können (COENEN et al., 1972). Auch sind bei bestimmten, starken Blei-
Belastungen ausgesetzten Personen bereits Symptome einer Störung der
Synthese des roten Blutfarbstoffes erkannt worden (BLOKKER, 1972).
Demgegenüber werden die anorganischen Blei-Komponenten, die normalerweise den Hauptanteil der Blei-Emissionen ausmachen, nach einer In-
halation in inaktiver Form in den Knochen gespeichert, wo sie frei-
lich durch bestimmte Prozesse freigesetzt werden können (SCHLIPKÖTER,
1972).

Eine Gefährdung durch die Nahrungsmittel erscheint zunächst weniger
bedenklich. JONES und CLEMENT (1972) machen dafür die "Barriere-
Wirkung" von vier Faktoren verantwortlich: Zunächst einmal liegt
relativ wenig Blei in gelöster Form im Boden vor; der größte Teil
davon wiederum verbleibt beim Pflanzenwachstum in den Wurzeln. Bei
der tierischen Nahrungsaufnahme werden nur geringe Mengen an Blei re-
sorbiert, und schließlich wird auch dieser Anteil weitgehend in den
Knochen gespeichert.

Dennoch ist ein neuentdeckter Effekt in seinem Ausmaß bislang noch
nicht zu übersehen: eine Vergiftung der pflanzlichen Nahrung durch
fortgesetzten Einsatz von Müll- und Klärschlammkomposten. Bei Untersuchungen an technisch gewonnenen Komposten aus den Kompostwerken
Bad Kreuznach, Landau und Alzey fanden WAGNER und SIDDIQI (1973a)
Blei-, Cadmium- und Quecksilber-Gehalte, die jeweils um das 10 bis
100-fache gegenüber den Durchschnittswerten dieser Metalle in normalen Böden angereichert waren. Es stellte sich heraus, daß solche
Komposte "als Bodenverbesserungsmittel nicht nur zu einer starken
Zunahme der Schadstoffe im Boden, sondern auch in den dort angebauten
Nutz- und Futterpflanzen und den Vegetabilien führen" (WAGNER und
SIDDIQI, 1973b). Drastisch nachzuweisen waren diese Wirkungen an-
läßlich eines Rindersterbens in Nordenham, das durch hohe Blei-
Emissionen infolge technischer Mängel an der Filteranlage einer Blei-
hütte ausgelöst wurde (WAGNER und SIDDIQI, 1973b). Auf der anderen
Seite wird immer wieder die Umweltfreundlichkeit der Müllaufbereits-
methoden genannt, die es ermöglichen, große Abfallmengen wieder in
den natürlichen Zyklus einzubringen, ohne dabei die Gewässer zu be-

lasten. Es wird auch darauf hingewiesen (ROHDE, 1972), daß durch eine
entsprechende Vorbehandlung, z.B. durch ausreichende Sauerstoffzufuhr
während des Kompostierungsvorganges, die schädlichen Einflüsse von
Schwermetallen insgesamt genügend reduziert werden können. Wichtig
erscheinen vor allem eine ständige Beobachtung dieser Prozesse und
zusätzliche Untersuchungen über die Anreicherungsvorgänge in der
Nahrungskette.

Über die Langzeitwirkungen der Blei-Belastungen ist nichts sicheres
bekannt und hier sind die Verhältnisse beim Blei typisch für die Behandlung der metallischen Umweltverunreinigungen: Obwohl feststeht,
daß diese Substanzen eine ständige - wenn auch im allgemeinen nur
unterschwellige - Belastung des menschlichen Organismus darstellen,
verhindert das Fehlen spezifischer Krankheitssymptome ein generelles
und drastisches Eingreifen der verantwortlichen Stellen. Dabei nützt
es auch nicht viel, daß einige Länder sich besonderen Sicherheitsvor-
schriften unterwerfen - wie z.B. die Bundesrepublik mit einer Einschränkung der Bleizusätze zum Benzin - solange über die Atmosphäre
und die Gewässer diese Schadstoffe gleichmäßig über die ganze Erde
verbreitet werden.

Zink und Kupfer sind zunächst einmal wichtige Komponenten bei der
enzymatischen Stoffwechseltätigkeit. Zinkmangel kann Wachstumsstörun-
gen und chronische Krankheiten beim Menschen bewirken (PORIES et al.,
1971).

Beide Elemente werden andererseits in einigen Organismen stark angereichert - Muscheln können beispielsweise die hunderttausendfache
Menge an Zink gegenüber dem umgebenden Meerwasser akkumulieren - und
erreichen dabei Metallkonzentrationen, die auch für den Menschen schädlich werden können; so wurden z.B. aus Holland Vergiftungen durch
kupferreiche Muscheln bekannt (VESTER, 1972).

Die toxische Wirkung von Kupferverbindungen gegenüber Algen und Pil-
zen findet auch bei der Schädlingsbekämpfung Anwendung, vor allem in
der gebräuchlichen Form als komplexes Kupfersulfat. Algizid sind bereits Kupferkonzentrationen zwischen 0.1 und 0.5 mg/l (U.S. Water
Quality Criteria, 1968; cit. HABERER und NORMANN, 1971).

HARTMANN und LAUBENBERGER (1968) stellten eine nachhaltige Auswirkung
von Kupfer- und anderen Schwermetallionen, wie z.B. Chrom und Zink,
auf die Stoffwechseltätigkeit von Bakterien in den Gewässern fest;
der Rückgang der biochemischen Sauerstoffzehrung, erkennbar an einem
"hohen Sauerstoff-Gehalt im Wasser, muß demnach nicht ein Zeichen für
gesunde aerobe Verhältnisse, sondern kann vielmehr auch die Folge
einer Vergiftung sein" (LAUBENBERGER und HARTMANN, 1970).

Damit ist eine besonders bedenkliche Schadwirkung der Schwermetall-
ionen angesprochen: der "Mechanismus der toxischen Hemmung des Belebtschlammes" (REIMANN, 1969). Untersuchungen von FRENZEL und SAR-
FERT (1971) über die Toxizität des Kupfers bei der künstlichen Fer-
mentierung von Abwässern zeigen, daß erhöhte Schwermetallkonzentrationen die Leistung der biologischen Stufe, des wichtigsten Glieds
der modernen Wasseraufbereitungsanlagen, stark vermindern.

Ein erhöhter Gehalt an Zinkionen im Trinkwasser gilt als eine der Ursachen einer steigenden Zahl von Arteriosklerose-Fällen (Chemie f.
Labor und Betrieb, Mai 1972). Kanzerogene Wirkungen, wie sie HALME
(1969) an Mäusen festgestellt hat, gelten aber nach wie vor - auch
bei höheren Zink-Gehalten im Wasser - als umstritten (HABERER und

NORMANN, 1971). Sicher ist jedoch, daß die schädlichen Eigenschaften des Zinks erst in jüngster Zeit zum Tragen kommen können, seitdem in zunehmendem Maße weiche Oberflächenwässer verwendet werden und außerdem infolge der schlechten Abwasserreinigung der Anteil der Chloridionen im Wasser ständig zunimmt; beide Faktoren erhöhen die Löslichkeit des Zinks, das in natürlichen harten Wässern als basisches Zinkkarbonat praktisch unlöslich ist.

Das sechswertige <u>Chrom</u> gilt als Enzymgift und erzeugt in höherer Dosis Leber- und Nierenschäden. Cr(VI) wird von BORNEFF (1972) in die Gruppe der kanzerosuspekten Spurenmetalle eingestuft, da bei Bakterien Hemmungen der Zellteilung und bei Mäusen erhöhte Lungenkrebshäufigkeit auftritt (INGOLS et al. 1964; cit. in HABERER und NORMANN, 1971). Bei Versuchen an Hunden und Ratten konnten dagegen keine derartigen Krankheitssymptome nachgewiesen werden (MACKENZIE et al., 1958).

<u>Nickel</u> ist sehr gefährlich, wenn es sich in der Luft mit dem Kohlenmonoxid und Motorabgasen zu Nickel-Tetracarbonyl umsetzt; diese Substanz ruft schon in sehr geringen Spuren Lungenkrebs hervor (Chemie f. Labor und Betrieb, Mai 1972). Nickel findet sich in den Abgasen von Dieselöl, Schweröl und Kohle und - was besonders bedenklich ist - im Tabakrauch, mit dessen stets vorhandenem Kohlenmonoxid-Anteil es unmittelbar ein Carbonyl bildet. Die Nickelverunreinigungen der Eisen-Industrie und der Nickelkatalysatoren-Hersteller scheinen eine geringere Rolle zu spielen. Vermutlich wird auch die Gefährlichkeit von Nickel in wäßriger Umgebung reduziert.

4.4 Schädlichkeitsgrenzen für Schwermetalle im Wasser

Vorbemerkung: Die Beeinflussung und Gefährdung der Ökosysteme durch Schwermetalle ist bislang nur an wenigen Einzelbeispielen untersucht worden. Hygieniker und Toxikologen sind nocht weitgehend auf empirische Erfahrungswerte angewiesen, wenn es darum geht, in der Praxis verbindliche Normen für die Luft- und Wasserreinhaltung festzulegen. Besonders kontrovers ist die Frage einer Addition bzw. Multiplikation von verschiedenen ökologischen Einzelfaktoren[2].

Dennoch ist es unerläßlich, für verschiedene Umweltbereiche Richt- oder Grenzwerte zu setzen, die es dem Praktiker ermöglichen, Gefahren rechtzeitig zu erkennen oder durch erhöhten technischen Aufwand eine entsprechende Qualitätsverbesserung zu erreichen. Für den Gewässerschutz werden inzwischen -. seit ungefähr 10 Jahren - solche Verordnungen von verschiedenen Institutionen (U.S. Public Health Service - USPHS, World Health Organization - WHO, American Water Works Association - AWWA, U.S. Federal Water Pollution Control Administration) herausgegeben und ständig erweitert bzw. den neuen Entwicklungen angepaßt. In der Bundesrepublik Deutschland haben einige dieser Grenzwerte bereits Aufnahme in verbindlichen Höchstmengenverordnungen gefunden.

------

[2] Nach BANDT (1946) scheint bei einigen Schwermetall-Kombinationen (z.B. Cu+Cd; Ni+Zn) eine Multiplikation des Schadstoffeffekts einzutreten; bestimmte metallorganische Verbindungen (z.B. NTA-Komplexe) wirken stärker toxisch als das reine Metallion (HABERER und NORMANN, 1971).

Eine Zusammenstellung von Grenz- und Richtwerten für Metalle im Gewässerschutz wurde von HABERER und NORMANN (1971) in der Arbeit "Metallspuren im Wasser - ihre Herkunft, Wirkung und Verbreitung" veröffentlicht. Die nachstehenden Übersichtstabellen der "Schädlichkeitsgrenzen für Schwermetalle im Wasser" stellen Auszüge aus dieser umfassenderen Untersuchung dar.

4.4.1 Schädlichkeitsgrenzen für biologische Kläranlagen für das Selbstreinigungsvermögen von Gewässern, sowie für Fische und andere Wassertiere

Bei der Wirkungsweise der Schadstoffe im Wasser können nach QUENTIN (1972) biologische, gesundheitlich-hygienische und technische Effekte unterschieden werden; häufig ist eine Kombination von verschiedenen Faktoren festzustellen. So führt z.B. die Einschränkung der mikrobiellen Aktivität in einer biologischen Kläranlage zu einem Leistungsabfall dieses technischen Wasserreinigungssystems, was sich letztlich auch in der hygienischen Beschaffenheit des Trinkwassers auswirken kann. Besonders gefährlich für solche Anlagen sind die Metalle Silber, Cadmium, Kupfer und Quecksilber bei Anteilen von mehr als 1 mg/l in Lösung. Auch das Selbstreinigungsvermögen eines Gewässers wird durch diese Substanzen in Mitleidenschaft gezogen und schon bei sehr geringen Konzentrationen (ca. 0.1 mg/l) empfindlich eingeschränkt (Tabelle 5).

Tabelle 5. Schädlichkeitsgrenzen von Schwermetallen in mg/l (nach LIEBMANN, 1958)

Metall	Biologische Kläranlage	Selbst-reinigung	Fische	Sonstige Wassertiere
Ag	-	-	0.02	
Cd	1 - 5	0.1	3 -20	0.01-0.15
Co	-	5	30 -100	1 -1000
Cr	2 - 5	0.3	15 -80	0.1 -100
Cu	1	0.01	0.08-0.8	0.08-10
Fe	>5	Fe-Ablagerung	0.9 -2	1 -50
Hg	-	0.018	0.1 -0.9	0.03-0.5
Mn	-	-	75 -1200	15 -1000
Ni	6	0.1	25 -55	23 -1000
Pb	5	0.1	0.2 -10	0.2 - >6
Sn	-	-	ca. 2	-
Zn	1 - 3	0.1	0.1 -2	0.2 - >60

Biologische und - über die Nahrungskette - z.T. auch hygienische Folgen können erhöhte Schwermetallanteile für den Fischbestand und für andere aquatische Organismen - auch für submerse Pflanzen - haben. Dabei ist die Giftwirkung der Schwermetalle auf Fische stark abhängig vom Sauerstoff-Gehalt, von der Temperatur und vom pH-Wert (HABERER und NORMANN, 1971). Hochgradig bakterizid sind Silber und Quecksilber, ausgeprägt algezide Wirkungen besitzen außer diesen beiden Substanzen auch Kupfer, Cadmium und Blei. Demgegenüber scheinen andere

Schwermetalle auch in erhöhter Dosis kaum eine Gefährdung für die
Ökosysteme zu bedeuten - so z.B. Nickel und Mangan. Generell bedenk-
lich sind erhöhte Gehalte von solchen Substanzen, die eine starke
Neigung zur Anreicherung in den Organismen zeigen, wie z.B. Cadmium,
Quecksilber und Blei.

4.4.2 Grenzwerte für Beregnungswasser

Auch für die Schädlichkeit einzelner Schwermetall-Komponenten im Beregnungswasser ist zunächst einmal die Anreicherungstendenz in der
Nahrungskette maßgebend. Dies gilt vor allem für Cadmium, das in bedenklicher Weise auch in Nutzpflanzen akkumuliert werden kann (SHACK-
LETTE, 1972). Andere Schwermetalle scheinen unmittelbar toxisch für
die Pflanzen zu sein - so z.B. Molybdän, das die Katalyse der Nitrat-
reduktion steuert (Tabelle 6).

Tabelle 6. Grenzwerte für Beregnungswasser in mg/l (nach U.S. Federal
Water Pollution Control Administration: Water Quality Criteria, cit.
in HABERER und NORMANN, 1971)

Metall	Bei kontinuierlichem Gebrauch für alle Böden	Bei kurzzeitigem Gebrauch nur für feingeschichtete Böden
Cd	0.005	0.05
Co	0.2	10.0
Cr	5.0	20.0
Cu	0.2	5.0
Mn	2.0	20.0
Mo	0.005	0.05
Ni	0.5	2.0
Pb	5.0	20.0
V	10.0	10.0
Zn	5.0	10.0

4.4.3 Grenz- und Richtwerte für Schwermetalle im Roh- und Trinkwasser

Von größter Bedeutung sind definierte Güteanforderungen für den Bereich der Trinkwasserversorgung. Verschiedene nationale und internationale Behörden haben Richtlinien ausgearbeitet, die besonders für
die unmittelbar gefährlichen Substanzen inzwischen weitgehend verein-
heitlicht wurden. In der Schriftenreihe des Vereins für Wasser-,
Boden- und Lufthygiene Bd. 14b sind die Vorschläge einer vom Europäischen Büro der Weltgesundheitsorganisation (Kopenhagen) berufenen
Studiengruppe über "Einheitliche Anforderungen an die Beschaffenheit,
Untersuchungen und Beurteilung von Trinkwasser in Europa" erschienen
(WHO Genf 1970).

Die Empfehlungen (vgl. Tabelle 8, Europäischer Standard) unterscheiden zwischen "Grenzwerten für toxisch wirkende Substanzen im Leitungs-
wasser" (von den Schwermetallen zählen Blei, Chrom(VI) und Cadmium zu
dieser Kategorie; Quecksilber, Molybdän, Silber und andere Metalle
sollten überwacht werden, doch fehlen noch entsprechende Unterlagen)
und "Wasserinhaltsstoffen, die von einer bestimmten Menge an Grund

zu Störungen geben können" (hierzu gehören z.B. Kupfer, Eisen, Mangan
und Zink, die vor allem aus organoleptischen Gründen eine Begrenzung
erfordern).

Eine Arbeitsgruppe der Europäischen Region der WHO, die z.Zt. die
"European Standards for Drinking Water" definiert, weist besonders
auf das ernste Problem der zunehmenden Cadmium-Belastung des Menschen
hin: "Da es schwierig ist, den Cadmium-Gehalt der Nahrung zu reduzieren, muß der Grenzwert im Wasser so tief wie möglich liegen. Es
wird deshalb vorgeschlagen, diesen von bisher 0.01 mg/l auf 0.005 mg/l
Cadmium zu senken" (Umwelt-Informationen des Bundesministers des
Innern, Nr. 20, v. 6.4.1973).

Güterichtlinien für Rohwässer wurden notwendig, seit bekannt ist, daß
die konventionellen Trinkwasseraufbereitungsanlagen z.T. nur sehr geringe Wirkungsgrade gegenüber Metallspuren besitzen (REICHERT et al.,
1972; vgl. auch Abschnitt 19). Die Limitierung toxischer Metalle im
Rohwasser hält sich weitgehend an die Richtlinien für die Trinkwasser-
beschaffenheit.

Tabelle 7. Grenzwerte für Schwermetalle im Rohwasser in µg/l (aus
Water Quality Criteria, Federal Water Pollution Control Administration,
Washington, 1968; International Standard for Drinking Water, World
Health Organization, Geneva, 1963; Grenzwerte im Bereich der UdSSR,
cit. nach HABERER und NORMANN, 1971)

Metall	UdSSR (1967)	USA (1958)	WHO (1963)
Ag	-	50	-
Cd	10	10	10
Co	1000	-	-
Cr(VI)	100	50	50
Cu	100	1000	1500
Fe	500	300	50000
Hg	5	-	-
Mn	-	50	5000
Mo	500	-	-
Ni	100	-	-
Pb	100	50	50
V	100	-	-
Zn	1000	5000	1500

Tabelle 8. Grenz- und Richtwerte für Schwermetalle im Trinkwasser in µg/l (WHO International Standard, s. Tabelle 7; WHO European Standard for Drinking Water, Geneva, 1970; U.S. Public Health Service, Drinking Water Standard, 1961; AWWA Quality Goals for Potable Water, 1968)

| | World Health Organization (WHO) | | | U.S.-amerik.Standardwerte | | |
| | Internatl.Standards | | Europ.Stand. | Public Health Svc. | | AWWA |
Metall	Richtwert	Grenzwert	Grenzwert	Richtwert	Grenzwert	Ziel
Ag	–	–	–	–	50	50
Cd	–	10	10	–	10	10
Co	–	–	–	–	–	–
Cr(VI)	–	50	50	–	50	50
Cu	1000	1500	50	1000	–	200
Fe	300	1000	100	300	–	50
Hg	–	–	(10)[a]	–	5	–
Mo	–	–	–	–	–	–
Ni	–	–	–	–	–	–
Pb	–	50	100	–	50	50
V	–	–	–	–	–	–
Zn	5000	15000	5000	5000	–	1000

[a]Nach Auffassung von QUENTIN (1972) sollte man sich dem amerikanischen Grenzwert von 5 µg Hg/l anschließen, der z.B. auch in der UdSSR und in Jugoslawien verbindlich ist.

Bei einigen Metallen, z.B. bei Kupfer, Zink und Blei kann im Leitungs-netz ein weiterer Anstieg der Konzentrationen erfolgen. Für neuin-stallierte Rohrleitungen sind kurzfristig erhöhte Metall-Gehalte er-laubt; bei Kupfer beispielsweise sieht der WHO-European Standard nach 16-stündigem Kontakt mit neuen Rohren einen Grenzwert von 3000 µg/l an Stelle von 50 µg/l vor.

Ein großangelegtes Meßprogramm an ca. 2600 Trinkwasserproben wurde in den USA durchgeführt, um die Gehalte an Wasserinhaltsstoffen in öffent-lichen Versorgungssystemen zu untersuchen (McCABE et al.,1970). Die Resultate sind in der Tabelle 9 zusammengestellt:

Tabelle 9. Untersuchungen am Trinkwasser in den USA (2595 Proben aus 969 öffentlichen Wasserversorgungssystemen, 1969; McCABE et al. 1970)

Metallion	Maximale Konzen-tration in µg/l	Richt- bzw. Grenzwert	Überschreitungen der USPHS-Richtwerte %	Grenzwerte %
Cd	3940	10		0.2
Cr(VI)	79	50		0.2
Cu	8350	50	1.6	
Fe	26000	100	8.6	
Mn	1320	50	8.1	
Pb	640	100		1.4
Zn	13000	5000	0.3	

Die vom U.S. Public Health Service (USPHS) empfohlenen bzw. vorge-
schriebenen Begrenzungen für Metall-Gehalte im Trinkwasser wurden
bei Eisen und Mangan in über 8% der untersuchten Wässer, bei Kupfer
und Blei in 1,6 bzw. 1,4% der Proben überstiegen. Die stärkste Anreicherung wurde bei Cadmium beobachtet: ein Überschreiten des
Grenzwertes um das 400-fache.

5. Schwermetalle im Fluß- und Seewasser

Die zunehmende Verwendung von Oberflächenwasser zu Trinkwasser-
zwecken hat schon frühzeitig zu detaillierten Untersuchungen über die
Schwermetall-Belastung dieser Systeme in verschiedenen Regionen geführt; beispielsweise wurde bereits 1934 von STOCK und CUCUEL der
Quecksilber-Gehalt im Rheinwasser mit einer Meßgenauigkeit bestimmt,
die selbst von aufwendigen, modernen Apparaturen kaum übertroffen
wird. Ein weiterer Anlaß für Schwermetalluntersuchungen im Wasser war
die Möglichkeit, wirtschaftlich wichtige Erzlagerstätten geochemisch
zu prospektieren; eine Methode, die auch heute noch in unzugängliche-
ren Gebieten große Bedeutung besitzt.

Globale Durchschnittswerte für die Schwermetallführung in Binnengewässern sind, wie TUREKIAN (1969) feststellte, schwieriger zu gewinnen als entsprechende Daten für das Meerwasser. Das liegt nicht
nur an der unterschiedlichen Gesteinsbeschaffenheit in den verschie-
nen Regionen, die sich auf die Zusammensetzung der Gewässer auswirken
kann, sondern vor allem an dem Faktor "anthropogene Verunreinigungen",
der in vielen Gebieten immer stärker überwiegt. Das führt inzwischen
so weit, daß "wir nie mehr wissen werden, wie hoch die wahren Anteile
dieser Elemente sind, die den Ozeanen in früheren Zeiten zugeführt
worden sind" (TUREKIAN, 1969).

Dennoch soll hier versucht werden, zumindest einen angenäherten Vergleichsmaßstab für die Schwermetallverunreinigungen in den sehr stark
belasteten Gewässern zu erhalten. Bei der Auswahl der Daten ist besonders zu berücksichtigen, daß im Zuge der wachsenden zivilisatorischen Kontaminationserscheinungen eine arithmetische Mittelwert-
bildung nicht mehr sinnvoll ist und auch für eine statistische Erfassung die Einzelwerte zunächst auf ihre Verwendbarkeit hin untersucht werden müssen. Das dürfte natürlich auch die Aussagekraft der
in der Tabelle 10 dargestellten Daten - vor allem aus Gewässern der
USA und der UdSSR - weiter einschränken, da eine solche Wertung nur
in wenigen Fällen durchgeführt wurde. Immerhin können jedoch die
daraus gebildeten Mittelwerte einen gewissen Anhaltspunkt bieten.
Einige dieser Durchschnittsdaten, die TUREKIAN (1969) zuerst zusammengestellt hat, werden durch neuere Analysenwerte leicht modi-
fiziert, so beim Zink von 20 auf 10 ppb (WEDEPOHL, 1972) und beim
Quecksilber von 0.07 ppb auf 0.05 ppb (KLEIN, 1972). Für Cadmium
lagen bislang keine Angaben vor. Nach den statistischen Mittelwert-
bildungen von HEM (1972) auf Grund der Daten von DURUM et al. (1971)
enthalten die Binnengewässer normalerweise <1 ppb Cadmium; nach
unseren Untersuchungen scheint ein Wert zwischen 0.1 und 0.2 ppb in
weniger stark kontaminierten Gewässern aufzutreten. Die Mangan- und
Eisen-Werte zeigen lokal ganz außerordentlich starke Schwankungen.
Insbesondere beim Eisen-Gehalt ist daher eine Mittelwertsangabe kaum
zweckmäßig.

Tabelle 10. Schwermetalle im Fluß- und Seewasser

Durchschnittswerte (Extremwerte) in ppb	Gewässer (Probenzahl; Flüsse = F, Seen = S)	Autor
Quecksilber: 0.05 ppb (KLEIN, 1972)		
0.074 ppb	Saale und Elbe (F)	HEIDE, LERZ und BÖHM (1957)
0.03 ppb (0.01 - 0.05)	Toskana und Latium (300 F+S)	DALL'AGLIO (1968)
0.055 ppb (0.02 - 2.8)	Nordosten d. USA (67 F+S)	KLEIN (1972)
Cadmium: <1 ppb (HEM, 1972)		
3 ppb	Sibirien (3490 F+S)	UDODOV und PARILOV (1961)
(<1 - 130)	USA (720 F+S)	DURUM, HEM und HEIDEL (1971)
Kobalt: 0.2 ppb (TUREKIAN, 1969)		
0.19 ppb (0.037 - 0.35)	USA (12 F) Rhone, Amazonas	KHARKAR, TUREKIAN und BERTINE (1968)
(<1 - 5 ppb)	USA (720 F+S)	DURUM, HEM und HEIDEL (1971)
Chrom: 1 ppb (TUREKIAN, 1969)		
0.3 ppb	Maine (USA) (439 F+S)	TUREKIAN und KLEINKOPF (1956)
1.4 ppb (0.1 - 4.06)	USA (12 F) Rhone, Amazonas	KHARKAR, TUREKIAN und BERTINE (1968)
1.2 ppb (0.7 - 1.6)	L. Superior, Huron Erie, Ontario	WEILER und CHAWLA (1969)
Nickel: 3 ppb		
0.3 ppb	Maine (USA) (439 F+S)	TUREKIAN und KLEINKOPF (1956)
10 ppb (0 - 71)	USA (F)	DURUM und HAFFTY (1963)
3.5 ppb (2 - 5.6)	L. Superior, Huron Erie, Ontario	WEILER und CHAWLA (1969)

Tabelle 10. (Fortsetzung)

Durchschnittswerte (Extremwerte) in ppb	Gewässer (Probenzahl; Flüsse = F, Seen = S)	Autor
Blei: 3 ppb (TUREKIAN, 1969)		
3.9 ppb	Saale und Elbe (F)	HEIDE, LERZ und BÖHM (1957)
4 ppb (0 - 55)	USA (F)	DURUM und HAFFTY (1963)
2.7 ppb (2.2 - 3.3)	L. Superior, Huron Erie, Ontario	WEILER und CHAWLA (1969)
Kupfer: 7 ppb (TUREKIAN, 1969)		
10 ppb	UdSSR (F)	KONOVALOV (1956)
12 ppb	Maine (439 F+S)	TUREKIAN und KLEINKOPF (1956)
5.3 ppb (0.83 - 105)	USA (F)	DURUM und HAFFTY (1963)
Mangan: 7 ppb (TUREKIAN, 1969)		
12 ppb	UdSSR (F)	KONOVALOV (1956)
4 ppb	Maine (439 F+S)	TUREKIAN und KLEINKOPF (1956)
5 ppb	Columbia River	SILKER (1964)
26 ppb	Erie See	CHAWLA und CHAU (1969)
Zink: 10 ppb (WEDEPOHL, 1972)		
39 ppb	UdSSR (F)	KONOVALOV (1956)
2.5 ppb (0.25 - 34)	Maine (439 F+S)	KLEINKOPF (1960)
13 ppb (0.1 - 5770)	Sibirien (4374 F+S)	UDODOV und PARILOV (1961)
1.5 ppb (0.3 - 100)	Sierra Nevada (170 S)	BRADFORD, BLAIR und HUNSKER (1968)
35 ppb (11 - 71)	L. Superior, Huron Erie, Ontario	WEILER und CHAWLA (1969)
Eisen: ca. 300 ppb		
(31 - 1670)	USA (F)	DURUM und HAFFTY (1963)

In Gewässern der Industrie-Regionen werden diese "Nullwerte" mehr oder
weniger stark übertroffen. Die Graphik in Abb. 12 vergleicht u.a. die
Konzentrationen von Metallen in U.S.-amerikanischen Oberflächengewässern mit den derzeitigen Grenzwerten für die Trinkwasserversorgung (hier: WHO-European Standard): Im allgemeinen liegen die Spuren-
metallkonzentrationen in einer größeren Anzahl von Gewässern deutlich
über diesen Richtwerten - besonders bedenklich ist dabei die Zunahme
der Arsen- und Cadmium-Gehalte in vielen Beispielen; nur im Fall des
Zinks wird die bestehende Limitierung in keinem der untersuchten U.S.-
Gewässer erreicht.

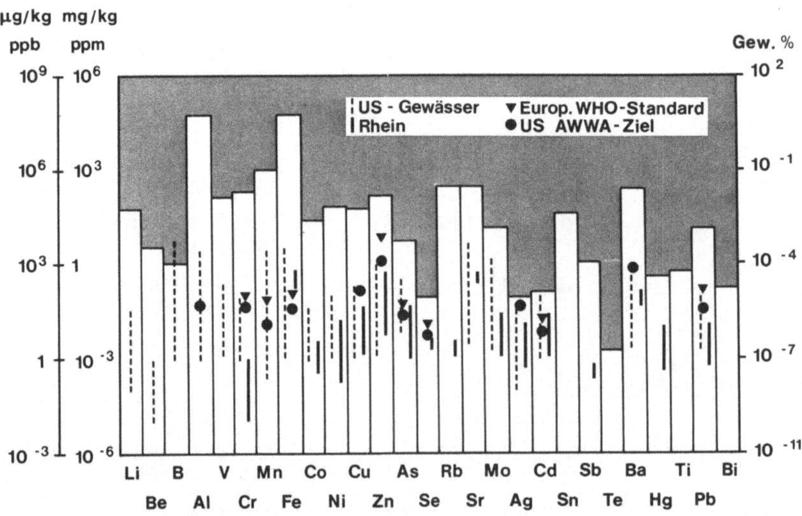

Abb. 12. Metall-Gehalte in U.S.-amerikanischen Gewässern sowie im
Rhein (nach HABERER und NORMANN, 1972). Die Höhe der Säulen entspricht
dem Gehalt der einzelnen Elemente in der Erdkruste

Ebenfalls in Abb. 12 sind die Metall-Gehalte im Rheinwasser wiedergegeben. Auch hier sind die Konzentrationen recht hoch und unterscheiden sich insgesamt nur wenig von den amerikanischen Daten (vgl.
HABERER und NORMANN, 1972).

In Tabelle 11 werden die Verhältnisse am Rhein zusammenfassend dargestellt. Während die WHO-Richtwerte generell noch um das 20- bis 100-
fache über den entsprechenden Mittelwerten der Schwermetalle in Fluß-
und Binnenseewässern liegen, ergibt sich aus den Durchschnittsdaten
des Rheinwassers zwischen Flußkilometer 420 und 852 nach BORNEFF
(1972), daß insbesondere die Quecksilber-Gehalte und die Cadmium-
Konzentrationen diese Grenze nahezu oder bereits erreicht haben. Eine
nachhaltige Bedrohung der Trinkwasserversorgung (vgl. Abschnitt 18)
entsteht jedoch bei lokalen und temporären Spitzenbelastungen, wenn
die genannten Durchschnittswerte z.T. um Größenordnungen überschritten
werden.

Tabelle 11. Mittelwerte der Schwermetall-Gehalte in den Binnengewässern; Standardwerte für Trinkwasserzwecke nach Weltgesundheitsorganisation (WHO); in Klammern: empfohlener Mindestgütestandard für den Rhein nach BORNEFF (1972); gemessene Durchschnittswerte Rheinstromkilometer 420-852 nach BORNEFF (1972), Blei-Wert nach KÖLLE (1971) für Rheinstromkilometer 506 (Wiesbaden) bis 782 (Duisburg). Alle Werte in ppb

	Normalgehalte (aus Tabelle 10)	Trinkwasser Standards nach WHO	Durchschnittswerte Rhein (km 420-852) nach BORNEFF (1972) (Blei nach KÖLLE, 1972)
Quecksilber	0.05	1	0.5
Cadmium	0.2	5	5
Kobalt	0.2	(50)	10
Chrom	1	50	10
Nickel	3	(50)	25
Blei	3	50	3
Kupfer	7	50	30
Zink	10	5000	250

6. Herkunft von Schwermetallverunreinigungen in Gewässern

6.1 Allgemeines

Für die Herkunft der Schwermetallverunreinigungen können vier Quellen unterschieden werden:

a) geologisch bedingte Schwermetall-Gehalte.

b) Schwermetalle, die bei der industriellen Gewinnung (und Rückgewinnung) von Metallen und Metallverbindungen sowie deren Bearbeitung, Verarbeitung und Veredlung an die Umwelt abgegeben werden.

c) Schwermetalle, die durch Verbrauch oder Abnutzung von metallhaltigen Produkten im industriellen, kleingewerblichen, landwirtschaftlichen und individuellen Bereich anfallen.

d) Schwermetalle aus Sickerwässern von Abfallhalden.

e) Schwermetalle in Fäkalien.

Von diesen Herkunftsarten dürften die unter b) und c) genannten in hochindustrialisierten Gebieten die Hauptrolle spielen.

ad a) Es ist zu erwarten, daß in Gebieten, deren Gesteine sich durch erhöhte Metall-Gehalte ("Vererzung") auszeichnen, diese Metalle auch in den Gewässern in höheren Konzentrationen auftreten. Dasselbe gilt für Regionen mit vulkanischer oder postvulkanischer Aktivität.

UDOVOV und PARILOV (196) konnten bei der Untersuchung sibirischer Gewässer eine eindeutige Beziehung zwischen der Spurenelement-Vergesellschaftung sowie der Konzentration einzelner Spurenstoffe im Wasser und der Erzführung bestimmter Gesteinsprovinzen im Einzugsgebiet der Gewässer feststellen.

So scheinen z.B. auch erhöhte Quecksilber-Gehalte in Thunfischen aus
dem Pazifik nach EGGERT und GOCHT (1972) und RIVERS et al. (1973) auf
untermeerische Exhalationen zurückzuführen zu sein; WEISSBERG und
ZOBEL (1973) beschreiben Quecksilberanreicherungen in Süßwasserfischen
Neuseelands, die durch geothermale Aktivität verursacht wurden.

ad b) Bei der Verhüttung von Erzen und Schrott fallen schwermetallhaltige Feinstäube an, die trotz bestehender Entstaubungsanlagen häufig
nicht völlig ausgefiltert werden. Treten gar Störungen in den Filter-
systemen auf, können die Schwermetall-Emissionen katastrophale Folgen
haben wie es z.B. das "Rindersterben von Nordenham" zeigte.

Während bei der Bearbeitung und Verarbeitung - vorwiegend mechanische
Prozesse - von Metallen diese nur in geringem Maße verloren gehen,
fallen bei den vorwiegend chemischen Prozessen der Metall-Veredlung
durch Oberflächenbehandlung (galvanisieren, beizen) schwermetallhaltige Lösungen an, die - mehr oder weniger stark behandelt, häufig jedoch nur neutralisiert - in die Vorfluter abgelassen werden.

Bei der Herstellung von Metall-Verbindungen durch chemische Umsetzungen
können ebenfalls Restlösungen, die noch Schwermetalle (gelöst, fein-
dispers oder kolloidal) enthalten, in die Gewässer eintreten.

Die Cadmiumverschmutzung im Bereich des mittleren Neckars (vgl. Abschn. 13.1) ist vermutlich auf Abwässer zurückzuführen, die aus der
Produktion von Cadmiumsulfid-Pigmenten stammen.

Schließlich geht auch während der Produktionsvorgänge selbst, beim
Verpacken und beim Transport zwangsläufig ein Teil der Metalle und
Metall-Verbindungen (einschließlich evtl. Zwischenprodukte) an die
Umwelt "verloren". Dieser Anteil hängt sehr stark vom Stand der
technischen Entwicklung eines bestimmten Produktionsbetriebes, vom
Preis des Materials und von den gesetzlichen Auflagen ab.

ad c) Als wichtigste Quelle von Schwermetallen ist hier der industrielle Bereich anzusehen. Tabelle 12 enthält eine Zusammenstellung von
Schwermetallen, die in wichtigen Industriezweigen Verwendung finden
und mit den Abwässern oder auf indirekten Wegen zu unterschiedlich
hohen Anteilen in die Gewässer eingebracht werden.

Wie die Tabelle zeigt, werden bei der Düngemittelproduktion, in
Erdölraffinierien und in Stahlwerken eine große Zahl von Schwer-
metallen gebraucht, während andere Industriezweige, wie z.B. die
Lederindustrie, nur mit einem einzigen Schwermetall (in diesem Falle
Chrom zur Herstellung von Chromleder) belastet sind.

Häufig übersehen werden die Verschmutzungseinflüsse von Metall-Zu-
sätzen in organischen Verbindungen. Angaben über die Herkunft und
Wirkung dieser Substanzen in Gewässern finden sich bei HERRIG (1969):
Metallzusätze aus Bohr- und Schneideöl-Emulsionen sowie aus Reini-
gungspräparaten zur Ölrußentfernung,
Schwermetall-Additive in Hochleistungsölen (z.B. Blei in Hochdruck-
maschinenölen),
Additive für Schmieröle (z.B. Molybdänsulfid),
Schwermetalle in Stearaten (z.B. Stabilisierungs- und Zusatzstoffe
bei der Gummi- und PVC-Herstellung: Zink, Zinn, Blei, Cadmium),
Weichmacher für Nitrocellulose (Blei-Stearat), Kupfer-Stearat bei der
Erzflotation, Zinkseife für Schleifspachtel, Blei-Palmitat zur Ver-
flüssigung und Glanzerhöhung von Wachsen, öllösliche Kupferseifen
als Imprägnierungsmittel, Chrom-Stearate als Rostschutzmittel.

Tabelle 12. Verwendung von Schwermetallen in wichtigen Industriezweigen (nach DEAN et al., 1972)

Industriezweig	Cd	Cr	Cu	Fe	Hg	Mn	Pb	Ni	Sn	Zn
Papier- und Kartonproduktion		x	x		x		x	x		x
Organische Chemie Petrochemie	x	x		x	x		x		x	x
Chloralkaliproduktion Anorganische Chemie	x	x		x	x		x		x	x
Düngemittelproduktion	x	x	x	x	x	x	x	x		x
Erdöl-Raffinerien	x	x	x	x			x	x		x
Stahlwerke, Gießereien	x	x	x	x	x		x	x	x	x
Nichteisenmetall-produktion		x	x		x		x			x
Kraftfahrzeug- und Flugzeug-industrie	x	x	x		x			x		
Glas, Zement, Asbest, Keramik		x								
Textilindustrie		x								
Lederindustrie		x								
Dampfkraftwerke		x								x

Im landwirtschaftlichen Bereich ist die Verwendung von Schwermetall-Verbindungen, vor allem von quecksilberhaltigen, seit Jahren rückläufig, nachdem durch quecksilberhaltige Fungizide schwere Vergiftungen bei Tieren und Menschen aufgetreten waren. Noch im Einsatz sind Kupfer-Verbindungen im Pflanzenschutz sowie Zinnorganyle als Holzschutzmittel.

In den individuellen Bereich fällt vor allem die Verwendung von Blei als Antiklopfmittel in Vergaserkraftstoffen. Durch die Verbrennung fossiler Brennstoffe werden ebenfalls Schwermetalle emittiert.

Zusätzliche Metallverunreinigungen in Gewässern können, wie erst in jüngster Zeit deutlich wird, auf Korrosionserscheinungen in öffentlichen und häuslichen Leitungssystemen zurückgeführt werden; erkennbar ist das z.B. auch in den erhöhten Zink-Gehalten in den kommunalen Klärschlammen (HELLMAN, 1972).

ad d) Die Frage, wie weit Grund- und Oberflächenwasser durch eine Auslaugung von Schwermetallen aus in der Natur gelagerten Abfallstoffen (Abfallhalden, Mülldeponien) beeinflußt werden, kann nach jüngsten Untersuchungen von SCHÖTTLER (1972) und HEITFELD und SCHÖTTLER (1973) an 10 verschiedenen Abfallagerungen im Raum Aachen dahingehend beantwortet werden, daß in der Umgebung von Hausmüllkippen meist hohe Konzentrationen von Cadmium- und Kupferionen auftreten, für welche die Abfallagerung als Emittent angesehen werden muß. Die Autoren kommen daher zu dem Schluß, "daß von seiten der Spurenmetalle eine potentielle Gefährdung des Wassers im Bereich von Halden vorhanden ist, so daß es in Zukunft notwendig erscheint, diese Elemente bei einer Beurteilung der Trinkwasserqualität zu berücksichtigen" (HEITFELD und SCHÖTTLER, 1973).

Komposte, die wesentliche Anteile an häuslichem Müll oder an Klärschlamm enthalten, stellen gleichermaßen Quellen von Schwermetallen dar, die durch Auslaugung in den Boden, das Grundwasser oder in die Oberflächenwässer gelangen können (vgl. Abschn. 4).

ad e) Die in Nahrungs- und Futtermitteln enthaltenen Schwermetalle, von denen insbesondere das Zink fast immer in höheren Konzentrationen vorliegt (ROTH, 1972), werden in den Exkrementen angereichert und gelangen zum größten Teil in die Gewässer. Die von einem Erwachsenen täglich ausgeschiedene Zinkmenge liegt zwischen 7-20 mg.

6.2 Spezielle Beispiele: Quecksilber, Cadmium und Blei

Für drei als besonders schädlich erachtete Schwermetalle - Quecksilber, Cadmium und Blei - sind in der Abb. 13 die Verbrauchsziffern (1968) aus den USA dargestellt, wo diesbezügliche Erhebungen bereits durchgeführt worden sind. In der Bundesrepublik Deutschland dürften die Verhältnisse der einzelnen Verwendungsarten grundsätzlich vergleichbar sein; lediglich die Absolutmengen machen jeweils nur etwa ein Drittel des US-amerikanischen Verbrauchs aus.

Die Umwelt-Belastung, die sich bei der Herstellung und bei der Verwendung der verschiedenen Produkte ergibt, wurde ebenfalls in Abb. 13 abgeschätzt und in vier Abstufungen wiedergegeben: Quecksilberverunreinigungen fallen besonders bei der Chloralkali-Elektrolyse und bei der Verwendung quecksilberhaltiger Fungizide an; größere Mengen an Cadmium gelangen wohl vor allem aus Galvanisierbetrieben in die Ge-

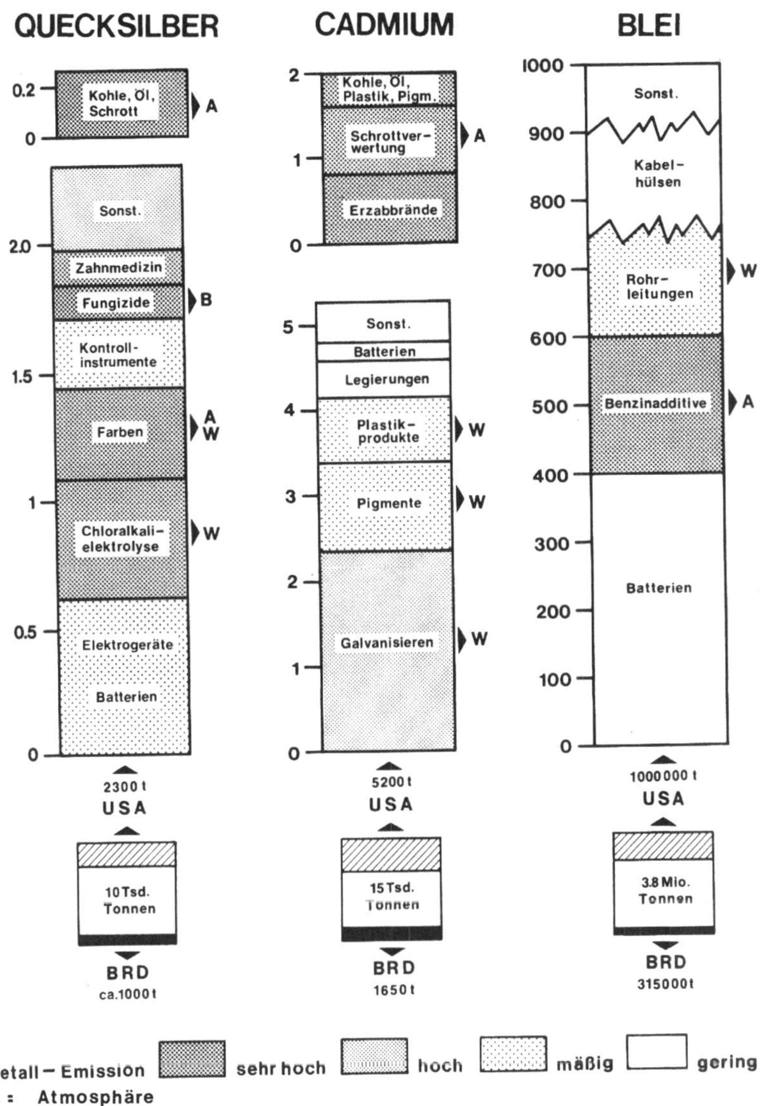

Abb. 13. Verbrauch von Quecksilber, Cadmium und Blei in den USA und in der Bundesrepublik Deutschland im Jahre 1968 (nach Zahlenangaben von D'ITRI, 1972 für Hg in den USA; für Cd in den USA aus Environmental Science and Technology, 5, 754–755 (1971), sowie für Pb in den USA nach STUBBS, 1972. Verbrauchsziffern für die BRD nach SAMES, 1971)

wässer; die Bleiverschmutzung der Luft, die letztlich ihre Auswirkung in erhöhten Blei-Gehalten der Gewässer findet, ist in erster Linie auf die Bleizusätze im Benzin zurückzuführen. Nicht enthalten in den Produktionszahlen sind jene Metallmengen, die beim Aufarbeiten von Erzen und Schrott freigesetzt werden: so gelangt beispielsweise eine

Tabelle 13. Verwendung von Blei und Blei-Verbindungen (nach RÖMPP, 1966, ergänzt nach STUBBS, 1972). Hauptverwendungsarten sind doppelt, die wichtigen Verwendungsarten einfach unterstrichen

Verbindung	Chem. Formel	Verwendungsart
Blei	Pb	Blei-Platten in Blei-Akkumulatoren, Blei-Rohre, Blei-Blech, Kabel-Verbleiung, Geschoßkerne
Blei-Legierungen	Pb+Sb+Sn	Schriftmetall, Lagermetall
Bleiacetat	$(CH_3-COO)_2Pb$	Baumwollfärberei und -druckerei; Firnisfabrikation, Ausgangsmaterial für andere Blei-Verbindungen
Bleiarsenat	$PbHAsO_4$	Starkes Fraßgift für Insekten, wirksames Mittel gegen Kartoffelkäfer
Bleitetraborat	$Pb(BO_2)_2 \cdot 2H_2O$	Keramische Zwecke, Sikkativ
Bleichromat (Chromgelb)	$PbCrO_4$	Wichtige Malerfarbe
Bleicyanamid	$P=N \cdot C \equiv N$	Rein oder mit Eisenoxidrot oder Schwerspat als Rostschutz- und Grundfarbe
Bleicyanid	$Pb(CN)_2$	Insecticid; Erzielung von Goldtönen in der Galvanotechnik
Bleidioxid	PbO_2	Herstellung von Elektroden in Blei-Akkumulatoren, Oxydationsmittel bei Teerfarbstoffsynthesen, Zusatz zu Knallquecksilberzusätzen, Reibmasse von Zündhölzern
Bleiessig	$Pb(CH_3COO)OH$	Mildes Desinfektionsmittel, Adstringens
Bleifluorid	PbF_2	Kristalle zur Strahlungsmessung in Atomkraftwerken und zur Herstellung von Beobachtungsfenstern in Kernreaktoren
Bleifluorosilicat	$PbSiF_6 \cdot 2H_2O$	Für elektrolytische Blei-Reinigung; stromlose Verbleiung von Formteilen aus Al, Spezialfluat für Beton
"Bleiglas"		Ersatz von Ca durch Pb und Na durch K in normalem Glas ergibt stark lichtbrechende "Bleigläser" ("Bleikristall")
Bleiglanz	PbS	Ausgangsmaterial für Bleigewinnung; in der Keramik für Glasuren; Detektorkristalle
Bleijodid	PbJ_2	Zum Bronzieren, Drucken, Photographieren; für Mosaikgold
Bleilineolat	$Pb(C_{17}H_{31}COO)_2$	Sikkativ für Lacke

Bleinitrat	$Pb(NO_3)_2$	Zur Darstellung anderer Pb-Verbindungen; Herst. von Textilbeizen, Streichhölzern, Spezialexplosivstoffen, Oxydationsmittel in Farbstoffindustrie
Bleioleat	$Pb(C_{17}H_{33}COO)_2$	In Lacken, Sikkativen, Hochdruckschmiermitteln
Bleioxid (Bleiglätte)	PbO	Zu Glasflüssen, Firnissen, Glas- und Metallkitten; in der Keramik; Porzellan- und Glasmalerei; Ausgangsmaterial für Mennige; Herst. von Sikkativen, Blei-Akkumulatoren
Bleiorthoplumbat (Mennige)	$Pb(PbO_4)$	Rostschutzfarbe
Bleiperchlorat	$Pb(ClO_4)_2$	Für Abschirmfenster in der Kerntechnik (80%-ige Lösung)
Bleisalicylat	$Pb[C_6H_4(OH)COO]_2 \cdot H_2O$	Lichtstabilisator von PVC, Vulkanisationsbeschleuniger
Bleisilikat	$PbO \cdot 2S\underline{\ }O_2 \cdot H_2O$	Stabilisator für PVC-Produkte
__Bleidisilikat__		Für Keramik-Glasuren
Bleistearat	$Pb(C_{17}H_{35}COO)_2$	Zusatz zu Gummimischungen, Trockenmittel für Lacke; Verarbeitung von Kunststoffen
Bleisulfat	$PbSO_4$	Beschwerungsmittel, Bereitung von Leinölfirnis, weiße Malerfarbe
bas. Bleisulfat		Stabilisatoren für PVC
__Bleitetraäthyl__	$Pb(C_2H_5)_4$	Benzin-Additiv zur Erhöhung der Oktanzahl ("Antiklopfmittel")
Bleithiocyanat	$Pb(SCN)_2$	Zur Herstellung von Sicherheitszündhölzern und Zündhütchen; in der Anilinschwarzfärbung
Bleititanat	$PbTiO_3$	Pigment
__Bleiweiß__	$2PbCO_3 \cdot Pb(OH)_2$	Weiße Farbe, Stabilisator für PVC
Calciumorthoplumbat	$Ca_2(PbO_4)$	Rostschutzfarbe

Cadmium-Menge, die einem Drittel des Verbrauchs an diesem Metall entspricht, aus solchen Prozessen - und zusätzlich noch bei der Verbrennung von Cd-stabilisierten Kunststoffen und von Pigmenten - in die Atmosphäre. Ein hoher Anteil der Metall-Belastung der Luft, die sich früher oder später auch auf die Böden und Gewässer auswirkt, stammt aus der Verbrennung von Kohle und Öl.

Zu den hier angeführten Quellen einer möglichen Herkunft eines bestimmten Schwermetalls müssen noch eine Vielzahl weiterer Herkunftsarten gerechnet werden, die in die Kategorie "Sonstiges" fallen. Am Beispiel des Bleis wird versucht, eine umfassendere, wenn auch sicherlich immer noch unvollständige, Darstellung der Bindungsarten (vgl. Abschn.15) und Verwendungsmöglichkeiten eines Metalls und seiner Verbindungen zu geben.

Aus dieser Zusammenstellung wird klar, daß bei einem derart vielseitig verwendbaren Metall die Herkunft einer Anreicherung in einem Gewässer in der Regel schwieriger festzustellen ist als etwa bei Chrom oder Cadmium.

6.3 Herkunft des Zinks im Rheinwasser

In einem Bericht der Bundesanstalt für Gewässerkunde haben SCHLEICHERT und HELLMANN (1973) eine Literaturzusammenstellung über "Auftreten und Herkunft von Zink in Gewässern" gegeben. Der Schwerpunkt lag dabei auf einer Bilanzierung der Zink-Gehalte nach Herkunft und Größe im Einzugsgebiet des Rheins, unter besonderer Berücksichtigung von Abflußdaten. Als wesentliche Ergebnisse dieser Studie ist folgendes festzuhalten:

a) Für den Rhein bei Emmerich/Lobith an der deutsch-niederländischen Grenze ergibt sich für die Jahre 1970 bis 1972 ein Schwankungsbereich der Konzentrationen an gelöstem Zink von 100 bis 300 µg/l im Hauptabflußbereich von 1000 bis 2000 m³/s.

b) Die Zink-Gehalte unbelasteter Gewässer liegen bei ungefähr 10 bis 15 µg/l. (Ein Wert von 10 µg/l schien auch nach unseren Untersuchungen - vgl. Abschn. 5 - repräsentativ für unkontaminierte Fluß- und Seewässer).

c) Die Zink-Belastung des Rheinwassers erhöht sich durch häusliche Abwässer um 11 bis 28 µg/l. Der Zink-Anteil aus der Korrosion des Leitungsnetzes liegt um etwa das Dreifache über den Zink-Gehalten aus menschlichen Ausscheidungen.

d) Der Einfluß kontaminierten Regenwassers auf die Zink-Konzentrationen im Rhein ist bislang noch nicht berücksichtigt worden. Bei einem mittleren Gehalt von 100 bis 200 µg/l Zink im Regenwasser - wie er in Analogie zu US-amerikanischen Daten für das Rhein-Einzugsgebiet anzusetzen ist - muß diese Zink-Komponente jedoch in zukünftige Kalkulationen einbezogen werden.

e) Zink-Anreichungen über 50 µg/l in natürlichen Gewässern können mit ziemlicher Sicherheit auf Industrieabwässer zurückgeführt werden. Als Hauptverursacher treten galvanische Betriebe, Viskosewerke, Kerzen- und Seifenfabriken auf. Dabei belasten allein die Abwässer eines einzigen größeren Viskose-Betriebes das Wasser des Niederrheins (bei einem Abfluß von 2000 m³/s) zusätzlich mit ungefähr 10 µg/l.

7. Umweltbelastung durch Schwermetalle

Ausmaß, Verbreitung und Verbleib von Schwermetallverschmutzungen sind bislang in globalem Rahmen nur aus groben Abschätzungen bekannt (z.B. GOLDBERG, 1970). Da vermutlich die Hauptmenge dieser Substanzen unkontrolliert emittiert wird, sind auch die Daten über die Belastung definierter Räume, z.B. für die Binnengewässer, sehr unsicher.

Ein erster und ganz allgemeiner Versuch, diese Problematik anzugehen, kann darin bestehen, den Verbrauch an Schwermetallen mit den natürlichen Anteilen dieser Substanzen in den verschiedenen Umweltbereichen (Lithosphäre, Pedosphäre, Hydrosphäre und Atmosphäre) zu vergleichen. Wenn wir voraussetzen, daß sich die einzelnen Organismen im Laufe ihrer Entwicklung in den unterschiedlichen Lebensräumen den jeweils natürlichen Metall-Gehalten angepaßt haben, dann stellt der anthropogene Metallverbrauch eine zusätzliche Belastung für die Ökosysteme dar. Der Quotient

$$\frac{\text{Metallverbrauch (in Tonnen/Jahr)}}{\text{Natürlicher Metall-Gehalt in einem best. Umweltbereich (g/t)}}$$

kann hier als ein Maß für das relative Verschmutzungspotential eines Elements in den verschiedenen Umweltbereichen eingeführt werden.

Tabelle 14. Welt-Schwermetallverbrauch 1968 bzw. 1969 für Blei (nach SAMES, 1971), Metall-Gehalte von Böden (BOWEN, 1966) und "Index des relativen Verschmutzungspotentials" für die Pedosphäre

	Metallverbrauch x 1 000 t/a	Böden (ppm)	Index des relativen Verschmutzungspotent.
Eisen	400 000	38 000	1
Mangan	9 200	850	1
Kupfer	6 400	20	30
Zink	4 600	50	10
Blei	3 500	10	35
Chrom	1 700	100	2
Nickel	493	40	1
Zink	232	10	2
Molybdän	57	2	3
Kobalt	19	8	0.2
Cadmium	15	0.06	25
Quecksilber	10	0.03	30

Dieser Quotient, der als "Index des relativen Verschmutzungspotentials" bezeichnet wird (FÖRSTNER und MÜLLER, 1973), ist für einige wichtige Industriemetalle in der Pedosphäre in Tabelle 10 aufgeführt. Der Bereich der Böden wurde gewählt, weil sich dort eine große Anzahl wichtiger Lebensprozesse abspielen, die auch für die menschliche Ernährung von Bedeutung sind und weil die natürlichen Metallpegel in den Böden - im Gegensatz zum aquatischen Milieu - relativ gut bekannt sind. Es zeigt sich, daß der Index der "edleren" - und meist gefährlicheren - Metalle um ungefähr eine Größenordnung höher liegt als beim Eisen, Mangan, Chrom und Nickel.

Diese globale Betrachtungsweise stellt zunächst nicht in Rechnung, daß

a) der Schwermetallverbrauch in den verschiedenen Gebieten der Erde sehr stark variiert, und

b) bei den verschiedenen Metallen die Abgabequote ("Rückführung") an die Umwelt verschieden hoch ist (Extreme: Gold - Eisen).

Zu einer realistischeren Anschauung gelangt man, wenn man den "Index des relativen Verschmutzungspotentials" auf den Metallverbrauch auf einer bestimmten Fläche (Erdteil, Land, Kreis, Gemarkung etc.) bezieht:

$$= \frac{\text{Welt-Metallverbrauch (t/a)}}{\text{Natürlicher Metall-Gehalt der Böden (ppm)} \times 10^4} \times \frac{\text{Metallverbrauch in bestimmt. Gebiet (t/a)}}{\text{Gebietsfläche (km}^2\text{)} \times \text{Weltmetallverbrauch (t/a)}}$$

ad a) Am Beispiel des Bleis ("globaler" Index für die Pedosphäre = 38) soll aufgezeigt werden, welche Variationsbreite der Index in den einzelnen Erdteilen und Ländern besitzt (Tabelle 15, Abb. 14 und 15). Wie zu erwarten, liegt das dichtbesiedelte und hochindustrialisierte Europa mit großem Abstand an der Spitze, gefolgt von Nordamerika, Asien, Australien, Südamerika und schließlich Afrika. (Die Einbeziehung des Südpolgebietes erscheint fraglich, da hier die Pedosphäre praktisch nicht vorhanden ist).

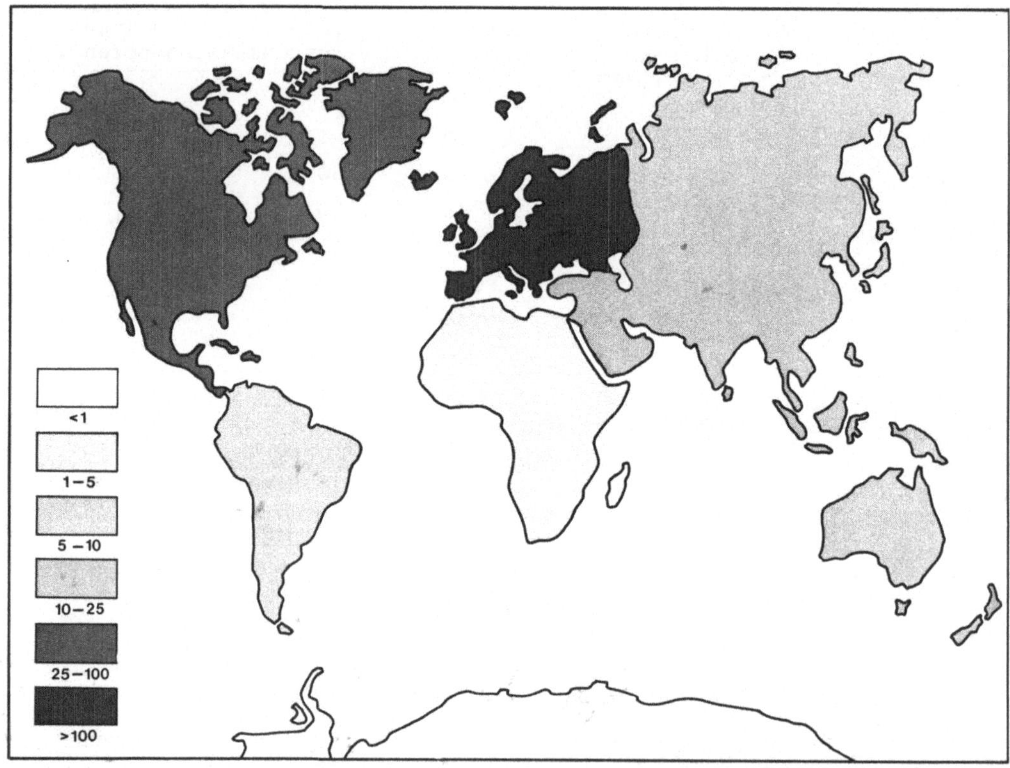

Abb. 14. Index des relativen Verschmutzungspotentials für Blei, 1969 für verschiedene Erdteile

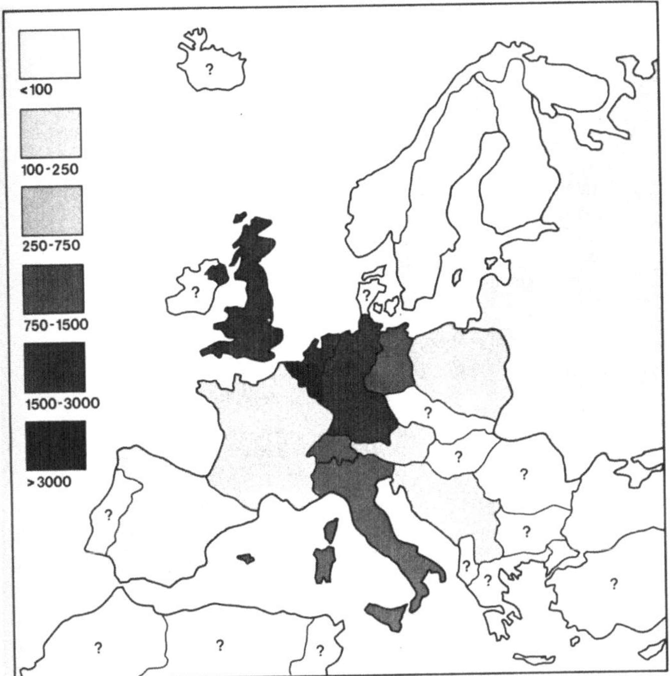

Abb. 15. Index des relativen Verschmutzungspotentials für Blei für
einige europäische Länder, 1969

Innerhalb Europas variiert der Index in den in Tabelle 15 erfaßten
Ländern zwischen 3130 (Belgien und Luxemburg) und 41 (Finnland); die
Bundesrepublik Deutschland liegt dicht hinter den Niederlanden an
dritter Stelle, gefolgt von Großbritannien und - bereits mit deut-
lichem Abstand - von der Schweiz.

Wichtig ist in diesem Zusammenhang auch der weitere Anstieg des Metall-
verbrauchs, der für die einzelnen Industriemetalle sehr unterschiedlich verlaufen wird (Abb. 16): so dürfte sich - verglichen mit den
heutigen Werten - bis zur Jahrhundertwende der Verbrauch an Molybdän
verfünffacht, der von Cadmium, Kobalt und Nickel verdreifacht haben.
Zink, Blei und Chrom werden etwa doppelt genutzt werden wie heute.
Der Quecksilberbedarf wird nach diesen Berechnungen im gleichen
Zeitraum nur noch um etwa 25% zunehmen, weil hier durch die gesetzlichen Umweltkontrollmaßnahmen ein besonderer Zwang zur Substitution besteht (vgl. EGGERT und GOCHT, 1972); z.B. wird in den USA bereits seit 170 das Quecksilberverfahren zur Chloralkali-Elektrolyse
in zunehmendem Maße durch das umweltfreundliche Diaphragma-Verfahren
ersetzt.

ad b) Die Rückführung der produzierten Metall-Mengen in die verschiedenen Umweltbereiche ist weder gleichmäßig noch vollständig. Eine gewisse Metall-Menge ist in Gegenständen fixiert, die längere Zeiten
überdauern (Maschinen, Instrumente, Baumaterial, Münzen, um nur einige Beispiele zu nennen), ein weiterer Teil kann wieder aus Schrott
und aus Abfällen zurückgewonnen werden. Auf lange Sicht wird frei-
lich die Hauptmenge der verbrauchten Metalle in die Umwelt verfrachtet. Dabei werden die einzelnen Ökosysteme unterschiedlich stark belastet, wie zwei besonders wichtige Beispiele zeigen (vgl. auch Abb. 13):

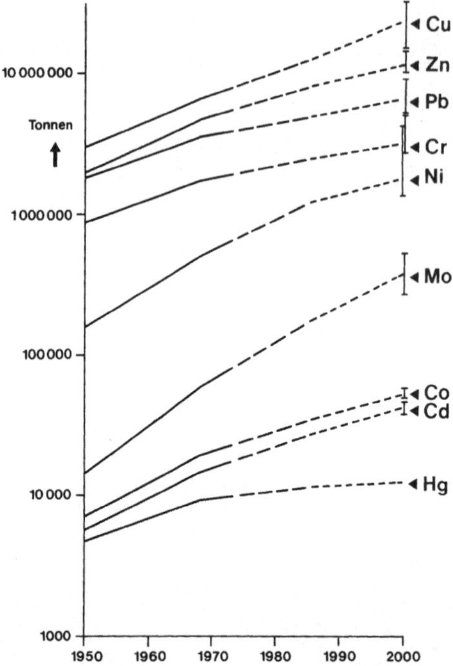

Abb. 16. Entwicklung des Welt-
verbrauchs einiger Industriemetalle (nach Zahlenangaben
bei SAMES, 1971)

Ungefähr 15% der gesamten Blei-Produktion wird zu Benzinzusätzen aufbereitet; nahezu die gesamte Menge des so genutzten Bleis wird -
beim Verbrennungsvorgang in den Motoren - an die Luft abgegeben.

Mindestens 20% des Quecksilber-Weltverbrauchs wird in der Chlor-Al-
kalielektrolyse eingesetzt; ein großer Anteil gelangt mit den Abwässern in die Flüsse, Seen und Ozeane.

Tabelle 15. Bleiverbrauch im Jahre 1969 in verschiedenen Erdteilen und Ländern (nach Metallstatistik der Metallgesellschaft, cit. in SAMES, 1971) sowie hieraus berechneter "Index des relativen Verschmutzungspotentials", bezogen auf die Pedosphäre

	Fläche (km^2)	Pb-Verbrauch (t/1969)	Index des relativen Verschmutzungs- potentials (bez. auf die Pedosphäre)
Gesamte Erde	148 890 000	3 792 800	38
Europa	10 010 000	1 949 200	286
Asien	44 130 000	636 100	21
Afrika	29 830 000	36 000	2
Nordamerika	24 060 000	1 012 800	62
Südamerika	17 790 000	84 000	7
Australien	8 900 000	75 200	12
Südpolgebiet	14 170 000		≪ 1
Bundesrepublik Deutschland	248 000	314 700	1 860
Belgien und Luxemburg	33 100	70 500	3 130
Frankreich	551 200	198 500	530
Italien	301 200	146 000	710
Niederlande	36 200	49 300	2 000
Finnland	337 000	9 500	41
Großbritannien	244 800	273 300	1 640
Jugoslawien	255 800	58 000	330
Norwegen	324 200	12 000	54
Österreich	83 800	23 900	420
Schweden	449 800	54 900	180
Schweiz	41 300	25 800	920
Spanien	504 700	77 000	220
DDR	107 900	90 000	1 220
Polen	312 500	65 400	310
UdSSR	5 571 000	458 500	120
Indien	3 046 000	44 900	21
China	9 650 500	185 000	28
Japan	370 000	192 200	760
USA (ohne Alaska und Hawaii)	7 828 000	848 000	260
Kanada	9 960 000	65 600	10

B. Schwermetall-Gehalte in aquatischen Sedimenten

8. Sedimente als Verschmutzungs-Indikatoren

8.1 Allgemeines

Die natürlichen Wassersysteme, deren Schwermetallführung hier an verschiedenen Beispielen untersucht werden soll, bestehen jeweils aus
einer Lösungsphase und einer Feststoffphase. Einen Übergang zwischen
Feststoffen und echten Lösungen stellen die Kolloide dar, Molekül-
Aggregate oder Polymere mit einer Teilchengröße von 0.001 bis 0.1 µ,
die im allgemeinen bei einer chemischen Analyse zusammen mit den
Lösungs-Komponenten gemessen werden. Die Grenze zu den Feststoffen
im engeren Sinne legt man oberhalb von ca. 0.2 - 0.5 µ. In diesem
Bereich wird meist in der Praxis eine Abtrennung von der flüssigen
Phase mittels Membranfiltration durchgeführt. Ein Großteil der kri-
stallinen Komponenten, u.a. auch die Tonminerale werden dabei im
Filter zurückgehalten.

Für den Feststoffanteil von Fließgewässern bietet sich eine zusätzliche Aufteilung an, die in deren spezifischen hydrodynamischen Verhältnissen begründet ist: Die Theorie des fluviatilen Stofftranspor-
tes (z.B. COLBY, 1963; BAGNOLD, 1966) unterscheidet die rollend,
gleitend und springend beförderte Flußbettfracht (bedload) und das
Schwebgut (suspended load). Die durch die verschiedenen Transport-
arten bewegten Partikeln differieren vor allem in ihrer Korngröße:
Die Flußbettfracht umfaßt im wesentlichen Körner des Sand- und Kies-
bereiches, im Schwebgut treten fast ausschließlich Körner von Silt-
und Ton-Korngröße auf.[3] Wie sinnvoll eine solche Untergliederung ist,
ergibt sich aus statistischen Untersuchungen an natürlichen Flußsystemen. Abb. 17 zeigt die Häufigkeitsverteilung der mittleren Korn-
durchmesser von mehreren hundert Schwebgut- und Flußbettproben aus
dem Alpenrhein (MÜLLER und FÖRSTNER, 1968). Im Histogramm ist ein
deutliches Minimum der Datenhäufigkeit bei ungefähr 50 µ festzustellen:
im Grenzbereich zwischen den Silt- und Sandkorngrößen.

Was die Mengenverhältnisse anbelangt, so macht die Flußbettfracht -
auch bei relativ rasch fließenden Gewässern - meist nur wenige Prozent (im Beispiel des Alpenrheins ca. 1%) des gesamten Feststoff-Ge-
haltes aus. Der fluviatile Feststofftransport kann demnach in den
meisten Fällen durch Messungen des Schwebanteils hinreichend genau bestimmt werden.

Die durchschnittlichen Schwebstoffanteile in den Flüssen liegen im
globalen Mittel bei ungefähr 330 mg/l (JUDSON und RITTER, 1964; TURE-
KIAN, 1969), d.h. dreimal so hoch wie die entsprechenden Durchschnitts-
Gehalte an gelöster Substanz (114 mg/l; GIBBS, 1967). Eine besonders

---

[3]Es gelten folgende Grenz-Korngrößen: Kies/Sand 2 mm, Sand/Silt
0,063 (= 63 µ), Silt/Ton 0,002 mm (= 2 µ).

starke Schwebstoff-Führung findet sich in Flüssen aus Gebieten mit
einer hohen Verwitterungsintensität, hohem Relief, bei leichter Ero-
dierbarkeit der Gesteine oder bei häufiger Änderung der Flußgeometrie;
in solchen Fällen können dabei Durchschnittswerte bis zu 100 000 mg/l
gemessen werden (Beispiel: Rio Puerco, Neu-Mexico; NORDIN, 1963).

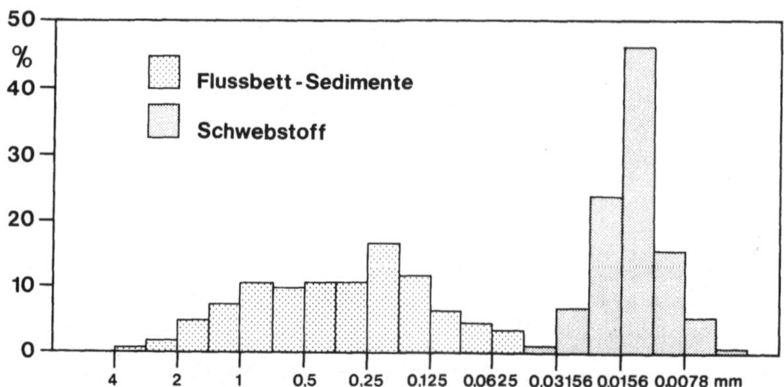

Abb. 17. Häufigkeitsverteilung der mittleren Korngröße von Schwebgut-
und Flußbettproben aus dem Alpenrhein (aus MÜLLER und FÖRSTNER, 1968)

Beide Komponenten, Lösungsfracht wie Schwebfracht, variieren in Abhängigkeit von der Abflußmenge bzw. Fließgeschwindigkeit. In Abb. 18
sind die Verhältnisse schematisch dargestellt:

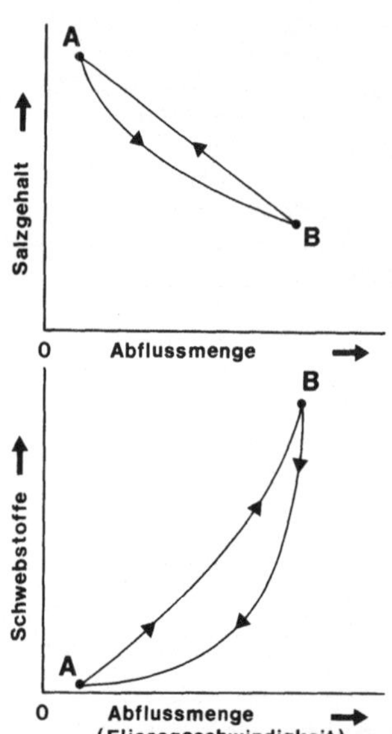

Abb. 18. Schematische Darstellung der Beziehungen zwischen den Abflußmengen eines
Gewässers und den Salz-Gehalten im Wasser
(oben) bzw. den Schwebstoff-Gehalten (unten)

Salz-Gehalt: Abflußmenge (Abb. 18, oben). Die Flußwässer stellen eine
Mischung von Grundwasser- und Oberflächenzuflüssen dar. Je nach Anteil der einen oder anderen Komponenten verändern sich die Salz-Gehalte unterschiedlich stark. Ausgehend von Punkt A nimmt zunächst der
Oberflächenabfluß überproportional zu und bedingt eine deutliche Abnahme der Salz-Gehalte des Flußwassers. In der weiteren Entwicklung
wird der Grundwasseranteil immer stärker und ist bei rückläufigen
Wasserständen (B→A) dominierend. Bei zunehmender Wechselwirkung der
Lösungen mit dem Gesteinsuntergrund erhöht sich die Salinität so lange,
bis durch erneute Niederschläge die Abflußmenge wieder ansteigt
(A→B). Es zeigt sich, daß in den meisten Fällen die Veränderung in
den Salz-Gehalten geringer ist, als nach der Zunahme der Abflußmenge
und dem daraus resultierenden Verdünnungseffekt zu erwarten wäre.

Anteil Schwebstoffe: Abflußmenge (bzw. Fließgeschwindigkeit). Bei den
Schwebstoffen (Abb. 18, unten) ist mit einem Anstieg der Fließgeschwindigkeit eine exponentielle Zunahme der transportierten Schweb-
menge verbunden; und zwar besonders stark, wenn das zu Niedrigwasser-
zeiten angesammelte Lockermaterial ausgeräumt wird (A→B). Bei rückläufigen Wasserständen (B→A) ergibt sich prinzipiell dieselbe Entwicklung, doch ist der Kurvenverlauf nun noch steiler geworden.

Bei abnehmenden Fließgeschwindigkeiten werden "Schwebstoffe" zu "Sinkstoffen" und ein Teil zu "Sedimenten", d.h. zu Ablagerungen auf dem
Flußbett. Zunächst werden die Partikel mit einem höheren Gewicht
(und entsprechend gröberem Korn) abgesetzt, später auch die zunehmend
leichteren, feinerkörnigen Komponenten. Daß bei erneut stärkerer
Wasserführung diese Ablagerungen teilweise erhalten bleiben, liegt
an einem spezifischen Kohäsionsverhalten der feinkörnigen Partikel,
das HJULSTRÖM (1934) in seinem bekannten Diagramm (Abb. 19) empirisch
erfaßt hat: Während die Korngröße der noch schwebend transportierba-
ren Körner mit der Fließgeschwindigkeit linear ansteigt, sind für die
Abtragung der kleinen Sedimentpartikel vom Flußbett ähnlich hohe
Kräfte (Fließgeschwindigkeiten) notwendig wie sie ein Weitertransport
gröberer Körner erfordert.

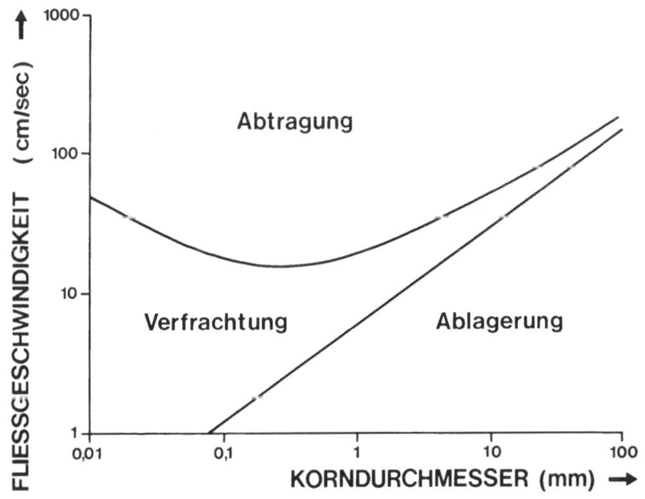

Abb. 19. Abtragung, Verfrachtung und Ablagerung von Sedimentkörnern
unterschiedlicher Korngröße in Abhängigkeit von der Fließgeschwindigkeit (nach HJULSTRÖM, 1934)

Um Ablagerungen mit einer Korngröße von ca. 0.1 - 1 mm in den Schweb-
zustand zu überführen, bedarf es der geringsten Fließgeschwindigkeit.

Uferablagerungen von Flüssen bestehen häufig aus mehreren "Sedimenta-
tionseinheiten", die an der Basis mit grobkörnigen Partikeln beginnen
und nach oben hin jeweils in feinerkörniges Material übergehen - eine
Abfolge, die sich meist bei abnehmender Wasserführung ausbildet.

In Seen ist generell eine Abnahme der Sedimentkorngrößen vom Ufer bis
ins Beckeninnere zu erwarten; auch hier können jedoch Strömungen zur
Ausbildung spezieller Verhältnisse führen. Im allgemeinen findet in
den Seen, vor allem in den tieferen Bereichen, eine ständige Akkumula-
tion von Sedimentmaterial statt, während sich in den Flüssen die Vorgänge der Erosion und Ablagerung sowohl räumlich wie zeitlich in kurzen Intervallen ablösen können.

8.2 Probenahme, Aufbereitung und Messungen

Die Untersuchungen über die Belastung der Binnengewässer mit Schad-
stoffen beginnen mit einer Aufnahme der allgemeinen hydrologischen
Daten: Wassertemperatur, pH- und Eh-Verhältnisse, Leitfähigkeit des
Wassers und - bei Fließgewässern - Wasserführung zum Zeitpunkt der
Probeaufnahme.

In Abb. 20 werden die einzelnen Schritte dargestellt, die von der
Entnahme der Wasser- und Sedimentproben über die einzelnen Aufberei-
tungsmethoden zu den Analysendaten führen. Eine ausführliche Darstellung dieser Verfahren wird im Anhang dieses Buches gegeben.

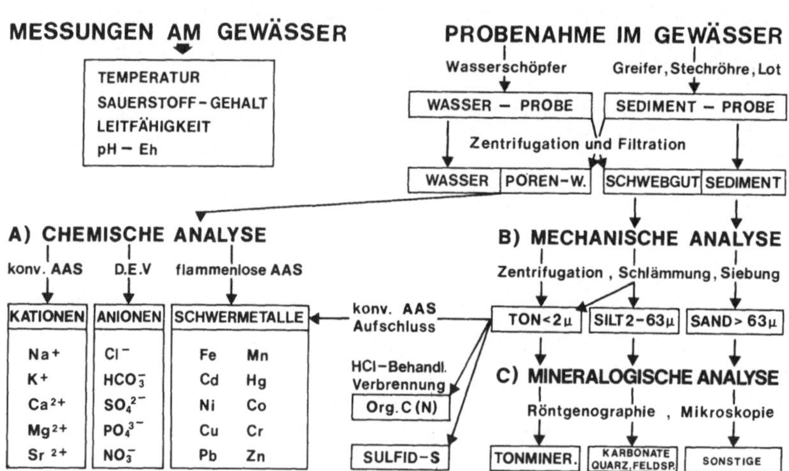

Abb. 20. Schema der Bearbeitung von Wasser- und Sedimentproben für
gewässerkundliche Untersuchungen am Laboratorium für Sedimentforschung.
Abkürzungen: AAS = Atom-Absorptions-Spektroskopie; D.E.V. = Deutsche
Einheitsverfahren

Probenahme und Probeaufbereitung. Von den Wasserproben für eine spätere
Spurenmetallanalyse ist unmittelbar nach der Entnahme der Schwebstoff-
anteil abzutrennen (Membranfiltration); das Filtrat wird anschließend

mit Säure konserviert. Dasselbe Verfahren gilt für die Porenwässer,
nachdem sie durch Zentrifugation von den Sedimenten abgetrennt worden
sind. Bei den Sedimenten interessiert für die Spurenmetalluntersuchungen vor allem die Kornfraktion <2 μ ("Tonfraktion"), die durch wieder-
holtes Abschlämmen in einem Standzylinder gewonnen wurde. Der chemische
Aufschluß erfolgt mit Königswasser.

Chemische Analyse. Die Untersuchung der Haupt-Anionen in den Wasserproben wird nach dem Deutschen Einheitsverfahren durchgeführt; die
der Haupt-Kationen mit der (Flammen-)Atom-Absorptions-Spektroskopie
(AAS). Dieses Verfahren kann auch in den meisten Fällen zur Bestimmung
der Schwermetalle aus den aufgeschlossenen Sedimentproben eingesetzt
werden. Für sehr geringe Spurenelement-Gehalte in den Sedimenten, vor
allem jedoch bei der Spurenanalytik von Wasserproben, eignet sich
besser die flammenlose Atom-Absorptions-Spektroskopie mit einer gegenüber der konventionellen AAS um das ca. hundertfach gesteigerten
Empfindlichkeit.

8.3 Schwermetalle im Wasser, in Schwebstoffen und in Sedimenten

Die Belastung eines Gewässers durch eingeleitete Metalle müßte im
Prinzip sowohl im <u>Wasser</u> als auch in den <u>Schwebstoffen</u> und in den
<u>Sedimenten</u> zu verfolgen sein. In der Praxis zeigt sich jedoch, daß die
Messungen von Verunreinigungen in den Fluß<u>wässern</u> vielfach ein un-
klares Bild über das Ausmaß der Schadstoff-Belastung ergeben, da
Änderungen in der Wasserführung, unterschiedliche Betonung einzelner
Liefergebiete oder kurzfristige lokale Emissionen starke temporäre
Schwankungen in der Schadstoff-Belastung verursachen können.

Am Beispiel des Neckars (Meßstation Heidelberg-Karlstor), wo von März
bis Mai 1973 täglich Wasserproben analysiert wurden, wird dieses Verhalten deutlich (Abb. 21 und 22): Während die Hauptionen HCO_3, SO_4,
Cl, Ca, Mg und Na sich insgesamt nur wenig und stetig verändern - eine
Beziehung zur Abflußmenge ist dabei klar erkennbar -, verändern sich
die Schwermetalle sprunghaft. Konzentrationsschwankungen von mehr als
einer Zehnerpotenz innerhalb von 24 Stunden waren keine Seltenheit.

Werden in einer statistischen Analyse die Extremwerte eliminiert
(Abb. 23), differieren die Durchschnittswerte der einzelnen Schwer-
metalle aus 92 Einzelmessungen im Wasser des Neckars kaum von den
Normalwerten unbelasteter Gewässer.

Auch die Schwermetall-Mengen, die an den <u>Schwebstoffen</u> an ein und derselben Station in kurzen zeitlichen Abständen gemessen werden, sind
großen Schwankungen unterworfen. Jede Messung ergibt lediglich eine
Momentaufnahme einer Situation, die sich durch zeitlich und örtlich
begrenzte Emissionen von Schwermetallen rasch ändern kann. Zur Zeit
wird im Schwerpunktprogramm "Schadstoffe im Wasser" der Deutschen
Forschungsgemeinschaft der Versuch unternommen, durch langfristige
Messungen bei kontinuierlicher Probenahme zu einer Bilanzierung der
in einem Fließgewässer transportierten Schwermetall-Mengen zu kommen.
Ein solches Vorhaben ist jedoch naturgemäß nur punktuell an wenigen -
sehr gut ausgerüsteten - Meßstationen möglich.

Bis zum Vorliegen der entsprechenden Daten scheinen die <u>Sedimente</u>,
und dabei vor allem deren feinerkörnige Anteile, ein geeigneter Grad-
messer für die Belastung eines Gewässers mit Schwermetallen und anderen Schadstoffen zu sein. Als "Kehrichtdeponien des Stoffumsatzes"
(ZÜLLIG, 1956), die "mit ihren Interstitiallösungen in starkem Maße

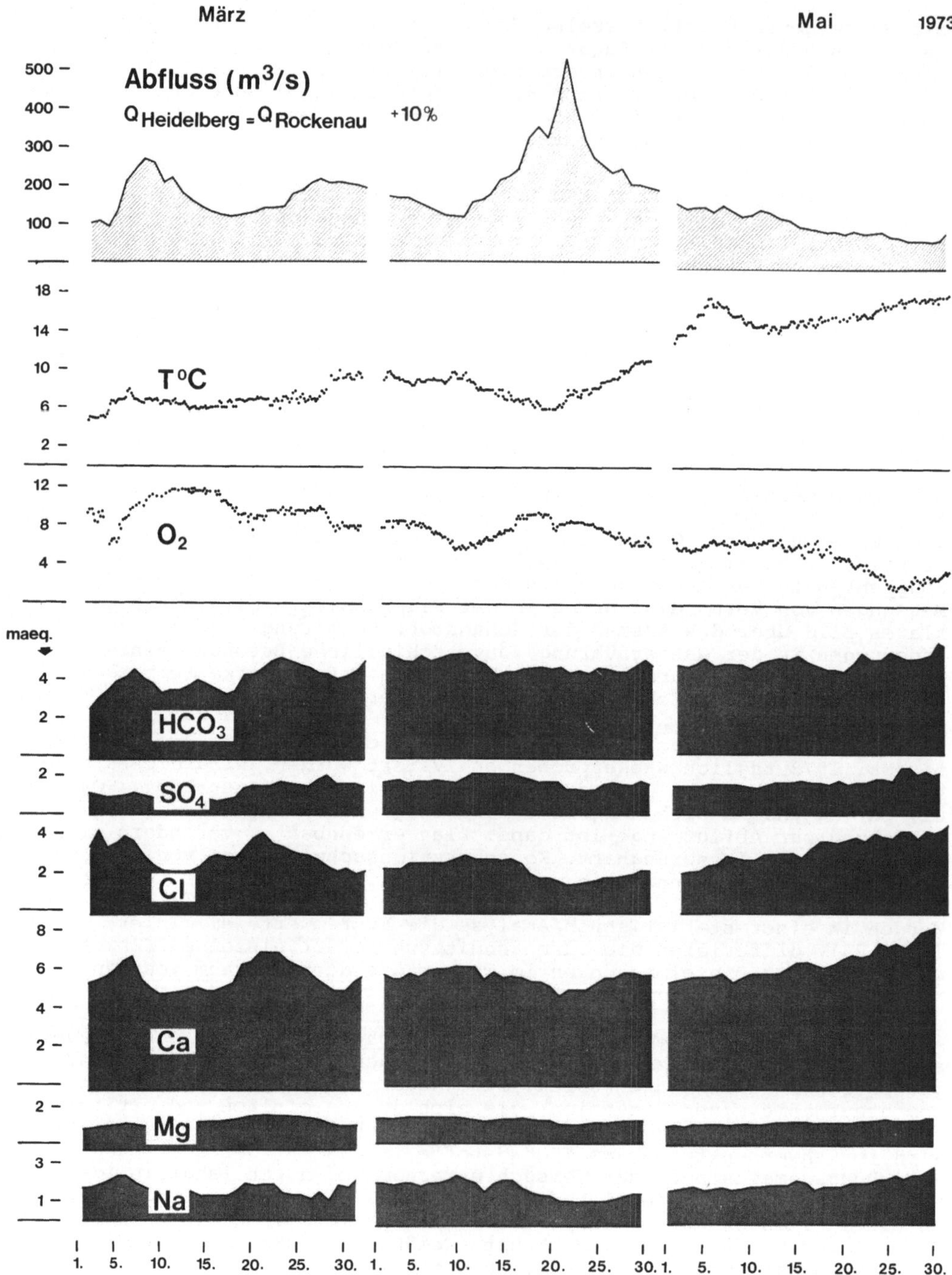

Abb. 21. Meßstation Heidelberg-Karlstor. Abflußmenge, Temperatur, Sauerstoff-Gehalt sowie Hauptionen im Neckarwasser im Zeitraum März – Mai 1973

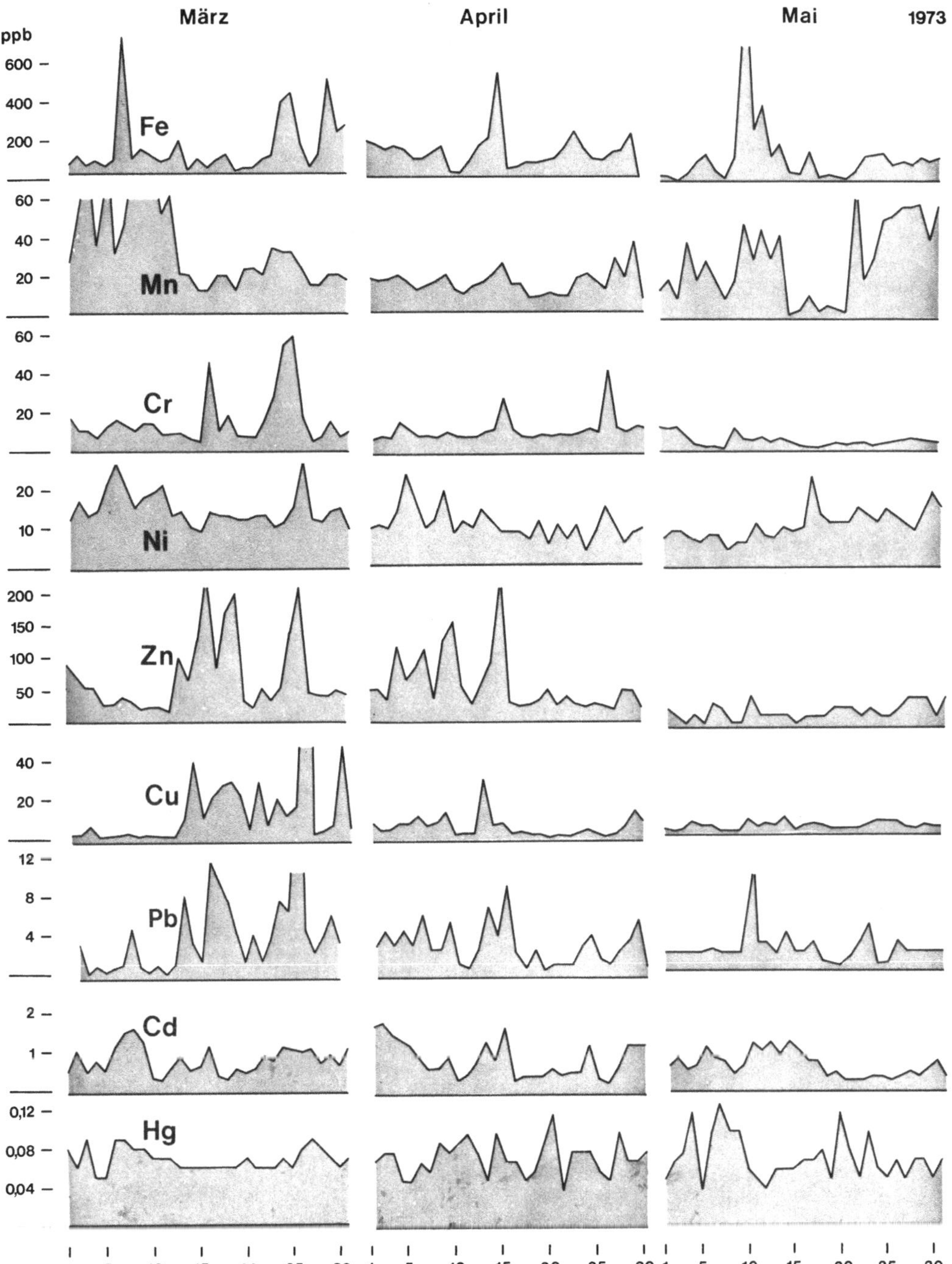

Abb. 22. Meßstation Heidelberg-Karlstor. Schwermetalle im Wasser des Neckars. Zeitraum März - Mai 1973

an. biogenen und abiogenen Stoffhaushalt eines Gewässers beteiligt sind" (OHLE, 1963), spiegeln die abgelagerten Schwebstoffe die Entwicklungsgeschichte eines Gewässers einschließlich seiner Umweltverschmutzung am besten wider. Da die Sedimente aus vielen Schichten aufgebaut sind, deren jede einzelne einer bestimmten Schadstoff-Belastung entspricht, liefern diese Ablagerungen zudem einen Mittel-

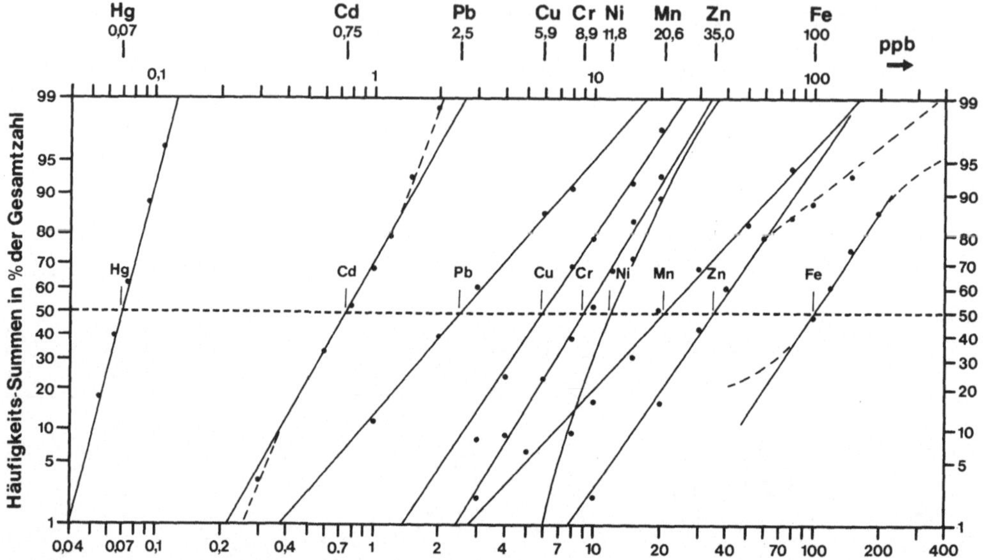

Abb. 23. Statistische Mittelwertbildung für die in Abb. 22 dargestellten Schwermetall-Gehalte

wert für die Verunreinigungen des Schwebguts über einen längeren Zeitraum hinweg. Zwei Angaben mögen diesen Sachverhalt belegen: Bei den Untersuchungen von GROTH (1971), der die Konzentrationen von Mangan, Kupfer und Molybdän in Seesedimenten in größeren zeitlichen Abständen wiederholt gemessen hat, veränderten sich die Metall-Gehalte in so engen Grenzen, daß "man fast von einer konstanten Konzentration dieser Elemente im Sediment sprechen kann". Auf der anderen Seite konnten VERNET und THOMAS (1972) an den Sedimenten der Rhone (kurz vor deren Eintritt in den Genfer See) zeigen, wie durch lokale Emissionen der Schwermetall-Gehalt ständig zunimmt: sie fanden zwischen 1964 und 1971 an jeweils derselben Stelle einen Anstieg des Quecksilber-Gehaltes in den Flußablagerungen von O.17 ppm (1964) über O.51 (1967), O.97 (1970) bis 1.4 ppm (1971).

Auf die Möglichkeiten einer Exploration von Schadstoff-Emissionen in Gewässern und deren Lokalisierung nach den Erfahrungen aus der geochemischen Lagerstättenprospektion wurde bereits im vorangegangenen Abschnitt hingewiesen: Aus den Veränderungen der Metall-Gehalte der - in möglichst kurzen Abständen entlang der Haupt- und Nebenflüsse entnommenen - Wasserproben können entweder Rückschlüsse auf wirtschaftlich wichtige Vererzungen (HAWKES und WEBB, 1962; BOYLE et al., 1966; u.v.a.) oder aber auf bestimmte zivilisatorische Metalleinleitungen gezogen werden. In vielen Fällen sind jedoch dabei die entsprechenden Sedimentuntersuchungen den Wasseranalysen überlegen (WEBB, 1971), und zwar aus folgenden Gründen:

a) Analysentechnische Vorteile: Normalerweise liegen die Spurenelement-
Gehalte in den Sedimenten und Schwebstoffen um das 1 000- bis 100 000-
fache über den Anteilen der Metalle in den wäßrigen Lösungen.

b) Schwerlösliche Metallverbindungen: Ein Teil der Metallverunreinigungen wird überhaupt nicht in Lösung, sondern vielmehr als Feststoff
emittiert. Es ist jedoch nicht auszuschließen, daß durch bestimmte
Milieuveränderungen (z.B. in den Eh-Bedingungen) und Prozesse (z.B.
Quecksilber-Methylierung) diese Komponenten freigesetzt oder in eine
Form übergeführt werden, in der sie in die aquatische Nahrungskette
eintreten können. Andere Komponenten werden zwar in Lösung eingebracht,
gehen dann jedoch sehr rasch in die Feststoffphase über und sind nur
noch schwer im Wasser nachzuweisen; DALL'AGLIO (1970) hat dies besonders beim Quecksilber beobachtet und weist ausdrücklich darauf hin,
daß die Prospektion von Flußsedimenten ein wesentlich geeigneteres
Mittel zum Auffinden von Quecksilber-Lagerstätten und -verunreini-
gungen (JONASSON, 1970) darstellt als eine direkte Bestimmung der
Metall-Gehalte im Flußwasser.

c) Kurzfristige Metall-Emissionen: Es ist eine wohlbekannte Tatsache,
daß viele Verschmutzer ihre angesammelten Vorräte an Sonn- und Feier-
tagen in die Gewässer abgeben, zu Zeiten also, in denen normalerweise
seitens der Behörden keine Kontrollen durchgeführt werden.

Da die Sedimente aber auch diese kurzfristigen Emissionen "konser-
vieren" können, ist es mit einer Sedimentuntersuchung im allgemeinen
möglich, Metall-Emissionen größeren Ausmaßes noch nachträglich zu
ihrem Ursprung zurückzuverfolgen.

Generell ist festzuhalten, daß das optimale Verfahren einer Schad-
stoffexploration aus einer Kombination von Sediment-, Schwebstoff-
und Wassermessungen bestehen müßte. In vielen Fällen sollte jedoch
auch eine eingehende Sedimentprospektion mit ergänzenden - lokalen -
Wasseruntersuchungen zum Erfolg führen.

Schwermetalluntersuchungen an Schwebstoffen und Sedimenten zum Auffinden von Verschmutzungsursachen werden seit Mitte der sechziger
Jahre besonders in den USA und in der Bundesrepublik Deutschland
durchgeführt. Wichtige Anregungen gingen vor allem von zwei Zentren
aus: von der Bundesanstalt für Gewässerkunde in Koblenz ("Deutsche
Gewässerkundliche Mitteilungen"; HERRIG, 1969; HELLMANN und Mitarbeiter seit 1968) und vom Illinois State Geological Survey ("Environmental Geology Notes"; SHIMP und Mitarbeiter seit 1970). Besonders
zu nennen sind auch die Untersuchungen von KOPP und KRONER (1967) an
Flüssen und Seen in den USA sowie von TUREKIAN und SCOTT (1967), die
vor allem die Schwebstoffe von US-amerikanischen Flüssen analysierten
und zum Teil so hohe Schwermetall-Gehalte vorfanden, daß "bei einer
Rohstoffverknappung an eine Rückgewinnung dieser Substanzen gedacht
werden sollte". Ein deutlicher Anstieg des Interesses an diesem Fach-
gebiet ist seit 1971 zu verzeichnen, von insgesamt mehr als 50 Untersuchungen über Schwermetallverunreinigungen in aquatischen Sedimenten
befassen sich ungefähr die Hälfte ausschließlich mit Quecksilber-Konta-
minationen (vgl. Abschn. 13.2).

9. Natürliche Schwermetall-Gehalte und Bindungsarten in limnischen
Sedimenten

9.1 Natürliche Gehalte - zivilisatorische Belastung

Nach ihrer Herkunft können die Spurenmetalle in den rezenten Ablagerungen generell in zwei Gruppen unterteilt werden (HELLMANN, 1970):
Zur einen gehören die unmittelbar aus der "Natur" stammenden Metalle,
wie z.B. Zirkonium, Rubidium und Strontium; zur anderen Gruppierung
zählen solche Spurenelemente, die sowohl direkt aus natürlichen Quellen
als auch durch die Tätigkeit des Menschen ("anthropogen") in die Sedimente gelangen, wozu u.a. auch alle hier beschriebenen Elemente wie
Zink, Kupfer, Blei, Chrom, Cadmium, Quecksilber, Nickel und Kobalt,
zu zählen sind. In welchem Verhältnis jeweils diese beiden Einflüsse
stehen, soll später an verschiedenen Beispielen genauer untersucht
werden.

Solange es nur darum geht, die Metall-Gehalte eines Sediments zu beschreiben - etwa bei der Prospektion von Lagerstätten -, sind derartige
Differenzierungen in natürliche oder anthropogene Komponenten meist
nicht unbedingt erforderlich. Bei dem Versuch jedoch, den "Verschmut-
zungszustand" eines Gewässers durch die Schwermetall-Belastung seiner
Sedimente zu erfassen, muß zunächst der natürliche Pegel dieser Substanzen, der "präzivilisatorische" Anteil (SHIMP et al., 1971) festgestellt und von der ermittelten Gesamt-Belastung subtrahiert werden.

Diesem Vorhaben stellen sich in der Praxis eine Reihe von Schwierigkeiten entgegen: Zunächst ist es im allgemeinen nicht möglich, in der
gemessenen Menge eines bestimmten Schwermetalles den "zivilisatorischen"
und "geochemischen" Anteil direkt zu unterscheiden - etwa durch charakteristische Isotopenzusammensetzungen oder auf Grund spezifischer Bin-
dungsverhältnisse. Weiterhin können die Trägersubstanzen der Metalle -
die Sedimente im weitesten Sinne - sowohl granulometrisch wie stoff-
lich sehr verschieden zusammengesetzt sein, so daß die Verhältnisse
regional häufig stark differieren. Darüber hinaus bestehen die Schweb-
und Sinkstoffe eines Gewässers aus mehreren - sich in Bezug auf die
Schwermetallführung weitgehend eigengesetzlich verhaltenden Stoffgruppen, und es gibt bislang kein Verfahren, mit dem die in Sedimenten aufgefundenen Metallkonzentrationen einwandfrei den verschiedenen
Stoffgruppen zugeordnet werden können. Schließlich handelt es sich
bei den Binnengewässern um relativ rasch sich wandelnde Räume, und
der Übergang zum "zivilisatorischen" Stadium markiert nur einen Wechsel in dieser Geschichte - wenn auch der anthropogene Einfluß in den
meisten Fällen die weitaus nachhaltigsten Veränderungen nach sich gezogen hat.

Zur Lösung dieses Problemkreises, kurz als "background"-Frage[4] bezeichnet, wurden verschiedene Ansätze versucht, die im folgenden er-
läutert werden sollen:

---

[4]In einer kürzlich erschienenen Arbeit "Definition und Bedeutung des
backgrounds für umweltschutzbezogene gewässerkundliche Untersuchungen"
geht HELLMANN (1972) grundsätzlich diesen Fragestellungen nach, und
weist darauf hin, daß "Analysenergebnisse nicht allein im Hinblick auf
den background, sondern auch in noch größeren Zusammenhängen betrachtet werden müssen, ehe sie für den Umweltschutz optimal wirksam werden
können".

9.2 Geochemischer Tongestein-Standard

Eine generelle Vergleichsbasis mit praktisch weltweiter Gültigkeit
bietet zunächst ein geochemischer Standardwert, der vom Durchschnitt
der Schwermetallanalysen einer großen Anzahl von Sedimentproben aus-
geht, die in ihrer Korngrößenverteilung und materiellen Zusammensetzung - wenn möglich auch in ihrem Bildungsmilieu - den aktuellen Sedimenten der Binnengewässer entsprechen, aber nicht wie diese mehr oder
weniger stark zivilisatorisch kontaminiert sind. Die Vorausbedingung
eines vergleichbaren Ablagerungsraums kann noch nicht befriedigend gelöst werden, weil bislang nur wenige limnische Sedimente der geologischen Vergangenheit als solche erkannt sind. Insgesamt dürfte jedoch
die granulometrische und mineralogische Charakteristik dieser Ablagerungen in erster Annäherung vor allem durch einen "Tongestein-
Standard" repräsentiert werden, wie ihn TUREKIAN und WEDEPOHL (1961)
auf Grund von Analysen an Tongesteinen verschiedenen Alters aufgestellt haben, und zwar mit den folgenden Durchschnitts-Gehalten bezüglich der hier untersuchten Schwermetalle:

Cd	Hg	Co	Pb	Cu	Ni	Cr	Zn	Mn
0.3	0.4	19	20	45	68	90	95	850 ppm

Eine Vergleichbarkeit mit dem "Tongestein-Standard" wird bei den von
uns durchgeführten Untersuchungen dadurch erzielt, daß jeweils die
Tonfraktion (<2 μ) analysiert wird, bei einer Betrachtung der Gesamt-
sedimente wäre eine zusätzliche mehr oder weniger große Abweichung
von diesem Standard nicht zu vermeiden.

Der Vorteil dieses Standards liegt vor allem in der Gewißheit, daß
er keine zivilisatorischen Komponenten enthält. Nachteilig wirkt sich
dagegen aus, daß den regionalen Verhältnissen keine Rechnung getragen
wird.

9.3 Fossile Flußsedimente

Eine konsequente Weiterentwicklung mußte deshalb darin bestehen, die
Schwermetallführung der heutigen Flußablagerungen mit den älteren
Flußsedimenten zu vergleichen, weil hier zumindest ähnliche Liefer-
gebiete vorausgesetzt werden können.

Als Beispiel für ein solches Verfahren können zwei Bohrungen dienen,
die in älteren Ablagerungen des Rheins und der Weser durchgeführt wurden, und deren Schwermetall-Gehalte und Tonmineralogie, bezogen jeweils auf die Tonfraktion in Abb. 24 graphisch dargestellt sind.

Bohrung Köln-Worringen am Rhein. Genauer untersucht wurde eine der
beiden Brunnenbohrungen, die von den Gas-, Elektrizitäts- und Wasser-
werken Köln AG, 1972 bei Worringen zur Gewinnung von Uferfiltrat aus
dem Rhein abgeteuft worden waren; bei einer Gesamttiefe von 25 m wurden vor allem kiesige und sandige Flußablagerungen durchbohrt, die
Obergrenze des Tertiärs wurde in 23.6 m Tiefe angetroffen.

Aus den röntgenographischen Tonmineralanalysen ist zu ersehen, daß die
Sedimentfracht des Rheins keineswegs zu allen Zeiten gleichartig zusammengesetzt war, wie zunächst erwartet werden konnte. Auf Grund der
Tonzusammensetzung können vielmehr fünf verschiedene "Sedimentationsphasen" unterschieden werden: Die tonmineralogische Zusammensetzung
der Phasen 4 und 2 entspricht weitgehend den heutigen Rheinsedimenten,
die vor allem durch hohe Montmorillonit-Anteile charakterisiert werden.

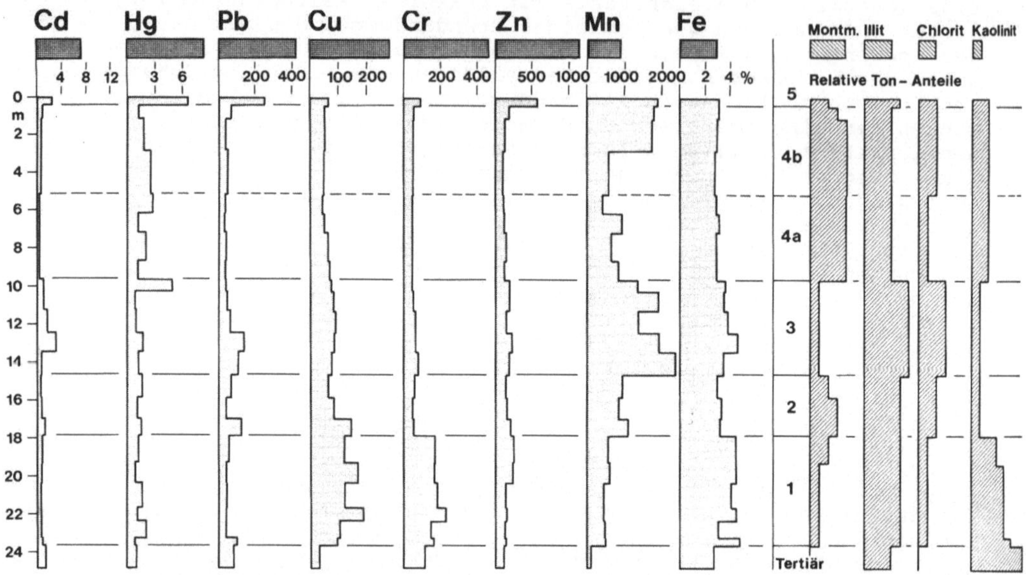

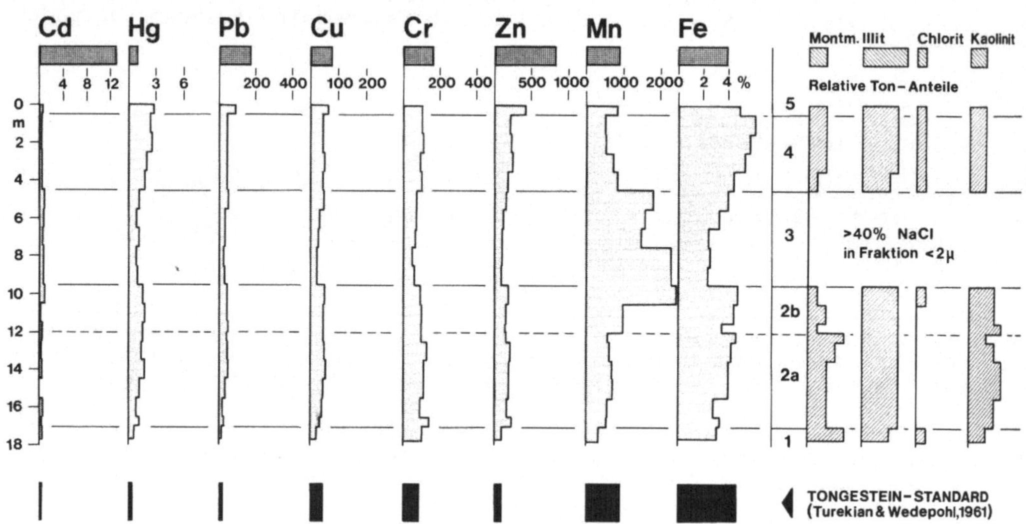

Abb. 24. Schwermetall-Gehalte und relative Tonmineral-Anteile in Bohrprofilen ehemaliger Flußsedimente des Rheins und der Weser. Über den jeweiligen Profilen ist der Schwermetall-Gehalt und die Tonmineralführung der aktuellen Flußsedimente aufgetragen

Die Sedimentationsphasen 3 und 1 enthalten die höchsten Illit-Gehalte,
in Phase 3 ist außerdem noch viel Chlorit vertreten. Die tiefstgelege-
nen Rheinsedimente (1) sind durch hohe Kaolinit-Gehalte gekennzeichnet,
die möglicherweise einer Aufarbeitung von Tertiärablagerungen entstammen.

Die Schwankungen in den Schwermetall-Gehalten der Tonfraktion sind
beträchtlich: Besonders hohe Anteile von Quecksilber, Blei und Zink
finden sich in der obersten Sedimentlage und sind wahrscheinlich auf
zivilisatorische Einflüsse zurückzuführen; die Gehalte an Kupfer und
Chrom sind in den tiefergelegenen Rheinsedimenten stärker angereichert;
Mangan, Cadmium und Blei besitzen im mittleren Abschnitt relativ hohe
Werte. Niedrige Gehalte für die meisten der hier untersuchten Spurenmetalle zeigen sich demgegenüber in den montmorillonitreichen Ablagerungen der Sedimentationsphasen 2 und 4, die nach ihrer Tonmineral-
zusammensetzung als Äquivalente der rezenten Rheinsedimente gelten
können. Nachstehend sind zwei Schichten mit besonders geringen Schwermetall-Gehalten herausgegriffen:

	Cd	Hg	Pb	Cu	Cr	Zn	Mn	
IV: 6.1 - 7.1 m	0.3	1.1	30	51	47	115	960	ppm
II: 15.8 - 16.9 m	0.6	1.1	40	90	52	147	849	ppm

Da bei den untersuchten Flußablagerungen grundsätzlich mit einer Sekun-
därkontamination durch eingesickerte Oberflächenwässer oder Grundwässer gerechnet werden muß, können solche Minimal-Werte noch am
ehesten für einen "background"-Vergleich herangezogen werden. Tatsächlich ist die Übereinstimmung mit den Tonstandard-Daten von TUREKIAN
und WEDEPOHL (1961) sehr gut, lediglich Quecksilber und Chrom differieren um ca. 50% nach oben bzw. nach unten.

Schlüsselburg an der Weser. Vom Fachausschuß "Wasserversorgung und
Uferfiltration" des Bundesinnenministeriums wurden an verschiedenen
Stellen in der Weserschlinge von Schlüsselburg Bohrungen abgeteuft,
in denen die hydrologischen Verhältnisse von Flußwasser bei der Uferfiltration verfolgt werden. Eine Bohrung in unmittelbarer Nähe des
Weserufers erfaßt in einer Mächtigkeit von 17 m die feinsandigen bis
kiesigen Aufschüttungen der Weser im Pleistozän.

Die tonmineralogische Zusammensetzung der Bohrproben ist sehr ein-
heitlich und stimmt weitgehend mit den entsprechenden Daten überein,
die an rezenten Wesersedimenten gewonnen wurden. In einer Tiefe von
4.50 m bis 9.50 m enthält die Tonfraktion nach dem Abtrennen vom Gesamtsediment jeweils hohe Gehalte an Natriumchlorid (40 - 60%), die
auf einen starken Salzanteil im Interstitialwasser hinweisen.

Eine Verringerung der ansonsten sehr homogenen Schwermetall-Gehalte
in diesem Bohrabschnitt kann mit der Verdünnung durch die Natriumchlorid-Komponente erklärt werden; lediglich der Mangananteil ent-
wickelt sich gegenläufig und besitzt gerade in diesem Abschnitt seine
höchsten Gehalte. Insgesamt liegen die Schwermetall-Gehalte in den
fossilen Wesersedimenten - korrigiert auf Natriumchlorid-freie Ton-
substanz - über den in den fossilen Rheinablagerungen gemessenen
Werten.

Wie hoch jedoch die ursprünglichen Schwermetall-Gehalte in den Wesersedimenten waren, und welcher Anteil auf eine sekundäre Verunreinigung entfällt, kann - ebensowenig wie in den Rheinablagerungen -
nachträglich nicht mehr festgestellt werden. Unsicher ist auch, ob
und in welchem Ausmaß bei der Kompaktion der Sinkstoffe und bei
wechselnden Eh- und pH-Bedingungen eine Remobilisierung von Schwermetallen erfolgt ist.

Als Alternative zu diesem Verfahren einer "background"-Bestimmung an
fossilen Sedimenten bieten sich deshalb Untersuchungen an solchen
rezenten Ablagerungen an, bei denen von vornherein eine relativ geringe Umwelt-Belastung durch Schwermetalle zu erwarten ist.

9.4 Hochwassersedimente

In einer Studie über die "Herkunft der Sinkstoffablagerungen in Gewässern" untersuchten HELLMANN und GRIFFATONG (1972) die "background"-
Frage für Schwermetalle in Schweb- und Sinkstoffen und stellten besonders die Möglichkeit heraus, Hochwassersedimente als Ausgangsbasis
für einen geochemischen Vergleich zu benutzen, weil nämlich in diesen
Ablagerungen "der Einfluß von Abwasserleitungen wegen der günstigen
Verdünnung vernachlässigt werden kann und auch die organische Komponente zugunsten der anorganischen nur noch schwach vertreten ist".

Die hydrologischen Verhältnisse beim Übergang vom Niedrigwasser- zum
Hochwasserstadium sind in der Abb. 25 nach HELLMANN (1973, schriftl.
Mitteilung) schematisch wiedergegeben. Die Abflußmenge im abfallenden
Ast, die hier besonders interessiert, setzt sich aus drei Komponenten
(1) Oberflächenabfluß, (2) "Interflow", (3) Grundwasserabfluß, zusammen. Der zunächst vorherrschende Oberflächenabfluß, der häufig
einen erhöhten Anteil an kontaminiertem Bodenmaterial und an Schmutz-
stoffen aus den Kanalisationen in den Vorfluter einträgt, klingt rasch
ab. Der daraufhin zunehmende "Interflow" (= unechter Grundwasserabfluß)
und vor allem der verstärkte Grundwasserabfluß mobilisieren dagegen
überwiegend Erosionsmaterial aus dem Flußsystem selbst. Diese in das
Schwebgut gelangenden Feststoffe bestehen im günstigen Falle nur aus
dem Gesteinsabrieb von der Flußsohle, deren geochemische Zusammensetzung damit den eigentlichen "background" für die Fremdstoffe darstellt.

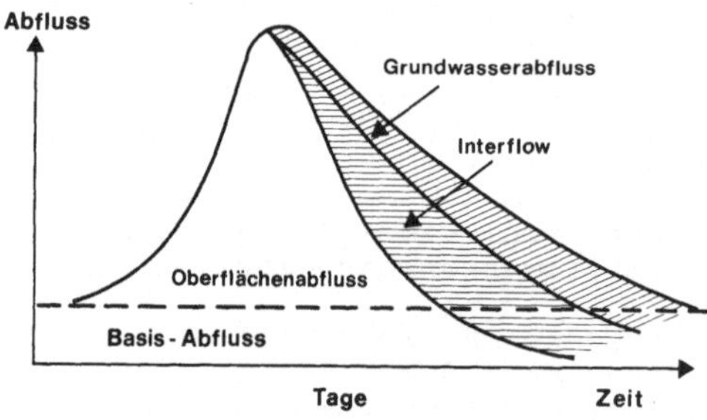

Abb. 25. Zusammensetzung des
bei einem Hochwasser abfließen-
den Wassers aus Oberflächenabfluß, Interflow (= unechter
Grundwasserabfluß) und Grundwasserabfluß (nach HELLMANN,
1973, schriftl. Mitteilung)

Abb. 26 zeigt eine von HELLMANN (1970) durchgeführte Ermittlung des
"background"-Wertes für Zink an Schwebstoffen des Rheins bei Koblenz
im Verlaufe eines Hochwassers.

Nach diesem Verfahren bestimmten HELLMANN und GRIFFATONG (1972) die
natürlichen Spurenelement-Gehalte an Feststoffen im gesamten Rhein-
Einzugsgebiet: Die Zinkkonzentrationen lagen hier zwischen 150 bis
300 ppm, die Kupfer-Gehalte bei ca. 70 ppm und die Blei-Anteile ebenfalls bei ungefähr 70 ppm.

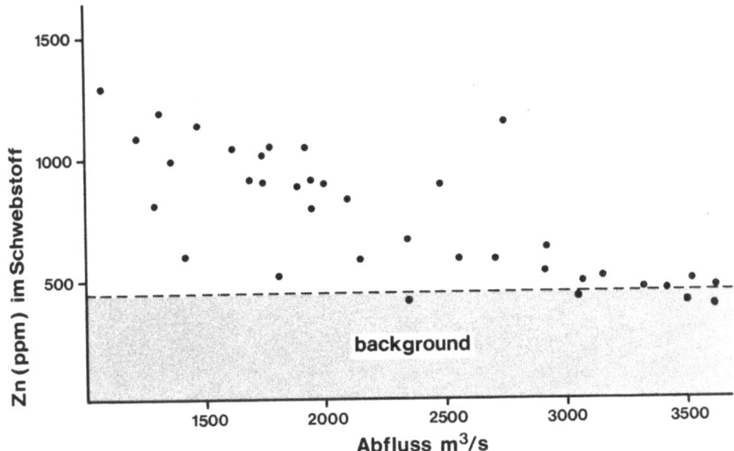

Abb. 26. Ermittlung des "background"-Wertes von Zink im Schwebstoff
des Rheins bei Koblenz (nach HELLMANN, 1970)

9.5 Sedimente aus Gewässern in industriearmen Regionen

Ein geeigneter Vergleichsmaßstab für die Schwermetall-Belastung von
Fluß- und Seeablagerungen könnte auch in solchen Regionen gesucht
werden, in denen die Verschmutzung von vornherein weniger evident ist:
in Gebieten mit geringer Bevölkerungszahl, Industrialisierung und
landwirtschaftlicher Nutzung. Solche Voraussetzungen sind jedoch, wie
die nachstehenden Daten zeigen, im strengen Sinne nirgendwo gegeben
(Abb. 27).

Die Schwermetalluntersuchungen an Seen Mitteleuropas (Bodensee, Plöner
See, Thuner See, Plattensee), Asiens (Tuz Cölü; Türkei - Dasht-i-
Nawar, Ob-i-Istada, Hamun-i-Puzak; Afghanistan) und Ostafrikas (15
Seen in Äthiopien, Kenia, Tansania und Malawi) zeigen zunächst be-
trächtliche regionale Schwankungen bei den einzelnen Elementen. Besonders groß sind die Unterschiede bei den Cadmium-, Quecksilber-
und Blei-Gehalten zwischen den asiatischen und afrikanischen Seen:
während z.B. der Mittelwert für Quecksilber in den Sedimenten der
drei afghanischen Endseen bei 0.4 ppm (= Tongesteins-Standard!) liegt,
werden in den afrikanischen Seen um das 3- bis 15-fache höhere Gehalte gemessen; der Durchschnittswert beträgt hier 2 ppm.

Ein Teil der Differenzen ist vermutlich auf eine direkte anthropogene
Beeinflussung, auf Abwassereinleitungen, zurückzuführen, so z.B. die
erhöhten Gehalte an Kobalt, Nickel, Chrom, Kupfer und Zink im Bodensee und im Thuner See; andere Verschiebungen dürften dagegen eher
durch unterschiedliche Gesteinsverhältnisse verursacht sein, z.B.
die erhöhten Quecksilber-Gehalte in afrikanischen Seen oder die hohen
Chrom-Anteile in den Sedimenten des Ob-i-Istada, die dort eng mit den
basischen Gesteinen im Hinterland verknüpft sind.

Die starke Erhöhung der Blei- und Cadmium-Gehalte in den Sedimenten
der afghanischen Endseen steht möglicherweise im Zusammenhang mit
einer weltweit gestiegenen Belastung der Atmosphäre besonders mit
diesen Schwermetallen.

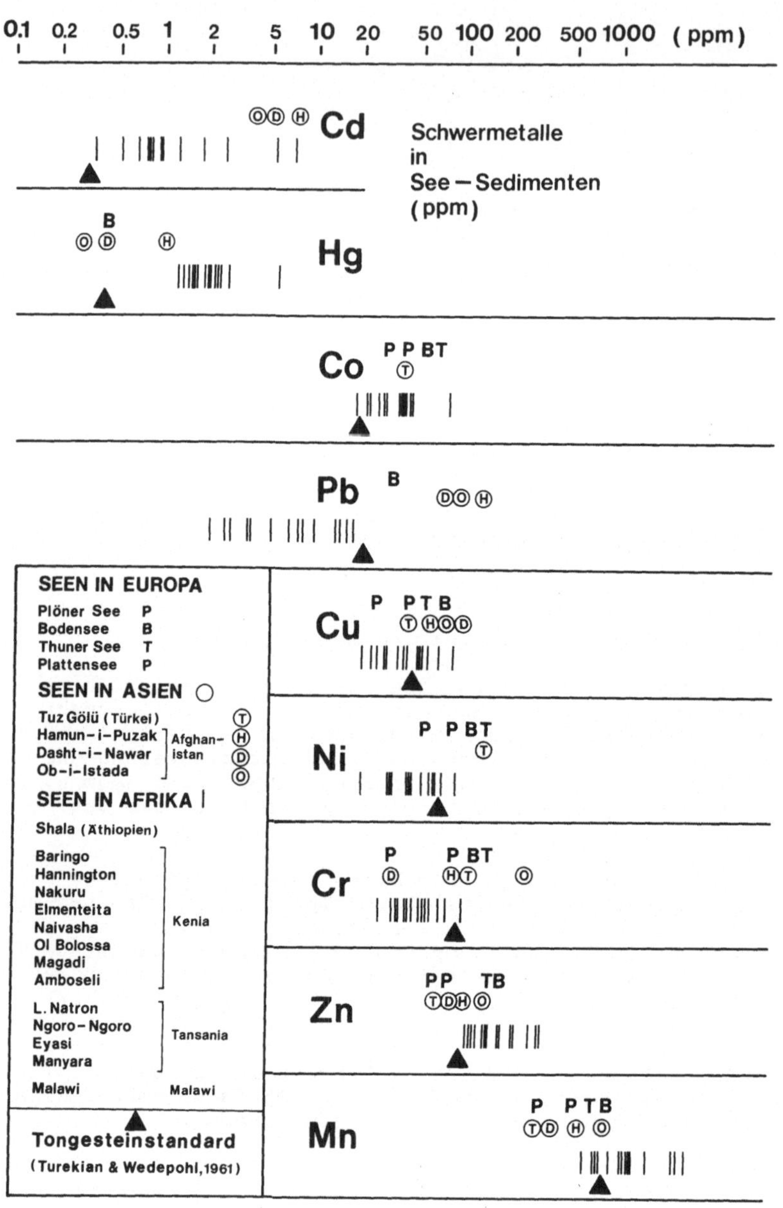

Abb. 27. Schwermetalle in der Tonfraktion von Seesedimenten

In den subrezenten Ablagerungen dieser Seen - jeweils in ca. 1.5 m
Tiefe -, fanden sich auch nur halb so hohe Metallkonzentrationen wie
in den entsprechenden Oberflächensedimenten. Wie die Untersuchungen
von MUROZUMI et al. (1969) gezeigt haben, ist von den Bleiverunreinigungen der Luft vor allem die nördliche Hemisphäre betroffen. Tatsächlich betragen auch die Blei-Werte in den Sedimenten der ostafri-
kanischen Seen, die außerhalb dieser Einflußsphäre liegen, insgesamt
nur ein Zehntel der Gehalte in den afghanischen Seen und befinden sich
damit sogar meist unter den Pb-Gehalten des Tongestein-Standards.

Die Frage nach einem verläßlichen "background"-Wert muß nach diesen
Erfahrungen zumindest für einige Metalle genauer definiert werden:
Wird die Belastung der limnischen Sedimente mit einem absoluten geo-
chemischen Pegel des betreffenden Elements in der unkontaminierten
Erdkruste verglichen, oder lediglich auf eine aktuelle "natürliche"
Umgebung, z.B. auf die Metall-Gehalte in den Böden des Einzugsgebietes
bezogen? Bei den - durch atmosphärischen Transport - besonders "mobilen"
Elementen Blei und Cadmium besteht zwischen den beiden möglichen Wer-
ten je nach Region bereits ein Unterschied von bis zu einer Zehnerpotenz. Diese Differenz nimmt ständig zu.

Wir beziehen uns im folgenden auf den stabilen "background" des Tongestein-Standards, der einen einfachen und globalen Vergleich ermög-
licht, weil hier zivilisatorische Kontaminationen völlig auszuschließen sind.

9.6 Natürliche Bindungsarten von Schwermetallen in limnischen Sedimenten

In fossilen oder umweltbeeinflußten limnischen Sedimenten (bzw. im
Schwebgut) können nach GIBBS (1973) folgende Bindungsarten der Schwermetalle unterschieden werden:

a) Kationenaustausch und adsorptive Bindung an Oberflächen feinkörniger Partikeln, insbesondere an Tonmineralien, Eisen- und Manganoxiden bzw. -hydroxiden sowie an organischen Substanzen;

b) als Ko-Präzipitat in Eisen- und Manganoxiden bzw. -hydroxiden.
Derartige Verbindungen entstehen im Laufe der Verwitterung beim Zu-
sammentreffen von Fe^{2+}- und Mn^{2+}-haltigen Lösungen mit Sauerstoff.
Häufig werden Mineralpartikel umkrustet, und es bilden sich die im
englischen Sprachgebiet als "metallic coatings" bezeichneten Überzüge.

Im Sediment selbst kann im reduzierenden Milieu bei Abwesenheit von
H_2S eine Auflösung der Überzüge stattfinden. Ein erneuter Wiederab-
satz als feindisperses Hydroxid oder Oxidhydrat (unter Mitausfällung
von Schwermetallen) ist bei erneutem Zutritt von Sauerstoff möglich.

c) Organische Bindung. Das Schwermetall ist untergeordneter- oder
Spuren-Bestandteil der organischen Substanz.

d) Mineralische Bindung. Das Schwermetall ist in Mineralien inkorporiert und ist ein Haupt-, Neben-, untergeordneter- oder Spuren-An-
teil dieser Mineralien. Oxidische und sulfidische Bindung sind am
häufigsten, daneben treten karbonatische, sulfatische und silikatische
Bindungen auf. Völlig untergeordnet sind elementares (Edelmetalle,
Quecksilber) Auftreten oder Bindungen als Chlorid, Arsenat, Phosphat
etc. Eine Beziehung zu einem bestimmten Ausgangsmaterial (Gestein,
Erzgang), in dem die entsprechenden Mineralien primäre Bestandteile
waren, ist in vielen Fällen vorhanden.

Am Schwebgut des Amazonas und des Yukon durchgeführte Untersuchungen
zeigen, daß in diesen großen, noch weitgehend umweltunbeeinflußten
Strömen die einzelnen Schwermetalle eine große Ähnlichkeit in ihrer
Bindungsart aufweisen (Abb. 28, Tabelle 16), obgleich die beiden Gewässer extremen Klimabereichen angehören (GIBBS, 1973).

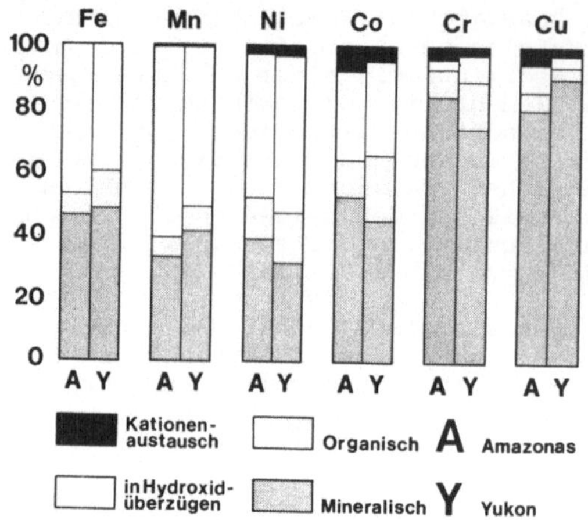

Abb. 28. Natürliche Bindungs-
arten von Schwermetallen im
Schwebgut des Amazonas und des
Yukon (nach Zahlenangaben von
GIBBS, 1973)

Bei Eisen, Mangan und Nickel spielt - wie zu erwarten - die Bindung
in Hydroxid-Überzügen von Partikeln eine bedeutende Rolle. Diese Bindungsart ist beim Chrom und Kupfer nur noch untergeordnet vertreten,
das Kobalt nimmt eine Zwischenstellung ein. Mit der Abnahme der Hy-
droxid-Bindung ist eine starke Zunahme der mineralischen Bindungsart
verbunden, die beim Chrom über 74%, beim Kupfer über 79% ausmacht.

Die organische Bindungsart ist beim Kupfer am niedrigsten (6,2 bzw.
3,4%), beim Kobalt am höchsten (19,6 bzw. 13,1%).

Die Bindung durch Kationenaustausch spielt eine relativ geringe Rolle.
Bei Eisen und Mangan liegt sie unter 1%, bei den anderen untersuchten
Metallen variiert sie zwischen 2,4 und 8,1%.

Tabelle 16. Bindungsarten (prozentuale Anteile) einiger Schwermetalle im Schwebgut des Amazonas sowie des Yukon. (Zahlenangaben errechnet nach Werten von GIBBS, 1973)

Bindungsart	Fe Amazonas	Yukon	Mn Amazonas	Yukon	Ni Amazonas	Yukon	Co Amazonas	Yukon	Cr Amazonas	Yukon	Cu Amazonas	Yukon
Kationen-austausch(%)	0.02	0.01	0.8	0.6	2.8	3.2	8.1	4.8	3.9	2.6	5.3	2.4
in Hydroxid-überzügen(%)	47.6	40.7	60.6	50.8	45.4	48.9	27.8	29.8	3.2	8.2	8.7	3.9
Organisch inkorporiert(%)	6.6	11.0	5.7	7.3	13.1	16.3	19.6	13.1	8.5	15.1	6.2	3.4
Mineralisch inkorporiert(%)	45.8	48.3	32.9	41.3	38.7	31.6	44.5	52.3	84.4	74.0	79.8	90.3

C. Schwermetallanreicherungen in Binnengewässern der Bundesrepublik Deutschland

10. Flüsse in der Bundesrepublik Deutschland: Hydrologie, Hydrochemie und Sedimente

Im Mittelpunkt dieser Studie über die Schwermetallanreicherungen in Binnengewässern stehen die Untersuchungen an Beispielen aus der Bundesrepublik Deutschland. Das Arbeitsprogramm umfaßte zunächst die Hauptflüsse Rhein, Elbe, Donau, Weser, Ems (Tabelle 17) sowie deren wichtigste Zuflüsse; als Seenbeispiel wurde der Bodensee mit seinen Zuflüssen ausgewählt. Detaillierte Untersuchungen wurden für bestimmte Elemente (Cadmium, Quecksilber, Chrom) an den mit diesen Schwermetallen besonders stark belasteten Flüssen durchgeführt.

Tabelle 17. Länge und Einzugsgebiete der Hauptflüsse

	Länge (km)	Einzugsgebiet (km^2)
Rhein	1 320	224 460
Elbe	1 165	144 000
Donau (BRD)	700	80 000
Weser	440	45 300
Ems	371	2 482
Main	524	27 225
Neckar	371	14 000

10.1 Hydrologie

Mengenberechnungen der Schwermetallführung in den Flüssen, wie sie in einem späteren Abschnitt (11.7) angestellt werden, erfordern die genaue Kenntnis der hydrologischen Parameter "Abfluß" und "Schwebstoff-Gehalt" von einer großen Zahl von Meßstationen. Hier sind bislang nur wenige längerfristige Beobachtungen publiziert. Eine erste Zusammenstellung der Abfluß- und Schwebstoffwerte von den wichtigsten Flüssen der Bundesrepublik Deutschland, basierend auf den Messungen der Bundesanstalt für Gewässerkunde, hat HINRICH (1971) veröffentlicht.

In Tabelle 18 sind die Abfluß- und Schwebstoffmengen in der Jahressumme und als Sekundendurchschnittswerte aus dem Abflußjahr 1968 wiedergegeben; Abb. 29 (HINRICH, 1971) zeigt eine Übersicht über längerfristige Messungen an diesen Hauptflüssen sowie an einigen wichtigen Zuflüssen.

Aus diesen Daten wird bereits die besondere Stellung des Rheins deutlich, dessen Wasserführung und vor allem dessen Sedimentfracht

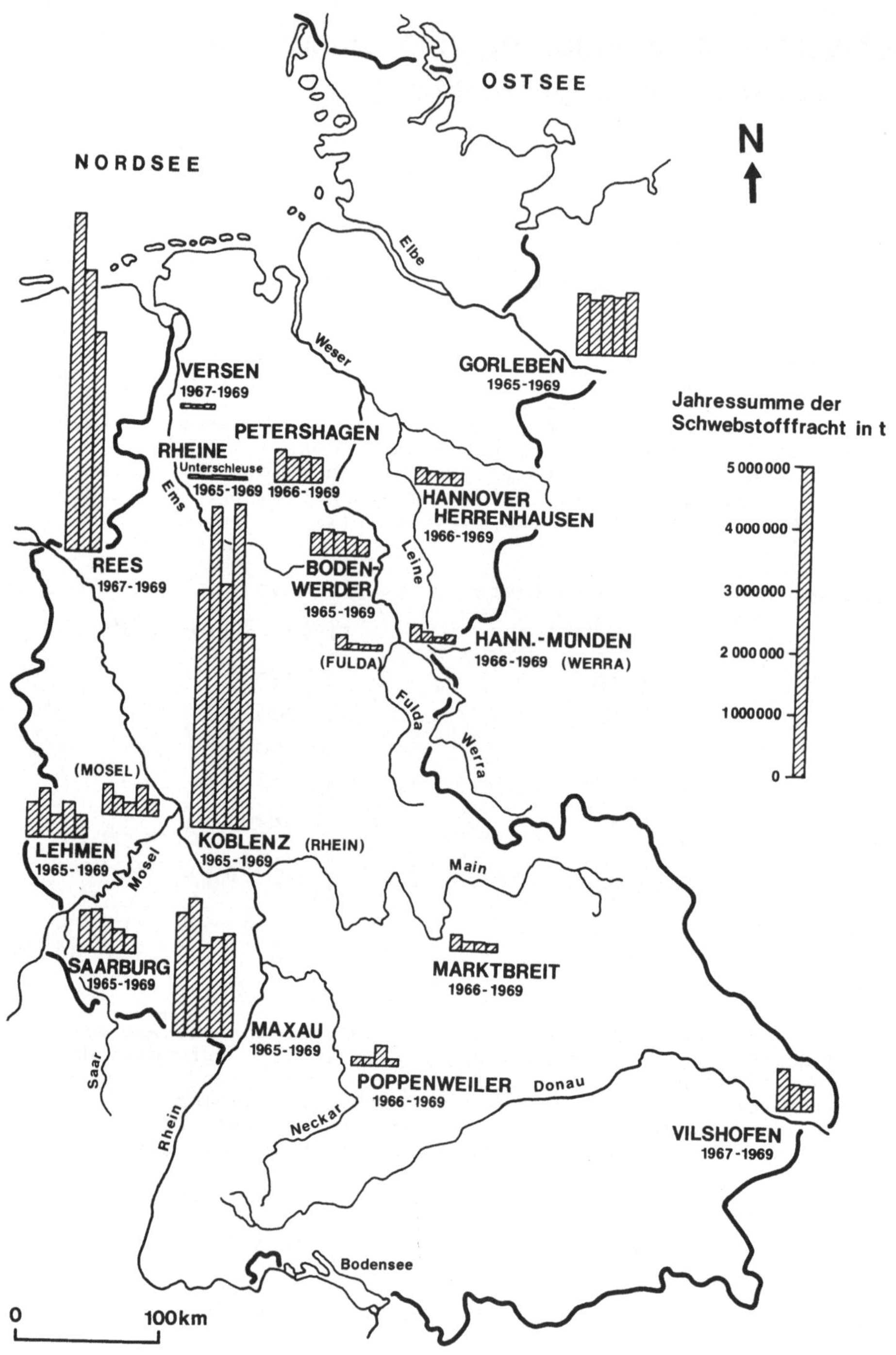

Abb. 29. Schwebstoff-Fracht in Flüssen der Bundesrepublik Deutschland in den Jahren 1965 - 1969 (aus HINRICH, 1971)

Tabelle 18. Abfluß- und Schwebstoffdaten für die wichtigsten Flüsse der Bundesrepublik Deutschland nach HINRICH (1971) für das Abflußjahr 1968

	Abflußsumme (Mrd.m^3/a)	Mittlerer Abfluß (m^3/sec)	Schwebstoff-summe (Mio t/a)	Schwebstoff-Gehalt (mg/l)
Rhein (Maxau)	47.8	1 515	1.59	32
Rhein (Koblenz)	67.2	2 130	5.23	77
Rhein (Rees)	94.4	2 990	4.52	49
Elbe (Darchau)	26.4	840	0.95	36
Donau (Vilshofen)	21.6	685	0.41	20
Weser (Petershagen)	7.4	235	0.40	55
Ems (Versen)	3.2	100	0.07	20
Mosel (Lehmen)	14.0	445	0.58	41
Main (Marktbreit)	4.1	130	0.17	42
Neckar (Poppenweiler)	2.7	85	0.33	120

die Summe aller anderen Hauptflüsse in der Bundesrepublik Deutschland übertrifft. Die beträchtlichen Differenzen in den mittleren Schweb-stoff-Gehalten - Neckar 120 mg/l, Donau und Ems 20 mg/l - sind zum größten Teil auf unterschiedliche Erosionsverhältnisse in den einzel-nen Flußgebieten zurückzuführen. Nicht unbedeutend in ihrem relati-ven Anteil sind hierbei die Abwasserschwebstoffe, die im Rhein unge-fähr ein Drittel der Gesamtschwebfracht ausmachen. Die besonders störenden Sinkstoffablagerungen im kanalisierten Abschnitt des Neckars sind "zu einem sehr großen - wenn nicht zum überwiegenden Teil - den Abwasserschwebstoffen anzulasten" (HELLMANN, 1972).

Die Ganglinien der Abfluß- und Schwebstoff-Führung im Abflußjahr 1968 sind in Abb. 30 für den Rhein (Meßstation Rees), die Elbe (Gorleben), die Donau (Vilshofen) und die Weser (Petershagen) wiedergegeben.

Allen vier Stationen gemeinsam waren die extremen Hochwasserspitzen Ende Dezember 1967 und Ende Januar 1968 mit einem schwächeren Zwischen-hochwasser Anfang Januar 1968, außerdem die stärkere Wasserführung ab Ende September 1968. Durch die Schneeschmelze bedingt waren die höhe-ren Frühjahrs-Wasserstände von Elbe und Weser; der Anstieg des Wasser-abflusses der Donau Ende Juli dürfte auf einen verstärkten Zufluß aus dem Alpenraum zurückzuführen sein.

Generell sind die erhöhten Schwebstoff-Gehalte mit stärkeren Wasser-abflußmengen verknüpft (vgl. Abschn. 8.1); besonders ausgeprägt sind die Schwebstoffspitzen jeweils beim Einsetzen eines starken Hochwassers.

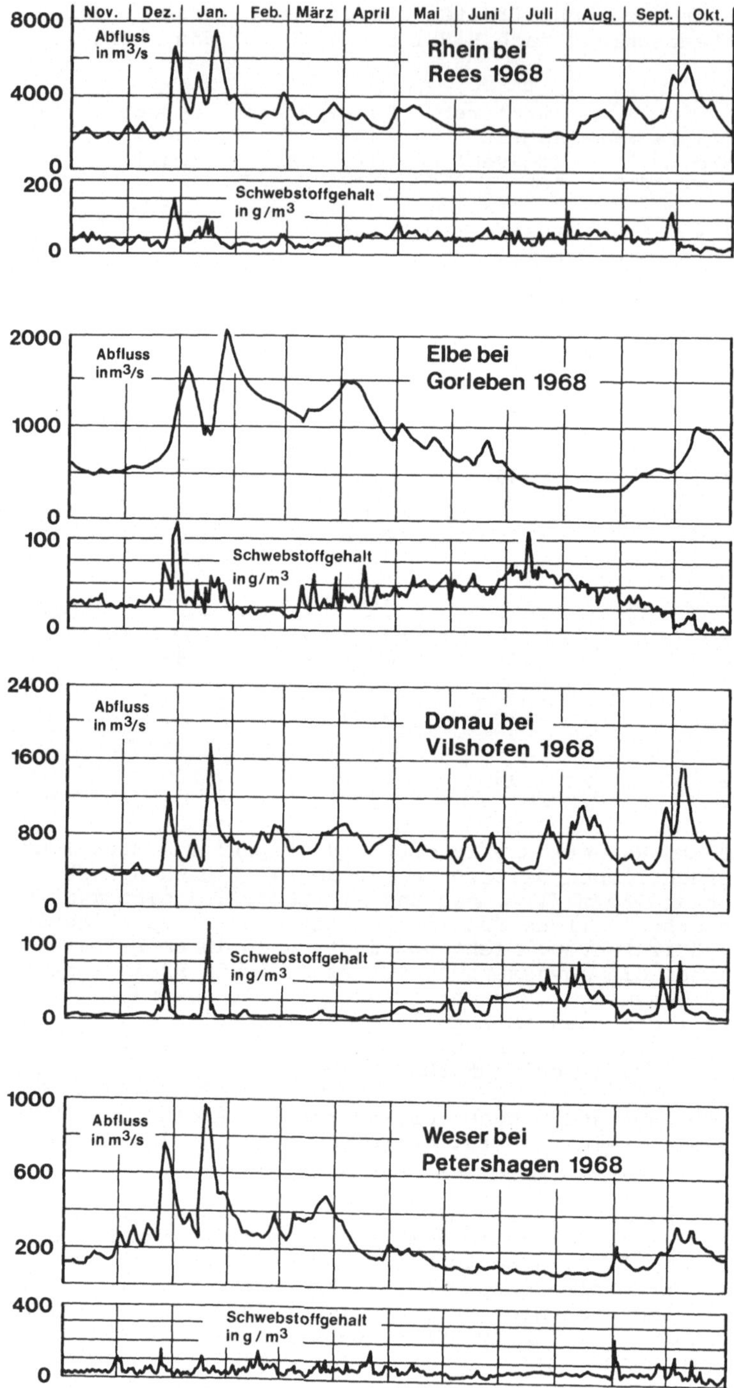

Abb. 30. Abfluß und Schwebstoff-Gehalt von Rhein, Elbe, Donau und Weser, 1968 (aus HINRICH, 1971)

Einen irregulären Verlauf zeigt die Schwebstofflinie der Elbe im
Sommer 1968, wo bei langfristig abfallenden Wasserständen zunächst
eine stetige Zunahme und später wieder ein allmähliches Abklingen
der Schwebstoffanteile zu beobachten ist. Hier liegt der Verdacht
einer verstärkten Einleitung von Abwasserschwebstoffen in diesem
Zeitraum nahe. Entsprechende chemische Untersuchungen fehlen jedoch,
um diese Vermutung zu erhärten.

10.2 Hydrochemie

Im Zeitraum zwischen Oktober 1971 und Februar 1973 wurden insgesamt
131 Wasserproben aus Rhein, Elbe, Donau, Weser, Ems sowie aus Main
und Neckar entnommen (Tabelle 19):

Tabelle 19. Zeitraum und Anzahl der aus verschiedenen Flüssen entnommenen Wasserproben

	Datum	Hauptfluß	Nebenflüsse
Rhein	Oktober 1971	17	17
Elbe	März 1972	(7)	2
	Februar 1973	17	–
Donau	Mai 1972	13	9
Weser	März 1972	12	12
Ems	März 1972	8	–
Main	Mai 1972	6	1
Neckar	Oktober 1971	9	8

Abb. 31 zeigt die Verteilung der Probenpunkte an den Hauptflüssen;
an den Nebenflüssen wurden die Wasser- und Sedimentproben jeweils
unmittelbar oberhalb des Einflusses in den Hauptstrom entnommen.

Da sich aus einer solchen - jeweils einmaligen - Entnahme von Wasserproben[5] keine definitiven Schlüsse ziehen lassen, wurde hier auf eine
graphische Darstellung der Analysendaten verzichtet und lediglich für
eine Auswahl von 35 Stationen die Zusammensetzung der Hauptionen
tabellarisch wiedergegeben (Tabelle 20).

Die hydrochemische Entwicklung des Rheins ist gekennzeichnet durch
einen ersten starken Anstieg der Natrium- und Chloridkonzentrationen
bei Breisach, verursacht durch die Abwässer aus dem elsäßischen Salz-
bergbau (vgl. Abschn. 2). Erhöhte Chlorid- bzw. Sulfat-Gehalte sind
in den Zuflüssen des Neckars, der Weschnitz und des Mains zu beobachten, bleiben jedoch ohne wesentlichen Einfluß auf die Zusammensetzung

---

[5]Die Ergebnisse der Wasseruntersuchungen sind - mit Ausnahme der Resultate einer zweiten, detaillierten Probenahme an der Elbe im Februar
1973 - in dem internen Bericht "Schwermetallanreicherungen in den
Sedimenten wichtiger Flüsse im Bereich der Bundesrepublik Deutschland -
eine Bestandsaufnahme" (BANAT, FÖRSTNER und MÜLLER, Lab. f. Sedimentforschung, Univ. Heidelberg) enthalten.

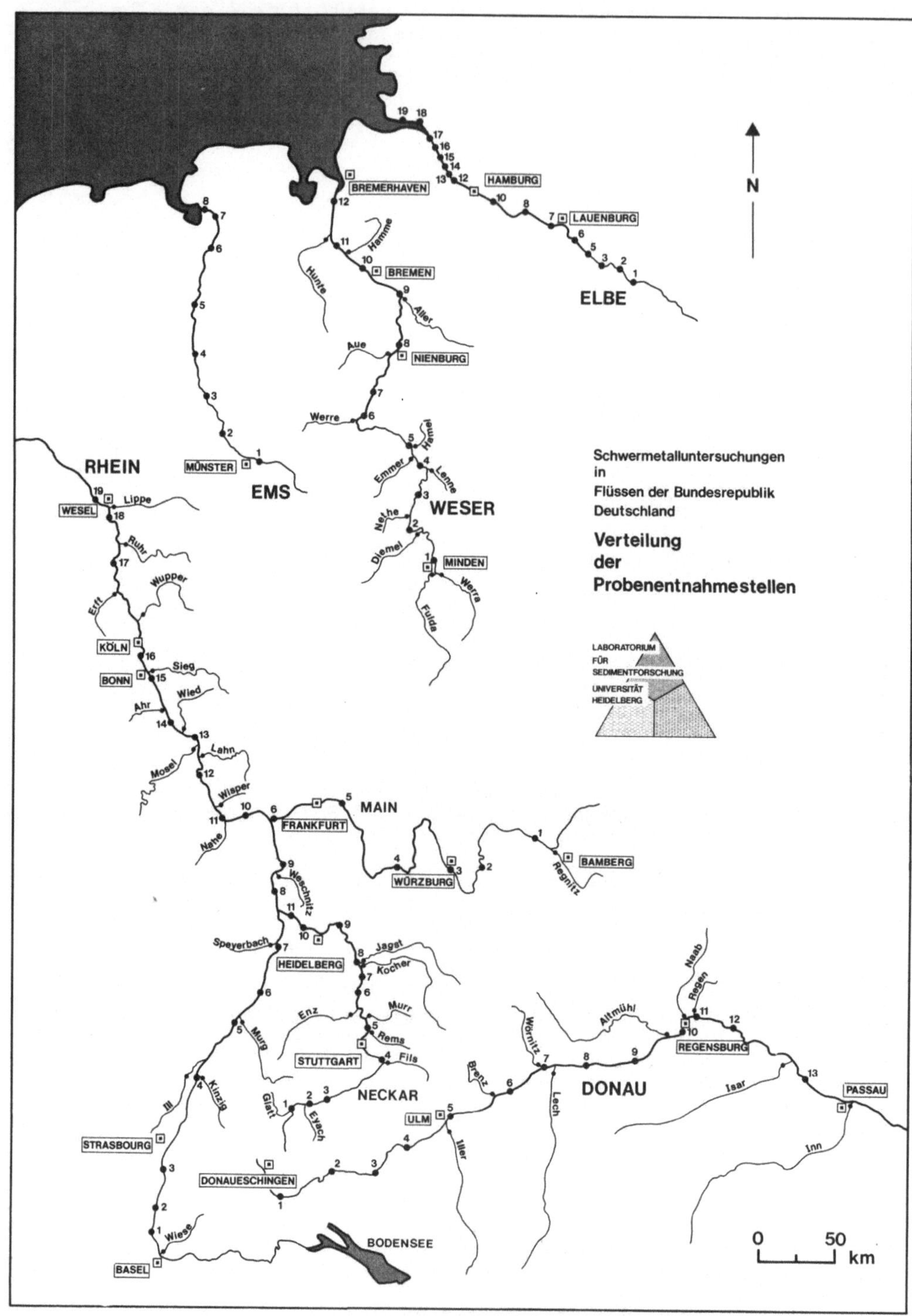

Abb. 31. Verteilung der Probenentnahmestellen für die in dieser Arbeit untersuchten Schwermetall-Gehalte in Flüssen der BRD

Tabelle 20. Hauptionen-Gehalte in Flüssen der Bundesrepublik Deutschland (Beispiele). Alle Werte in mg/l

Station			Ca^{2+}	Mg^{2+}	Na^++K^+	HCO_3^-	SO_4^{2-}	Cl^-
Rhein (Oktober 1971)	2	Müllheim	44	7	16	148	20	25
	4	Kehl	50	7	105	158	30	182
	12	Filsen	65	11	110	158	90	206
	19	Bislich	86	13	186	92	130	358
		Kinzig	38	6	21	148	18	22
		Neckar (Lauffen)	55	19	47	265	15	60
		Neckar (Heidelberg)	107	18	54	270	19	155
		Weschnitz	76	14	148	219	150	165
		Main (Hanau)	71	25	71	187	110	105
		Mosel	160	23	142	135	136	442
		Wupper	44	19	1056	175	294	1220
		Ruhr	250	32	1240	198	115	1949
Elbe (Februar 1973)	2	Kaltenhofen	154	24	124	287	187	255
	8	Schwinde	129	20	113	291	150	206
	18	Brookdorf	139	35	173	288	158	408
		Ilmenau	49	6	52	146	54	60
		Krückau	49	6	24	74	65	51
Donau (Mai 1972)	5	Ulm	97	11	9	248	41	43
	8	Neuburg	77	14	9	246	44	16
	13	Osterhofen	72	17	10	230	44	27
		Brenz	108	5	16	302	36	28
		Wörnitz	100	18	20	250	106	38
		Regen	52	3	8	66	35	55
		Inn	50	12	5	168	34	13
Weser (März 1972)	2	Herstelle	58	422	1966	110	444	3862
	5	Hameln	86	288	1362	193	406	2687
	10	Bremen	56	151	616	168	235	1233
		Werra	90	1400	7880	124	3500	12750
		Diemel	57	19	24	198	108	28
		Lenne	96	19	45	204	129	81
		Werre	67	27	363	230	215	577
		Aller	75	5	26	127	84	52
Ems (März 1972)	2	Greve	94	5	54	151	110	95
	4	Lingen	103	10	101	163	104	197
	8	Emden	48	48	397	131	173	655

des Rheinwassers. Eine zweite, schwächere Zunahme der Salz-Gehalte erfolgt durch den Zufluß der Mosel. Der Einfluß des Ruhrgebietes wird deutlich in den steigenden Natrium-, Sulfat- und Chloridanteilen, angeliefert vor allem durch die Wupper und die Lippe.

Die Elbe erreicht mit beträchtlichen Chloridanteilen das Gebiet der Bundesrepublik Deutschland. Eine weitere Zunahme findet erst im Ästuarbereich der Nordsee statt. Die Salzkonzentrationen in den Zuflüssen der Ilmenau und Krückau sind normal. Die Donau ist - wie bereits im Abschnitt 2 angedeutet - das Beispiel eines noch weitgehend natürlichen Gewässers und zeigt auch nur geringe zusätzliche Belastungen durch die Hauptionen. Die Bikarbonat-Gehalte im Donau-Oberlauf und auch in den Zuflüssen aus dem Schwäbischen und Fränkischen Jura sind besonders hoch; geringer dagegen in den Nebenflüssen aus den Kristallinzonen (z.B. Regen).

Der Hauptfluß der Weser wird geprägt durch die extremen Salz-Gehalte aus der Werra. Im Laufe der Flußentwicklung nehmen die Chlorid-Gehalte infolge zunehmender Verdünnung durch Zuflüsse von ca. 4 000 mg/l auf ca. 1 000 mg/l (Bremen) ab. Als weiterer salzreicher Zufluß im Einzugsgebiet der Weser fällt die Werre auf. Diemel und Lenne zeigen leicht erhöhte Sulfatkonzentrationen.

Die Ems kann insgesamt bezüglich der Hauptionen als schwach belastet gelten; lediglich beim Sulfatanteil ist eine geringe Erhöhung gegenüber den Normalwerten zu verzeichnen. Die Zunahme der Salz-Gehalte bei Emden deutet bereits den Einfluß der Nordsee an.

Neben den Hauptionen wurden in allen Wasserproben (bis auf die Mainwässer) die Gehalte an den Schwermetallen Zink, Kupfer, Nickel, Blei und Cadmium gemessen. Repräsentative Resultate für die einzelnen Meßstationen hätten mehrfache Probeentnahmen bei unterschiedlichen Wasserständen erfordert. Da diese Voraussetzungen nicht vorlagen, wurde für die Masse der Einzeldaten aus den Hauptflüssen eine statistische Auswertung durchgeführt, die einige Entwicklungen erkennen läßt (Abb. 32):

Das Maximum der Häufigkeitsverteilung (67 Einzelwerte) liegt bei den Zink-Gehalten zwischen 10 und 20 ppb, für Kupfer zwischen 3 und 6 ppb, für Nickel ebenfalls zwischen 3 ppb und 6 ppb, bei den Blei-Anteilen zwischen 2 und 3 ppb und für Cadmium (nicht in der Abb. enthalten) zwischen 0.3 und 0.6 ppb. Diese Daten stimmen weitgehend mit den entsprechenden Mittelwerten aus verschiedenen Binnengewässern der Erde überein, die in Abschnitt 7 zusammengestellt worden sind: Im globalen Durchschnitt weitgehend unkontaminierter Wässer ist Zink mit 10 ppb, Kupfer mit 7 ppb, Nickel und Blei mit ungefähr 3 ppb und Cadmium mit 0.1 bis 0.2 ppb enthalten.

Die Abweichungen von diesen Durchschnittsdaten zu höheren Schwermetall-Gehalten hin stellen im allgemeinen ein Maß für die anthropogene Belastung der Gewässer dar. Besonders häufig und groß sind diese Abweichungen bei den Zink-Gehalten in den Flüssen der Bundesrepublik Deutschland, geringer jedoch - in abnehmender Folge - bei den Kupfer-, Blei-, Nickel- und Cadmium-Anteilen. Erhöhte Zink-, Blei- und Kupfer-Werte finden sich vor allem an der Oberelbe und am Niederrhein; Zink ist auch in der Weser generell stark vertreten, Kupfer besonders in der Donau oberhalb Ulm, Nickel in der Oberelbe, und die Cadmium-Ge-

---

Abb. 32. Häufigkeitsverteilung der Schwermetall-Gehalte in Flußwässern (diese Arbeit). Die Zahlenangaben innerhalb der Symbole entsprechen den Nummern der Meßstationen in Abb. 31. ● = "background"-Werte (vgl. Tabelle 10)

Rhein
Donau
Weser
Elbe
Ems
Zn
ppb Zn
Cu
ppb Cu
Ni
ppb Ni
Pb
ppb Pb

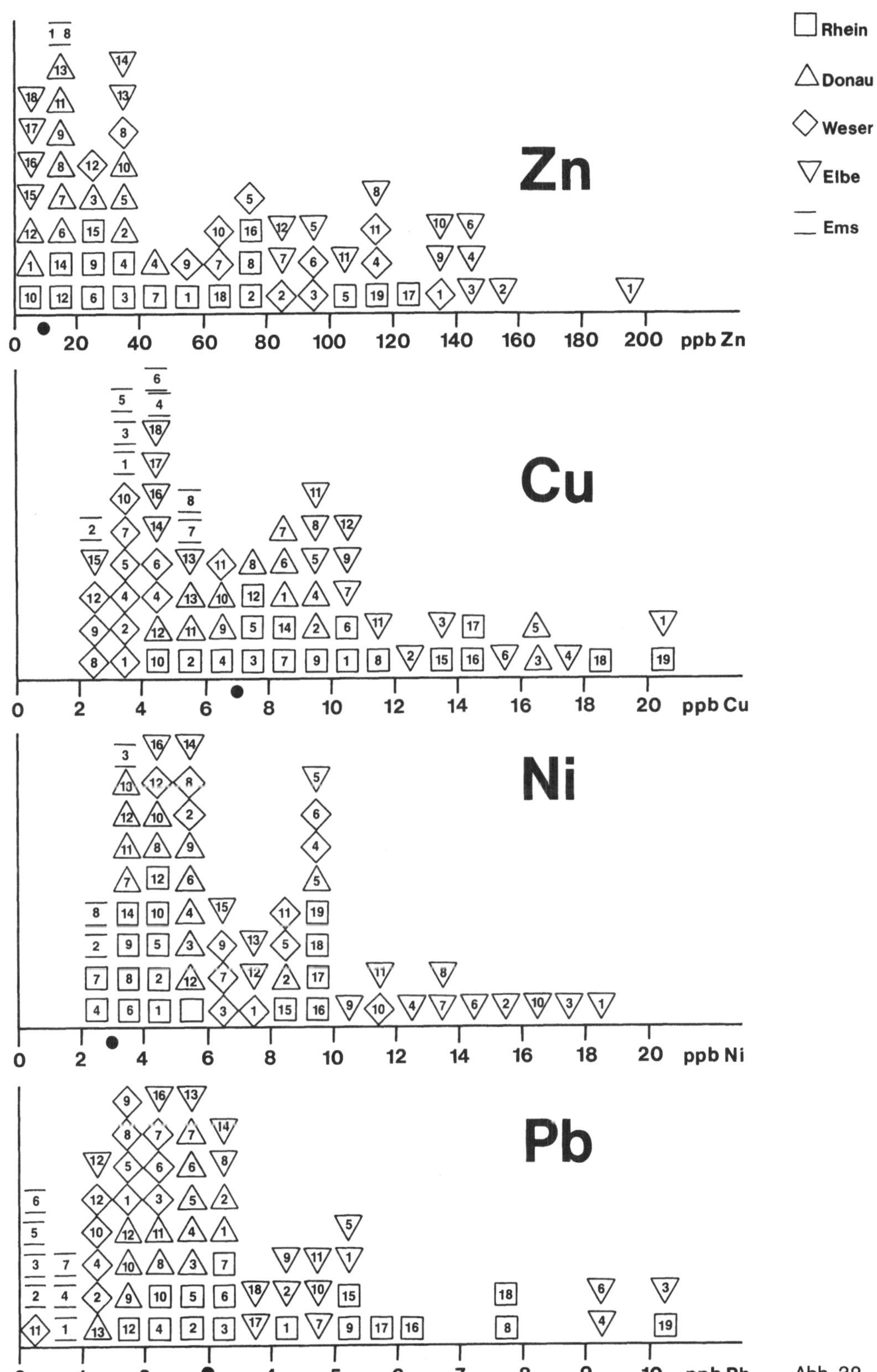

Abb. 32

halte im unteren Neckar und im Niederrhein liegen bis um das 20-
fache über den Durchschnittswerten in relativ unkontaminierten Gewässern.

Um die maximalen Anreicherungsfaktoren dieser Schwermetalle abschätzen
zu können war es nützlich, Literaturangaben heranzuziehen. In Tabelle
21 ist eine solche Zusammenstellung für den Niederrhein wiedergegeben,
da hier bei unseren Analysen insgesamt besonders hohe Schwermetall-
Gehalte vorgefunden wurden:

Tabelle 21. Schwermetallanreicherungen in den Niederrheinwässern verglichen mit den Mittelwerten in Tabelle 10

Autoren		Zn	Pb	Cu	Ni	Cd	
KÖLLE et al. (1971)	Ø	180	3.2	8.6	2.1	(7.0)	ppb
1.1. - 31.12.1971	max.	400	10	30	40		ppb
Mittel- und Niederrhein							
REICHERT (1973a)	Ø	191	33	27.6	29.7	5.8	ppb
Ø aus 3 Niederrhein-	max.	255	37	31.8	32.8	8.3	ppb
proben							
Diese Arbeit (Daten von	Ø	100	8.2	17.8	9.2	2.9	ppb
BANAT et al., 1972) Ø							
aus 3 Niederrheinproben							
"Normalwasser"		10	3	7	3	0.2	ppb
maximale Anreicherung		40	3	4	10	40	

Die Daten von REICHERT (1973a) liegen jeweils um den Faktor 2 bis 3
über unseren Meßwerten und werden - bis auf die Blei-Gehalte - durch
die Analysenwerte von KÖLLE et al. (1971) bestätigt; bei den Blei-
Anteilen stimmen die Vergleichmessungen von KÖLLE et al. eher mit
unseren Daten überein. Die stärkste Anreicherung ist bei Zink und Cadmium bis auf das 40-fache festzustellen, während Blei gleichzeitig
nur um das 3-fache zugenommen hat. Wie später gezeigt wird, betragen
die entsprechenden Anreicherungsfaktoren in den Sedimenten des Niederrheins bei Zink, Cadmium und Blei jeweils zwischen 20 und 30 gegenüber dem geochemischen "background", was auf eine besonders starke
Affinität des Bleis zu den Schwebstoffen bzw. zu den Sedimenten
schließen läßt.[6]

10.3 Sedimente (Allgemeine Daten)

Während extremen Niedrigwasserständen wurden im Zeitraum zwischen Oktober 1971 und Februar 1973 aus den bei normalen Pegelständen überfluteten ufernahen Zonen der wichtigen Flüsse der Bundesrepublik
Deutschland insgesamt etwa 150 Schlammproben entnommen.

---

[6]KÖLLE et al. (1971) weisen in diesem Zusammenhang darauf hin, daß die
hohe prozentuale Bindung des Bleis an Schwebstoffe eine Erklärung für
die besonders hohen Bleikonzentrationen in unfiltrierten Flußwasser-
proben, z.B. bei HABERER (1965) in Rheinwässern, darstellt.

Über die Schwermetallanalysen, die im Mittelpunkt dieser Bearbeitung
standen, wird im nächsten Kapitel berichtet. Neben den Wasserdaten,
die im vorangegangenen Abschnitt dargestellt worden sind, waren für
eine Beurteilung der Bindungsart der Schwermetalle in den Gewässern
(vgl. Abschn. 15) als zusätzliche Parameter vor allem die Anteile und
Art der Tonmineralien, die Karbonate, sowie die Gehalte an organischer
Substanz im Sediment zu untersuchen.

An 120 Sedimentproben aus den verschiedenen Flußsystemen wurde der
Tonmineralbestand in der Fraktion <2 µ durch die röntgenographische
Analyse ermittelt; Tabelle 22 gibt eine Auswahl aus diesen Daten
wieder. Es zeigt sich, daß im allgemeinen Illit, ein glimmerähnliches
Tonmineral die vorherrschende Komponente in der Tonfraktion ist, gefolgt von Montmorillonit und von Wechsellagerungsmineralien aus Mont-
morillonit/Illit. In den meisten Proben sind die Tonminerale Kaolinit
und Chlorit in geringeren Mengen vorhanden; als eine Ausnahme sind
hier jedoch die hohen Kaolinit-Anteile in den Donauzuflüssen Naab und
Regen zu nennen, welche die Kaolin-Provinzen der Oberpfalz und des
Bayerischen Waldes entwässern.

Tabelle 22. Relative Tonmineral-Anteile in der Tonfraktion der Flußsedimente

	Illit	Montmorillonit	Chlorit	Kaolinit
Rhein 1 - 4	xxx	xxxx	xx	x
Rhein 5 - 10	xxx	xxx	xx	xx
Rhein 10 - 19	xxxx	xx	xx	xx
Mosel	xxxx	xx	xx	x
Main	xxxx	xxx	x	xx
Neckar	xxxxx	xxx	-	xx
Elbe	xxxxx	xx	-	xxx
Donau 1 - 4	xxxxx	xx	x	xx
Donau 5 - 13	xxx	xxxx	x	xx
Brenz/Wörnitz	xxx	xxxxx	-	xx
Naab/Regen	xxx	xxx	-	xxxx
Inn	xxxxx	x	xx	xx
Weser 1 - 12	xxxx	xx	xx	xx
Ems 1 - 8	xxx	xxxx	x	xx

Folgende Flußabschnitte weisen besonders hohe Montmorillonit-Anteile
auf: Die Donau von Ulm bis Passau mit den Zuflüssen Iller, Lech und
Isar, sowie Brenz, Wörnitz und Altmühl; der Neckar ab Plochingen mit
den Zuflüssen Rems, Murr und Kocher; der Oberrhein von Basel bis zur
Mainmündung und schließlich die Ems.

Zwischen dem Bikarbonat-Gehalt des Wassers, der für die Fällung von
Schwermetall-Karbonaten von Bedeutung sein kann, und dem Karbonat-
Gehalt des Sediments, besteht eine positive Korrelation. Tabelle 23
enthält eine Auswahl aus insgesamt 70 Karbonat-Gehaltsbestimmungen.
Da die Karbonat-Gehalte in der Feinsandfraktion am höchsten sind,
werden jeweils die Korngrößenbereiche 63 - 177 µ miteinander verglichen.

Tabelle 23. Karbonat-Gehalte in den Flußsedimenten (Fraktion 63 - 177 µ)

Station	Karbonat-Gehalt (%)	Station	Karbonat-Gehalt (%)
Rhein		Weser	
3 Breisach	28.5	1 Vaake	7.0
8 Worms	25.5	3 Stahle	6.0
9 Gernsheim	25.0	9 Intschede	5.0
12 Filsen	22.5	12 Kleinensiel	14.0
13 Kaltenengers	20.0	Ems	
16 Wesseling	18.0		
19 Bislich	11.0	2 Greven	4.0
		6 Papenburg	12.0
Elbe		Neckar	
1 Gorleben	5.0	3 Rottenburg	41.5
16 Glücksstadt	14.5	4 Plochingen	34.0
		6 Lauffen	23.0
Donau		10 Heidelberg	18.0
1 Geisingen	9.0	Main	
6 Dillingen	28.0		
11 Donaustauf	30.0	3 Würzburg	20.0
13 Osterhofen	30.0	5 Hanau	15.0

Besonders karbonatreiche Sedimente finden sich im Oberlauf des Neckars und in der Donau zwischen Tuttlingen und Passau; sehr gering sind die Karbonat-Anteile in den Sedimenten des Niederrheins, der Ems, der Weser und der Elbe.

Organische Substanz. Auf Grund des Kationenaustausch- und Komplexierungsvermögens organischer Verbindungen gegenüber Schwermetallen (Abschn. 15) ist zu erwarten, daß das Aufnahmevermögen der tonigen Sedimente für diese Schadstoffe außer durch die Tonmineralien auch durch die Gehalte an organischer Substanz beeinflußt wird.

Untersuchungen des organisch gebundenen Kohlenstoffs[7] wurden an 86 Flußsediment- und an 3 Schwebstoffproben durchgeführt. Aus Abb. 33, in der die Ergebnisse der Kohlenstoffmessungen graphisch dargestellt sind, ergibt sich, daß die Häufigkeitsverteilung der C-Werte zwischen 4 und 6% ein ausgeprägtes Maximum besitzt. Beträchtlich höhere C-Gehalte werden in den Vergleichsproben von Schwebstoffen aus dem Main gemessen; die Kohlenstoff-Anteile betragen hier zwischen 8 und 11%, entsprechend 20 - 25% organischer Substanz. Noch stärkere C-Anreicherungen - über 11% - fanden sich in 10 der untersuchten Flußsedimente, u.a. in Ablagerungen der oberen Donau, der Rheinzuflüsse Murg und Wupper, sowie der Weserzuflüsse Aue und Werre.

Messungen der Sulfidschwefel-Gehalte wurden an der Tonfraktion von 25 Sedimentproben durchgeführt (Tabelle 24). Die Gehalte variieren zwischen 0.07 und 1.15%, die durchschnittlichen Werte liegen bei 0.3% S. In Abschn. 14 werden die Korrelationen zwischen den Sulfid-S-Gehalten und den verschiedenen Schwermetallen beschrieben.

---

[7] Eine Umrechnung organ. C in organische Substanz kann wegen der unbekannten Zusammensetzung der verschiedenen organischen Substanzen im Sediment nicht vorgenommen werden. Der Umrechnungsfaktor dürfte aber in jedem Fall größer als 2 sein.

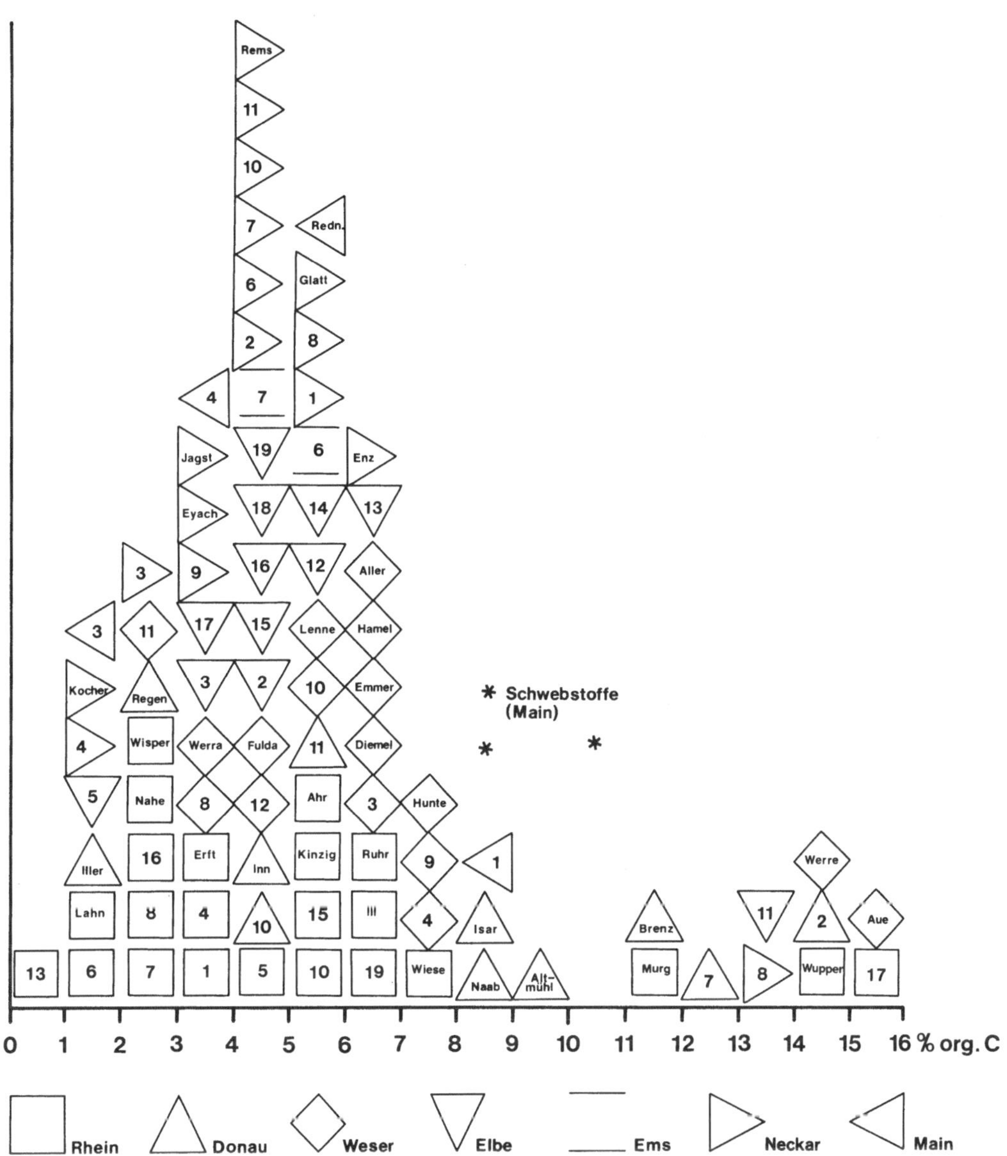

Abb. 33. Häufigkeitsverteilung der Kohlenstoff-Gehalte (organ. C) in der Tonfraktion fluviatiler Sedimente. Die Zahlenangaben innerhalb der Symbole entsprechen den Nummern der Meßstationen in Abb. 31

Tabelle 24. Schwefel-Gehalte im Tonanteil von Flußsedimenten

Elbe	1 Gorleben	0.19% S	Ems	7 Terburg	0.27% S
	11 Hamburg	0.21%		8 Emden	1.00%
	15 Abbenfleth	0.43%			
	18 Brookdorf	0.51%	Rhein	8 Worms	0.10%
				19 Bislich	0.26%
Weser	11 Berne	0.27%		Neckar	0.21%
	12 Kleinensiel	0.48%		Lahn	0.07%
	Nethe	0.12%		Erft	0.12%
	Emmer	0.33%			
	Werre	1.15%	Donau	10 Bad Abbach	0.11%
	Hunte	0.42%		Brenz	0.23%

11. Schwermetallanreicherungen in den Sedimenten von Binnengewässern der Bundesrepublik Deutschland[8]

Das Auffinden erhöhter Quecksilber-Gehalte in schwedischen Seen, die Katastrophen von Minamata und Niigata, Vergiftungen durch metall-haltige Fungizide in Entwicklungsländern und nicht zuletzt die Be-richte über Schwermetallkontaminationen in kommunalen Leitungssystemen der USA haben Mitte der sechziger Jahre auch in der Bundesrepublik Deutschland den Blick der Öffentlichkeit auf die Gefahren gelenkt, die sich aus dem Vorhandensein von Schwermetallen in unserer Trink-wasserversorgung ergeben können. Die ersten systematischen Untersuchun-gen von Spurenmetallverunreinigungen in Oberflächengewässern, vor allem im Rhein, wurden von HABERER (1965, 1968), KÖLLE et al. (1971) und HOLLUTA et al. (1968) durchgeführt. Messungen der Metallführung an Schweb- und Sinkstoffen wurden wenig später durch HERRIG (1969) und HELLMANN und GRIFFATONG (1969) aufgenommen; auf die Vorteile dieser Sediment-Methode beim Aufspüren von Verschmutzungsursachen ist im Abschn. 8 eingegangen worden.

Seit 1969 werden solche Schwermetalluntersuchungen auch vom Laborato-rium für Sedimentforschung der Universität Heidelberg betrieben, da mit der Atom-Absorptions-Spektroskopie (siehe Anhang) ein relativ ein-faches Analysenverfahren zur Verfügung stand. Die Bearbeitung sedimento-logischer und hydrochemischer Aspekte im Rahmen des Bodenseeprojektes der Deutschen Forschungsgemeinschaft (MÜLLER und Mitarbeiter, 1963 - 1971) war Anlaß für eine erste spurenanalytische Untersuchung von Bodensee-Sedimenten durch STOFFERS (1970).

Die Sedimentproben für eine allgemeine Bestandsaufnahme der Schwer-metall-Belastung von Flüssen in der Bundesrepublik Deutschland wurden von BANAT, FÖRSTNER und MÜLLER im Zeitraum zwischen Oktober 1971 und Mai 1972 (Ergänzungsproben an der Elbe im Februar 1973) während des extremen Niedrigwassers aus dem normalerweise überfluteten Uferbereich der Flüsse Rhein, Ems, Weser, Elbe und Donau sowie deren wichtigsten

---

[8]Die Ausführungen dieses Abschnittes sind zum großen Teil Arbeiten von BANAT, FÖRSTNER und MÜLLER (1972b, c) entnommen.

Nebenflüssen entnommen (Tabelle 25). Von den gewonnenen Gesamtproben wurde jeweils die Tonfraktion abgetrennt und analysiert, um für die Aufstellung von Gütelängsprofilen vergleichbare texturelle Voraussetzungen zu schaffen (vgl. HELLMANN, 1973).

Tabelle 25. Sedimentproben

I. Generelle Bestandsaufnahme

Fluß	Zeitraum	Anzahl der Proben		Probeentnahme durch:
		Hauptfluß	Nebenfluß	
Neckar	Oktober 1971	11	8	BANAT
Rhein	Oktober 1971	8	11	BANAT
	Oktober 1971	9	5	BANAT
Elbe	März 1972	5	3	BANAT
	Februar 1973	17	-	BANAT
Weser	März 1972	11	12	BANAT
Ems	März 1972	5	-	MÜLLER
Donau	Mai 1972	12	9	BANAT und FÖRSTNER
Main	Mai 1972	5	1	BANAT und FÖRSTNER

II. Spezielle Untersuchungen

Gewässer	Zeitraum	Probenzahl	Programm
Weschnitz	April 1972	6	Korngrößenabhängigkeit der Metallführung; Chrom-Belastung durch die Weinheimer Lederindustrie (FÖRSTNER und MÜLLER)
Neckar	April 1972 Oktober 1972	22	Ablagerungen in Schleusenwehren. Sedimentkerne im mittleren Neckarabschnitt. Cadmiumkontaminationen. BANAT, FÖRSTNER, GASTNER, REINHARD, Wasser- und Schiffahrtsdir. Stuttgart
Bodensee-zuflüsse	April 1973	13	Schwermetallführung in Sedimenten von Bodenseezuflüssen - Probeentnahme durch WAGNER, Langenargen
Wupper	Mai 1973	8	Quecksilber-, Kupfer- und Bleiverschmutzung (BANAT und FÖRSTNER)
Elsenz	Februar 1973	25	Kleingewerbliche und industrielle Verunreinigungen im Einzugsgebiet (KÜHN und MÜLLER)
Hochrhein	August 1973	3	Quecksilberverunreinigungen (MÜLLER)

Die Ergebnisse unserer Untersuchungen an Sedimenten deutscher Binnengewässer werden nachstehend beschrieben (Tabellen 26 - 38; Abb. 34 - 45). Am Beginn steht eine Darstellung über die Sedimente der Bodensee-

zuflüsse und des Bodensees (11.1), wobei die Bodensee-Sedimente praktisch die "background"-Daten für die zivilisatorischen Metallverschmutzungen des Rheins liefern, die bis zu seiner Mündung in die Nordsee -
mit wenigen Ausnahmen - ansteigen (11.2). Im dritten Abschnitt (11.3)
folgt - unter Einbeziehung der Meßdaten von Sedimenten von Donau, Ems,
Weser und Elbe - eine synoptische Darstellung für jedes der untersuchten Schwermetalle. Aus den gemittelten Einzelergebnissen werden
für die verschiedenen Flußsysteme Rangfolgen der Schwermetallverschmutzung aufgestellt (11.4). Daran anschließend werden die Ursachen für
die unterschiedlich starken Konzentrationsschwankungen der einzelnen
Schwermetalle untersucht (11.5). Ein Vergleich der Schwermetall-Gehalte in den rezenten Flußsedimenten und der entsprechenden Metall-Anteile
des Tongestein-Standards zeigt die unterschiedlich starke Anreicherung
der Spurenelemente durch zivilisatorische Prozesse (11.6). Am Schluß
des Abschnittes steht eine Berechnung der in den Gewässern der Bundesrepublik Deutschland abtransportierten Metallmengen sowie eine Abschätzung der daraus resultierenden volkswirtschaftlichen Verluste
(11.7).

11.1 Schwermetalle in den Sedimenten des Bodensees und seiner wich-
tigsten Zuflüsse

Allgemeines. Der Bodensee gilt als der größte Trinkwasserspeicher
Europas. Seine Fläche beträgt 539 km^2, seine maximale Tiefe 252 m
und sein Wasservolumen liegt bei ungefähr 50 km^3. Große Gebiete Süd-
deutschlands wurden in den vergangenen Jahren an die "Bodensee-Wasser-
versorgung", die ihr Wasser aus dem Überlinger See bezieht, angeschlossen. Die jährlich angelieferte Wassermenge beträgt z.Zt. mehr
als 100 Mio m^3 (SCHMIDT, 1972). Insbesondere der Ballungsraum Stuttgart sowie die Karstregionen der Schwäbischen Alb sind stark auf das
Wasser aus dem Bodensee angewiesen, das bislang als hygienisch und
chemisch einwandfrei bezeichnet werden kann.

Es ist jedoch nicht zu übersehen, daß sich auch am Bodensee - wie in
vielen anderen Gewässern - seit ungefähr 20 Jahren die hydrologischen
Verhältnisse zunehmend verschlechtern. In erster Linie verursacht
durch einen steigenden Zustrom von phosphor- und stickstoffhaltigen
Substanzen aus Düngemitteln, Fäkalien und Waschmitteln greift die
Eutrophierung des Bodensees immer weiter um sich.

Diese Entwicklung ist seit längerem vorhergesehen worden. Bereits
Anfang der sechziger Jahre wurde eine umfangreiche Bestandsaufnahme
des Bodensees in Angriff genommen. Im "Bodensee-Projekt" der Deutschen
Forschungsgemeinschaft fanden sich etwa 50 Wissenschaftler aus Hoch-
schulen, Forschungsanstalten und aus der Praxis zusammen, um "an
einem gegenwartsnahen Beispiel die Möglichkeit, ja die Notwendigkeit
und den Nutzen einer Gemeinschaftsforschung über das Wasser zu prüfen
und zu beweisen". (Prof. Dr. W. HENSEN im Geleitwort zum "Bodensee-
Projekt". Erster Bericht, Juli 1963).

Ein wichtiges Teilergebnis dieser Untersuchungen war ein "Gütebild"
der Seeablagerungen, aufgestellt nach der Häufigkeit von Schlamm-
rohrwürmern (Tubifiziden) in den Sedimenten, "Organismen, die für den
Bodensee-Obersee geradezu klassische Leitformen zum Auffinden alloch-
thoner (fremdbürtiger) Verschmutzungsherde sind" (ZAHNER, 1965). Die
Kohlenstoff- sowie die Eisenmonosulfid-Werte in den Sedimenten
(MÜLLER, 1966) stimmen in ihrer Verteilung weitgehend mit diesem Bild
überein. Besonders starke Verschmutzungserscheinungen finden sich

jeweils vor den Flußmündungen, vor allem vor den Zuflüssen der Steinach, Goldach, Dornbirner Ach, Argen, Schussen und Stockacher Ach sowie in den flachen Seezonen des Untersees.

Direkte Untersuchungen der Phosphat- und Stickstoff-Belastung in den Sedimenten und Wässern des Bodensees und seiner Zuflüsse durch WAGNER (1964, 1967) und MÜLLER und TIETZ (1966) bestätigen diese Befunde. Vor allem die Steinach mit 1.5 mg/l Phosphat-P und 12 mg/l Ammonium-N im Wasser, aber auch die Goldach und die Salmsach "bedingen eine effektive Düngung mit diesen Nährstoffen" (WAGNER, 1967). Weitgehende Übereinstimmung mit den Phosphatkonzentrationen im Bodensee (17 µg/l Wasser) zeigt der Alpenrhein, der mit Abstand stärkste Bodenseezufluß (Tabelle 26).

Tabelle 26. Mittlere jährliche Wasserführung (in m^3/sec) wichtiger Bodenseezuflüsse nach KIEFER (1955) aus MÜLLER (1966)

Alpenrhein	227.0		
Bregenzer Ach	48.8	Schussen	9.0
Argen	17.4	Dornbirner Ach	3.0
Radolfzeller Ach	9.8	Seefelder Ach	2.9

Seine Belastung mit Phosphor und Stickstoff "wirkt sich deshalb nicht so unmittelbar aus wie diejenigen Zuflüsse, deren P- und N-Konzentrationen höher sind als im See" (WAGNER, 1967).

Schwermetalle. Die Untersuchung von Schwermetallen in oberflächennahen Tonsedimenten von zwei Lotkernen aus dem östlichen und zentralen Teil des Bodensees durch ABDUL-RAZZAK (1972) ergab, daß - mit Ausnahme von Cadmium - keines der gemessenen Spurenelemente signifikant gegenüber einem geochemischen "background"-Wert angereichert ist (vgl. Abschn. 9). Eine verstärkte Schwermetall-Belastung in bestimmten küstennahen Bereichen ist damit zwar nicht ausgeschlossen, doch entfällt nach diesen Befunden immerhin der Verdacht einer weiterreichenden Schwermetallkontamination des gesamten Bodenseegrundes. Die hier dargestellten zusätzlichen Untersuchungen hatten deshalb vor allem das Ziel, regionale Schwermetallanreicherungen in den Zuflüssen zu lokalisieren, möglicherweise als Indikatoren für generelle Verschmutzungserscheinungen. Eine Zusammenstellung der Meßdaten gibt die Tabelle 27 und die Abb. 34.

Stark belastet mit verschiedenen Schwermetallen sind die Sedimente der Steinach und der Dornbirner Ach. Hohe Cadmiumanreicherungen finden sich außerdem in den tonigen Ablagerungen von Schussen, Argen und Seefelder Ach, mit Cd-Gehalten zwischen 9.6 ppm und 12 ppm. Beim Alten Rhein, der Schussen, der Goldach und der Salmsach fallen deutlich erhöhte Blei-Gehalte auf, ansonsten ist jedoch dort der Verschmutzungsgrad an Schwermetallen als mäßig zu bezeichnen. Noch geringere Kontaminationen zeigen die Tonsedimente der Rotach, der Bregenzer Ach und der Leiblach.

In diesen Abstufungen ergibt sich eine gute Übereinstimmung mit den Daten des Nährstoff-Gehaltes im Wasser und in den Sedimenten der Bodenseezuflüsse. An der Spitze der Verschmutzung steht bei den Schwermetallen wie bei den Phosphor- und Stickstoffverbindungen die Steinach. Für die Regulierung des generellen Schwermetall-Pegels in den Bodensee-Sedimenten scheint - wie im Falle der Nährstoffe -

Tabelle 27. Schwermetalle in Tonsedimenten (in ppm). Die Bodenseezuflüsse sind entsprechend der Schwermetall-Belastung angeordnet.
1) Daten nach ABDUL-RAZZAK (1972), erweitert. 2) "background"-Werte nach TUREKIAN und WEDEPOHL (1961)

	Cd	Hg	Pb	Cu	Ni	Cr	Zn
Steinach	15.3	2.6	216	220	168	1360	1900
Dornbirner Ach	4.5	1.5	100	343	228	440	2600
Alter Rhein	6.2	1.8	130	160	362	340	775
Schussen	12.0	1.1	127	125	76	186	400
Argen	9.8	1.4	80	93	56	70	325
Seefelder Ach	9.6	1.3	40	90	76	80	250
Goldach	5.1	1.3	100	97	54	90	280
Neuer Rhein	3.2	1.1	70	130	56	90	310
Stockacher Ach	1.4	1.3	100	125	80	84	300
Salmsach	1.0	1.3	100	105	74	84	355
Rotach	1.0	1.1	38	110	76	86	260
Bregenzer Ach	4.4	0.9	40	65	64	60	160
Leiblach	3.4	1.0	33	78	52	80	160
Bodensee, Kern 6 1)	3.1	0.5	33	74	116	137	205
Bodensee, Kern 16 1)	2.7	0.4	29	94	113	96	155
Background 2)	0.3	0.4	20	45	68	90	95

der stärkste Zufluß, der (Alpen-)Rhein maßgebend zu sein. Die absoluten Schwermetallkonzentrationen liegen zwar in den Rheinsedimenten deutlich höher als in den Bodenseeablagerungen, beide sind jedoch in ihren Relationen miteinander vergleichbar.

Die Auswirkungen der hohen Schwermetall-Belastungen der Zuflüsse Steinach, Dornbirner Ach und Schussen auf die angrenzenden Bodensee-Sedimente müssen noch untersucht werden. Mobilisationseffekte beim Wechsel vom fluviatilen ins lakustrische Milieu sind - im Gegensatz zum fluviatil-marinen Übergangsbereich - kaum zu erwarten, da sich hier die hydrochemischen Bedingungen nicht grundsätzlich ändern. Eine teilweise Freisetzung der in den Sedimenten gebundenen Schwermetalle beim Übergang von aeroben zu anaeroben Verhältnissen erscheint dagegen wahrscheinlicher. Ebenso ist hier vor einem unkontrollierten Einbringen komplexbildender Substanzen - als Phosphatersatz in Waschmitteln (vgl. Abschn. 17) - in den Bodensee zu warnen.

11.2 Schwermetalle in den Sedimenten des Rheins

Der Rhein, der zwischen dem Bodensee und der Nordsee die am stärksten industrialisierten Gebiete Mitteleuropas - das Rhein-Main-Gebiet und das Ruhrgebiet - durchfließt, zeigte nach den früheren Sediment- und Schwebstoffuntersuchungen durch HOLLUTA et al. (1968), HERRIG (1969) und DE GROOT et al. (1971) bereits eine so ungewöhnlich hohe Schwermetall-Belastung, daß eine weitergehende und kontinuierliche Bestandsaufnahme hier besonders vordringlich war. Während des extremen Niedrig-

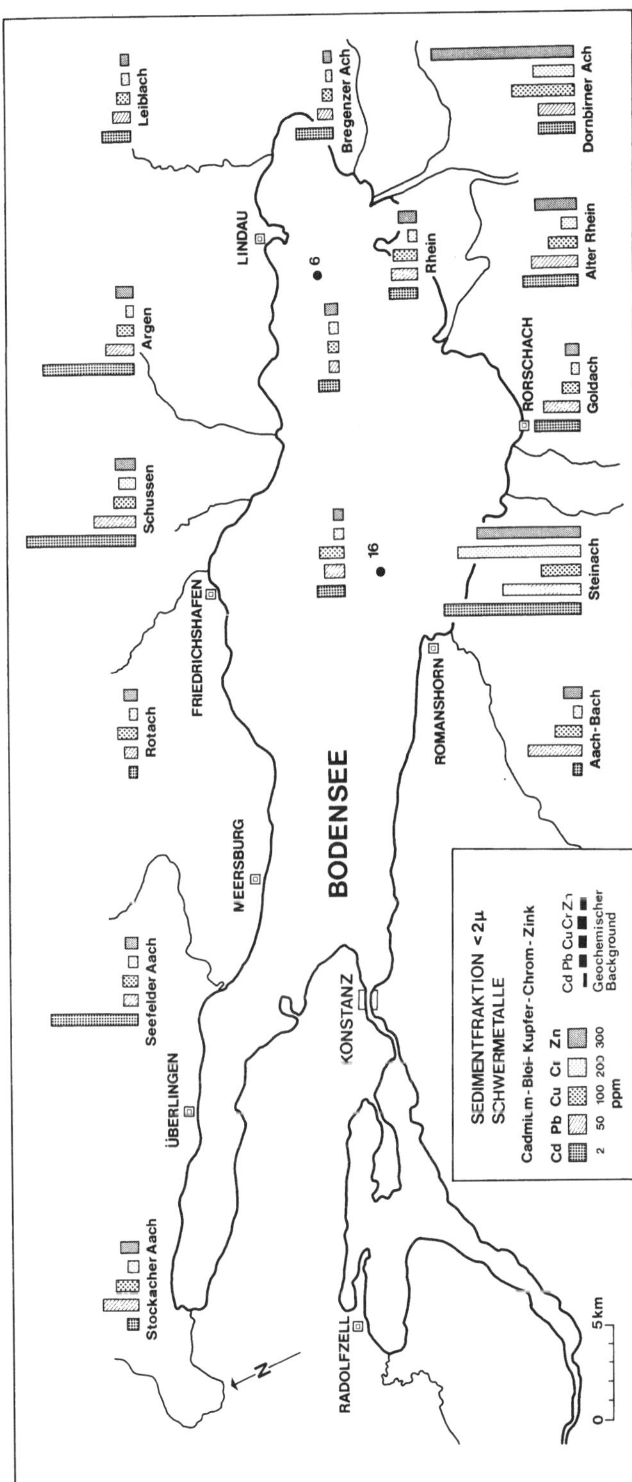

Abb. 34. Schwermetall-Gehalte in der Tonfraktion von Sedimenten der Bodenseezuflüsse sowie zweier Froben aus dem Bodensee-Obersee

wassers im Rhein im Oktober 1971 wurden insgesamt 19 Sedimentproben
aus dem Hauptfluß zwischen Basel und Bislich sowie weitere 19 Proben
aus den wichtigsten Nebenflüssen entnommen und auf 6 Schwermetalle[9]
(Blei, Quecksilber, Chrom, Nickel, Kupfer, Zink) untersucht; die Ergebnisse sind in der Abb. 35 zusammengefaßt. Die Tabelle 28 enthält
die Mittelwerte für die Stationen 1 bis 8, die durch einen mittleren
Gehalt an Schwermetallen charakterisiert sind sowie für die Stationen
9 bis 19, bei denen die Schwermetallkonzentrationen wesentlich höher
sind.

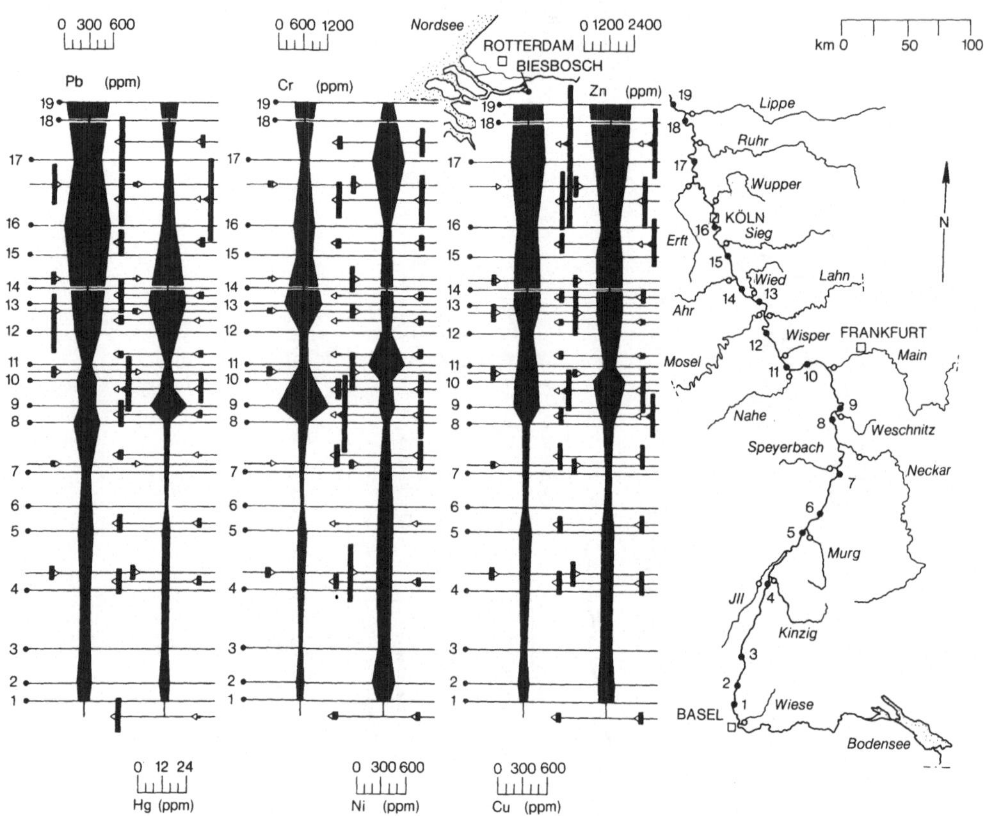

Abb. 35. Schwermetalle in der Tonfraktion der Sedimente des Rheins
(aus BANAT et al., 1972a)

Verglichen mit den Schwermetall-Anteilen in den Bodensee-Sedimenten,
die ungefähr den "background"-Werten entsprechen, sind die Rheinablagerungen zwischen Station 1 und 8 bereits signifikant mit Quecksilber, Blei und Zink belastet; diese Metalle sind um den Faktor 8,
5 bzw. 3 gegenüber dem natürlichen Pegel angereichert. Eine starke
Zunahme des Chrom-Gehaltes ist bei Station 9 zu beobachten; hier

---

[9] Für den Vergleich mit anderen Flüssen wurden die Gehalte an Cadmium
und Kobalt in den Sedimenten des Rheins nachträglich bestimmt.

Tabelle 28. Schwermetall-Gehalte in den Sedimenten des Bodensees (ABDUL-RAZZAK, 1971), des Rheins (Stationen 1 bis 19: BANAT et al., 1972a; Biesbosch/Holland: DE GROOT et al., 1971) und in durchschnittlichen Tongesteinen

	Cd	Hg	Co	Pb	Cu	Ni	Cr	Zn
Bodensee	3	0.4	10	30	67	102	119	185
Rhein Station 1-8	4	3	19	155	86	152	121	520
Rhein Station 9-19	13	9	31	369	286	175	493	1239
Biesbosch/ Holland	–	18	–	850	470	–	760	3900
Tongesteins-Standard	0.3	0.4	19	20	45	68	90	95

fließt die Weschnitz in den Rhein, die mit Abwässern aus der Weinheimer Lederindustrie belastet wird (vgl. Abschn. 13.3). Zwischen den Stationen 9 und 19 (holländische Grenze) nehmen alle untersuchten Metalle - außer Nickel und Kobalt - noch einmal um den Faktor 2 bis 3 zu. Ein weiterer Anstieg findet in Holland statt, wie die Messungen von DE GROOT et al. (1971)[10] an Sedimenten am Beginn des Rhein-Ästuars zeigen (Tabelle 28). Insgesamt ist zwischen dem Bodensee und der Nordsee in den Sedimenten des Rheins ein Anstieg der Quecksilber-Gehalte um den Faktor 45, bei Zink um das 40-fache und bei Blei um das 30-fache festzustellen.

Die Veränderungen von Schwermetall-Gehalten in Rheinsedimenten zwischen 1960 und 1970 wurden von DE GROOT et al. (1973) in Holland untersucht. Eine Graphik (Abb. 36) nach den Daten dieser Arbeit zeigt deutlich eine überproportionale Zunahme von Nickel und vor allem von Cadmium, während offenbar im gleichen Zeitraum die Gehalte von Zink und Blei - wenn auch nur geringfügig - zurückgegangen sind.

Das Ausmaß der anthropogenen Verschmutzung wird deutlich aus einem Vergleich der mittleren Schwermetallkonzentrationen in den 3 letzten Proben des deutschen Niederrheingebiets (17, 18, 19) mit dem geochemischen "background" der entsprechenden Metalle. Abb. 37 zeigt, daß in den Sedimenten des Niederrheins die Kupfer-, Zink-, Blei-, Quecksilber- und Cadmium-Gehalte - Metalle mit einem hohen "Index des relativen Verschmutzungspotentials" - durch anthropogene Einflüsse jeweils um mindestens das 10-fache gegenüber den prä-zivilisatorischen Werten zugenommen haben.

11.3 Schwermetalle in den Sedimenten deutscher Flüsse - Überblick

Die Ergebnisse einer generellen Bestandsaufnahme der Schwermetalle Cadmium, Quecksilber, Blei, Zink, Kupfer, Chrom, Nickel und Kobalt

---

[10]Ein unmittelbarer Vergleich mit unseren Daten ist nicht möglich, da die Ergebnisse von DE GROOT et al. (1971) an der Sedimentfraktion < 16 µ gewonnen wurden. Die Anteile in der < 2 µ Fraktion liegen wahrscheinlich noch über diesen schon ungewöhnlich hohen Schwermetall-Gehalten.

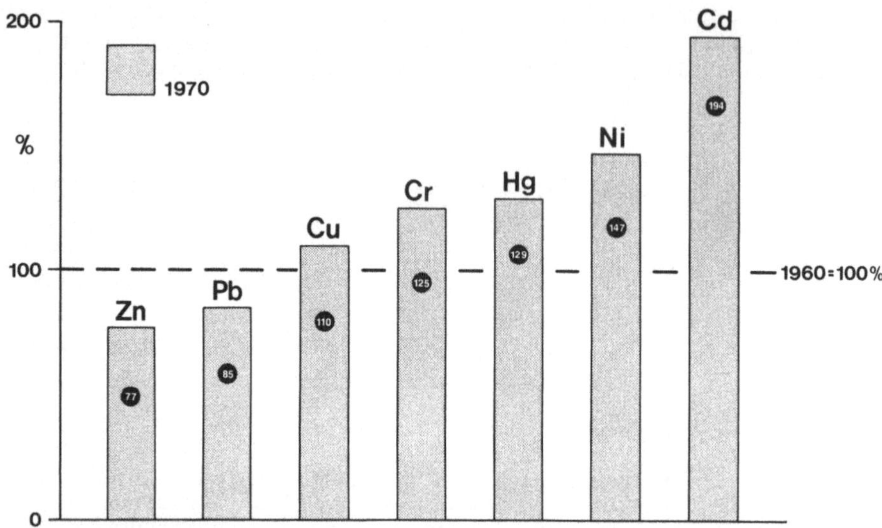

Abb. 36. Relative Änderung der Schwermetall-Gehalte von Rhein-Sedimenten (Holland) von 1960 bis 1970 (nach Zahlenangaben von DE GROOT et al., 1973)

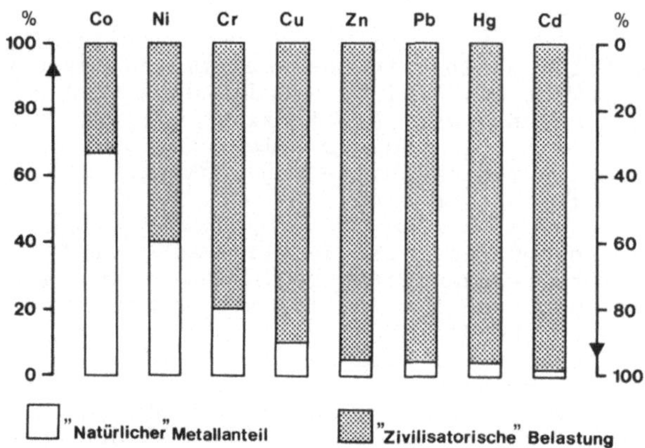

Abb. 37. Natürlicher und zivilisatorischer Anteil der Schwermetall-Gehalte in der Tonfraktion von Sedimenten des Niederrheins (Mittelwert aus 3 Stationen)

in den Hauptflüssen der Bundesrepublik Deutschland - Donau, Rhein, Ems, Weser, Elbe, Neckar und Main - sowie in deren wichtigsten Nebenflüssen sind in den Abb. 38 - 45 graphisch dargestellt. Die Tabelle 29 (a-c) enthält die Meßdaten von insgesamt 126 Proben. Für die einzelnen Metalle ergibt sich, kurz zusammengefaßt, die folgende Entwicklung:

Cadmium. Im allgemeinen liegen die Werte zwischen 10 und 20 ppm; besonders gering sind die Cd-Gehalte in den Sedimenten des Oberrheingebietes (Stationen 1 bis 7). Die höchsten Cadmium-Anteile wurden im unteren Neckar (bis 88 ppm), in der Werre (47 ppm) und der Diemel (48 ppm), im Einzugsgebiet der Weser, im Donauzufluß der Naab (45 ppm) und in der Ober-Elbe (bis 38 ppm) gemessen.

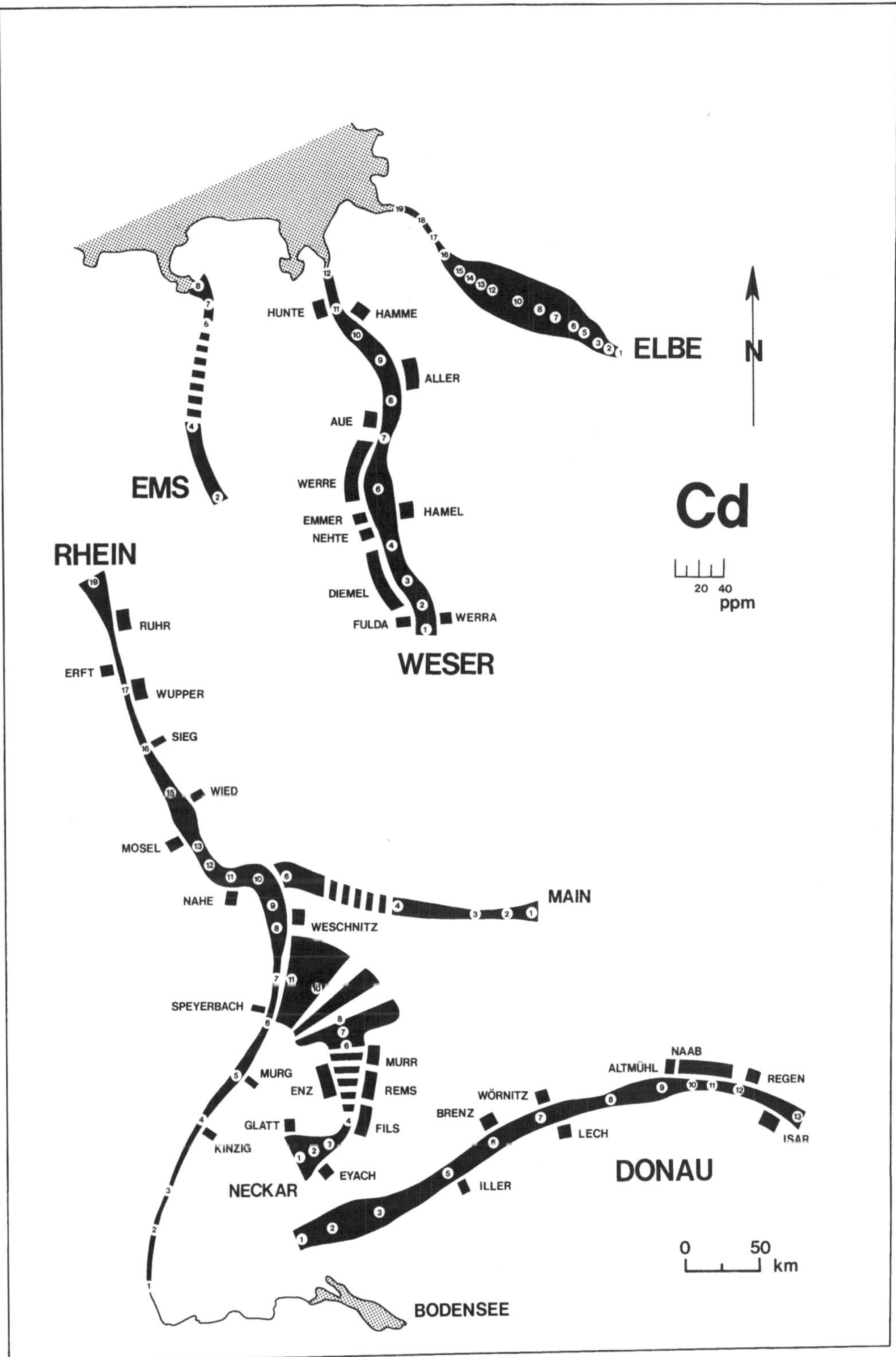

Abb. 38. Cadmium in der Tonfraktion von Sedimenten wichtiger Flüsse im Bereich der Bundesrepublik Deutschland

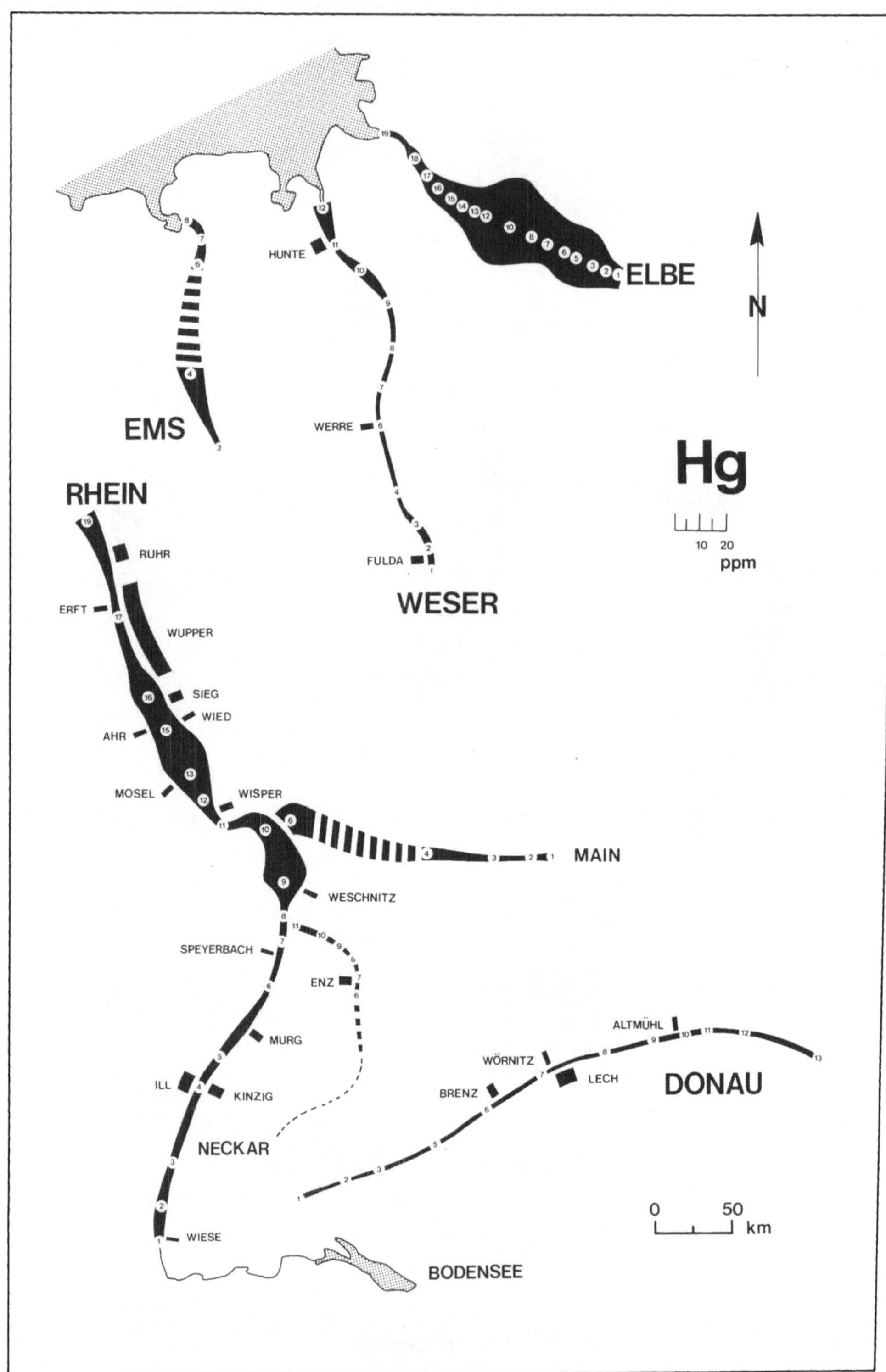

Abb. 39. Quecksilber in der Tonfraktion von Sedimenten wichtiger Flüsse im Bereich der Bundesrepublik Deutschland

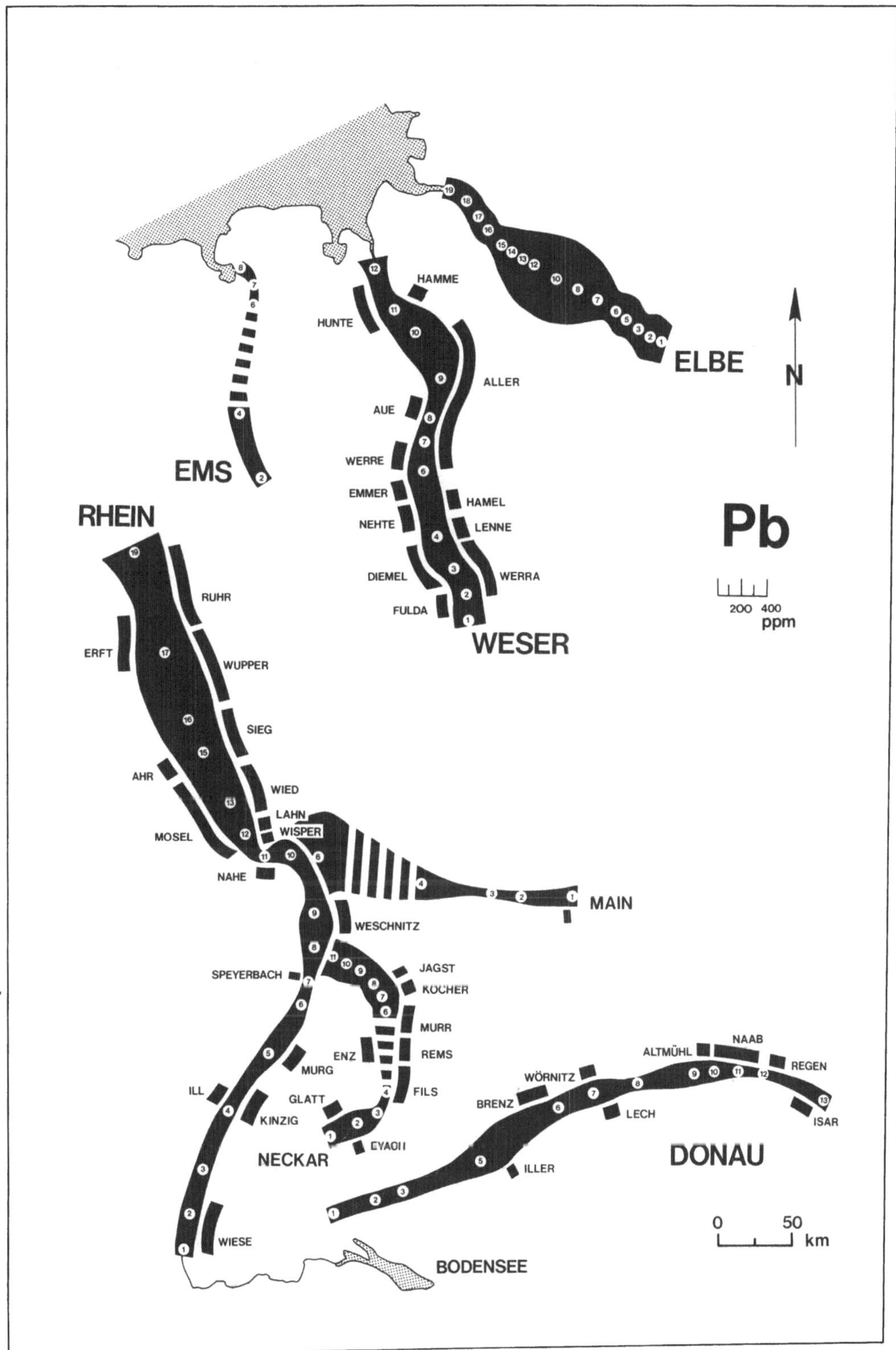

Abb. 40. Kobalt in der Tonfraktion von Sedimenten wichtiger Flüsse im Bereich der Bundesrepublik Deutschland

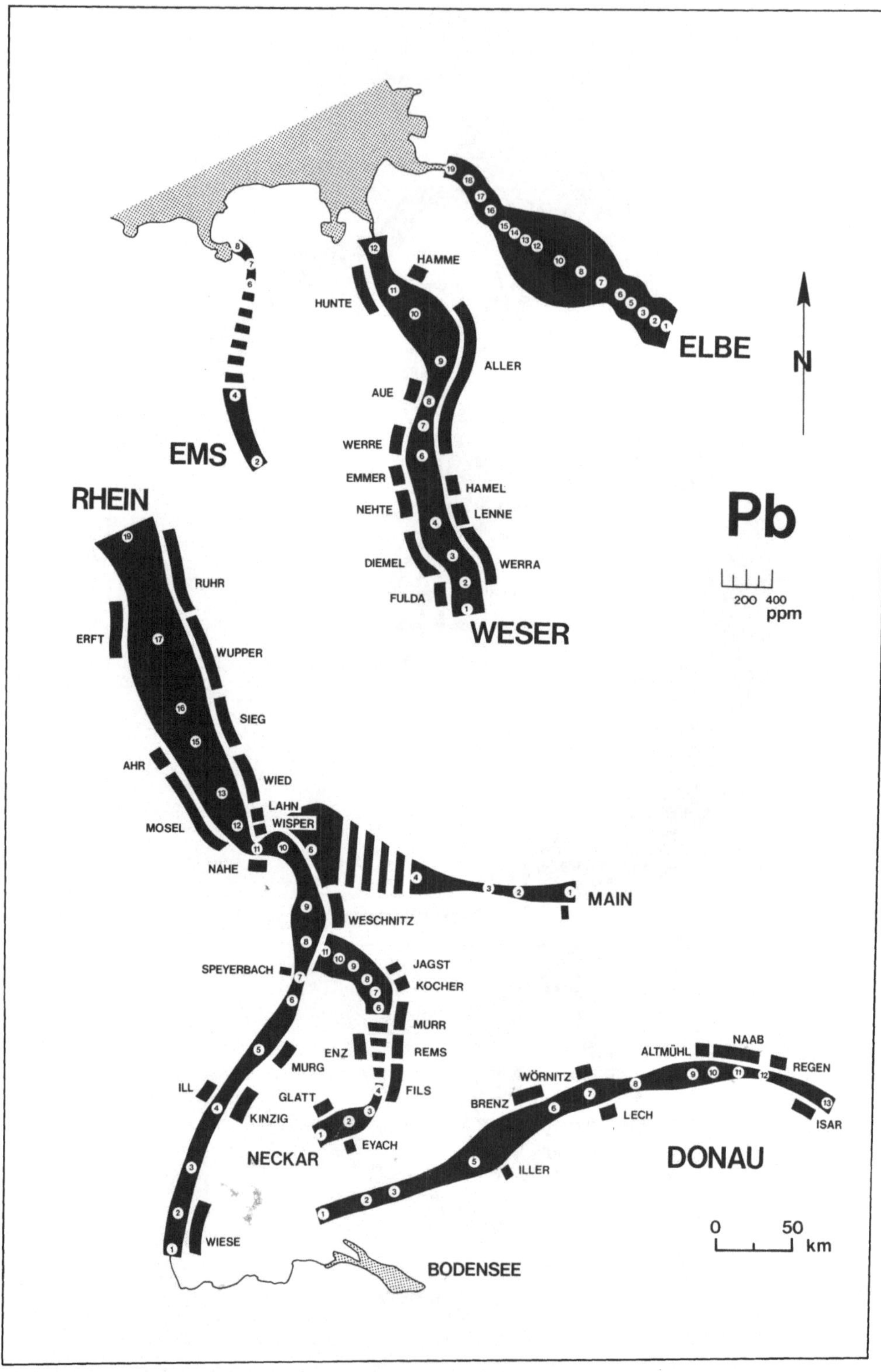

Abb. 41. Blei in der Tonfraktion von Sedimenten wichtiger Flüsse im Bereich der Bundesrepublik Deutschland

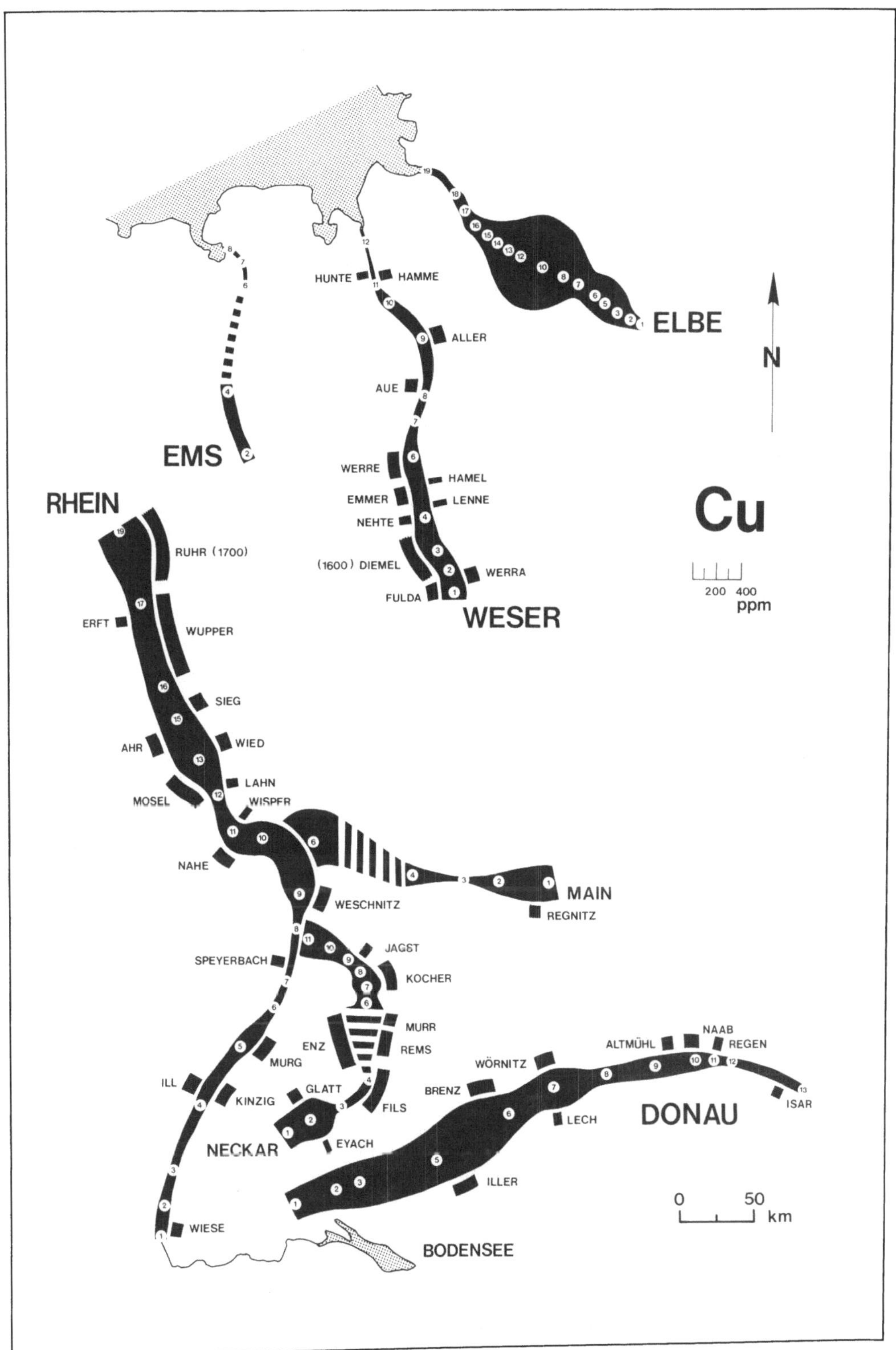

Abb. 42. Kupfer in der Tonfraktion von Sedimenten wichtiger Flüsse im Bereich der Bundesrepublik Deutschland

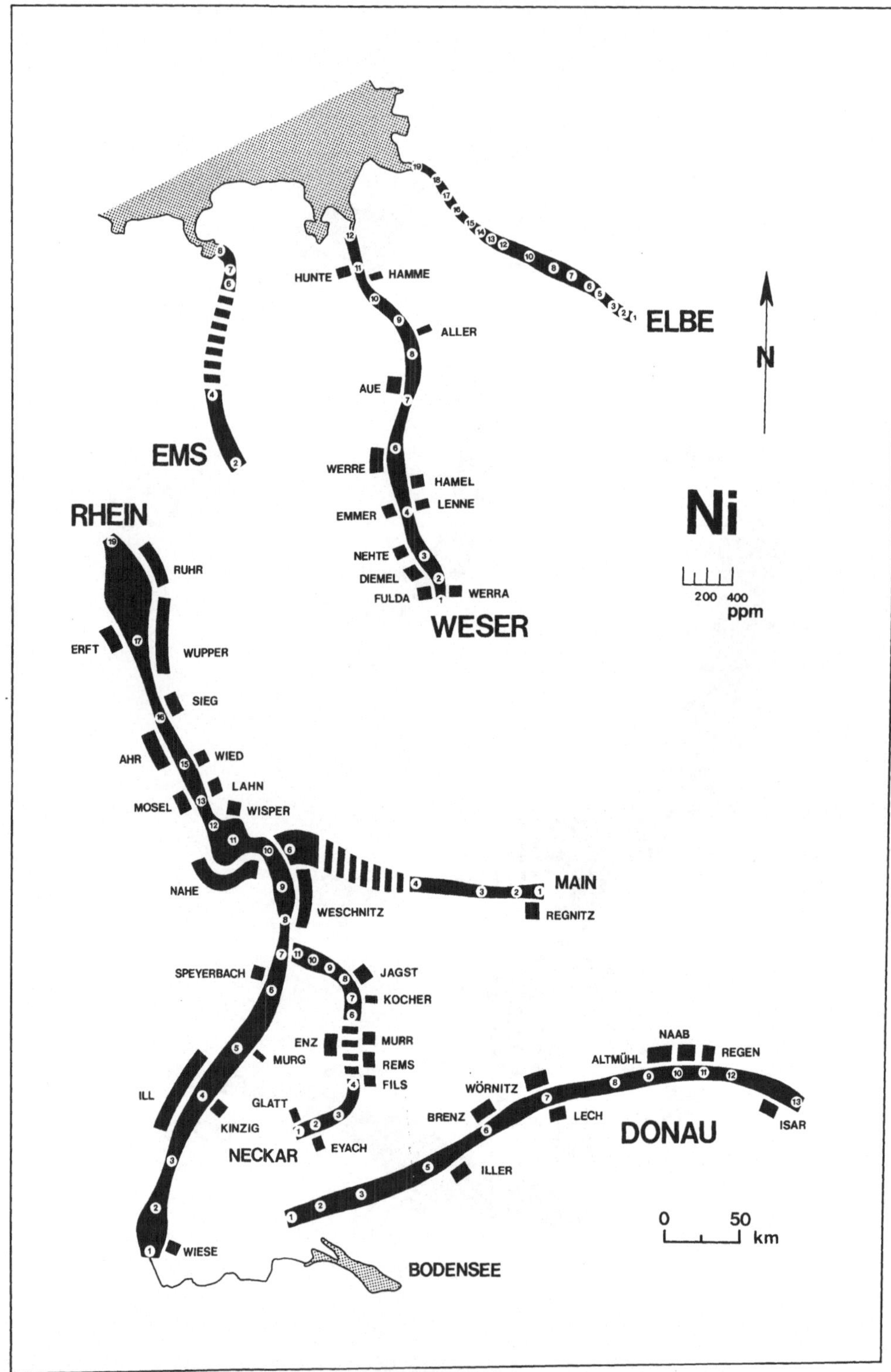

Abb. 43. Nickel in der Tonfraktion von Sedimenten wichtiger Flüsse im Bereich der Bundesrepublik Deutschland

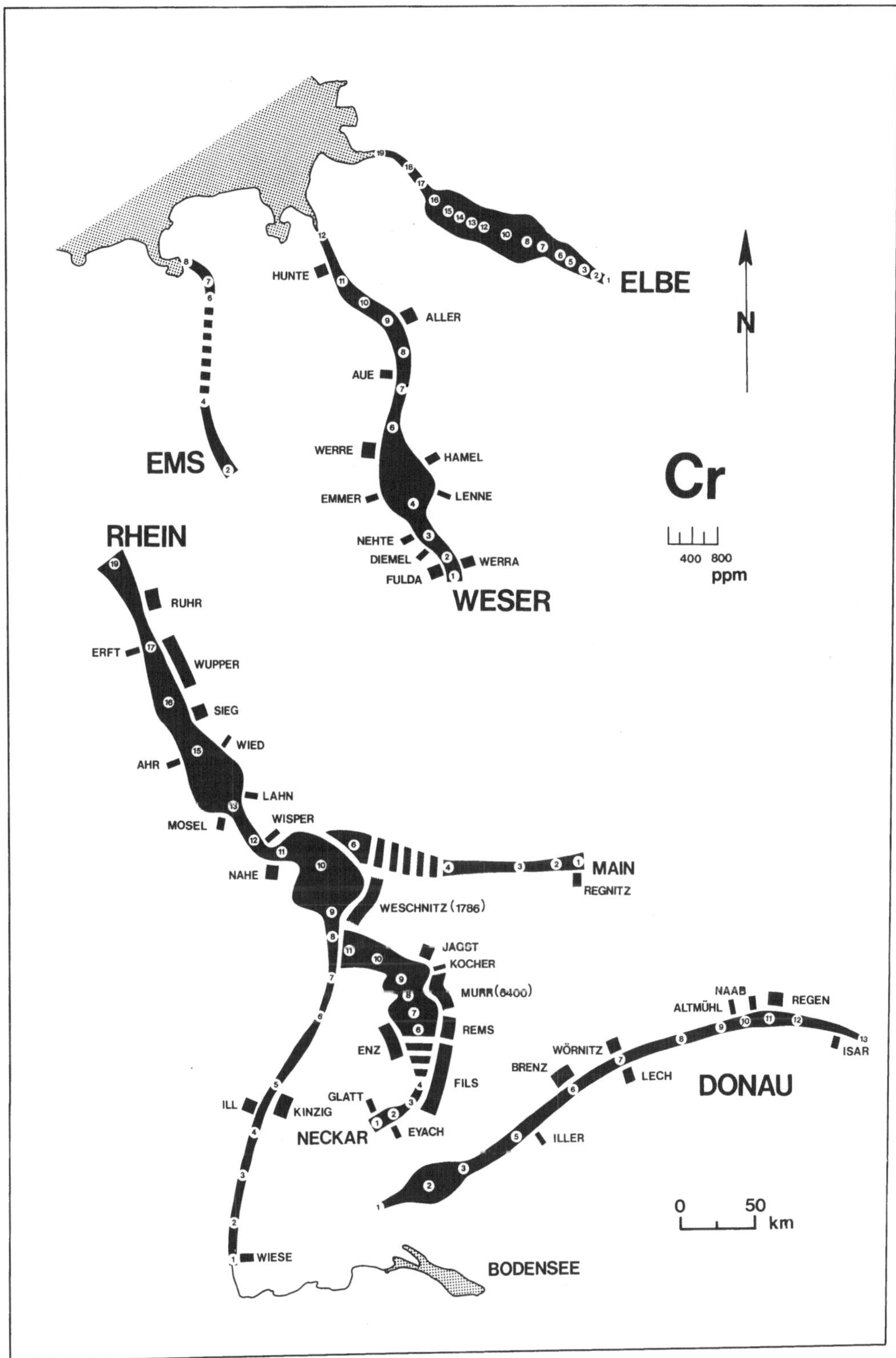

Abb. 44. Chrom in der Tonfraktion von Sedimenten wichtiger Flüsse im Bereich der Bundesrepublik Deutschland

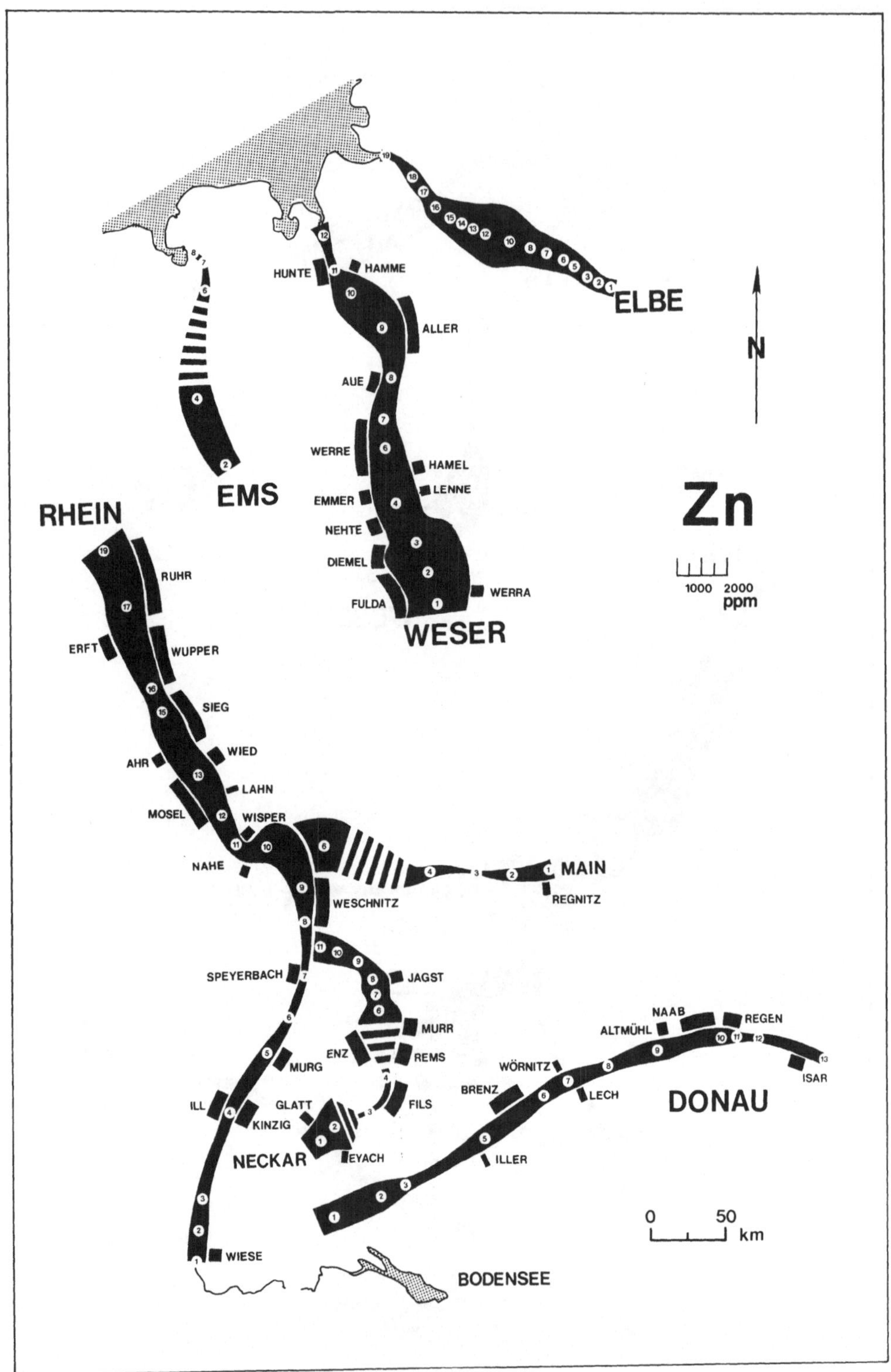

Abb. 45. Zink in der Tonfraktion von Sedimenten wichtiger Flüsse im Bereich der Bundesrepublik Deutschland

Tabelle 29a. Schwermetalle (in ppm) in Tonsedimenten des Rheins und des Neckars

	Cd	Hg	Co	Pb	Cu	Ni	Cr	Zn
Rhein								
1 Kleinkrems	2.5	3.0	23.3	125	79	142	117	691
2 Müllheim	2.5	5.3	23.3	167	117	258	167	750
3 Breisach	2.5	3.0	16.6	125	71	116	84	533
4 Kehl	2.5	3.3	16.6	108	108	167	117	533
5 Rastatt	8.3	4.2	16.6	175	142	175	167	583
6 Karlsruhe	5.8	1.2	18.3	167	42	175	33	333
7 Speyer	4.0	2.0	25.0	83	50	133	67	250
8 Worms	5.0	2.0	25.0	291	79	50	217	483
9 Gernsheim	15.0	17.8	36.6	175	291	175	1195	1000
10 Wiesbaden	18.3	6.0	28.3	216	283	117	500	1524
11 Bingen	15.0	2.2	25.0	92	242	416	183	533
12 Filsen	9.0	10.3	33.3	291	133	79	183	1000
13 Kaltenengers	20.0	17.6	30.0	366	325	137	900	1291
15 Rolandseck	7.5	11.6	36.6	491	275	104	358	1291
16 Wesseling	6.6	6.0	43.3	566	250	71	475	833
17 Wittlar	3.3	2.5	22.5	325	408	387	167	1666
19 Bislich	22.5	8.8	26.6	508	366	92	475	2061
Wiese	2.5	1.2	20.0	416	108	104	100	533
Ill	2.5	7.0	20.0	167	142	683	200	1141
Kinzig	5.8	3.8	25.0	275	266	92	333	1041
Murg	5.0	3.0	16.6	192	192	42	33	816
Speyerbach	4.0	1.1	16.6	58	79	92	33	750
Weschnitz	12.5	2.3	34.0	277	196	446	1786	1991
Nahe	10.0	0.3	25.0	150	167	183	183	333
Wisper	4.0	2.2	35.0	83	54	67	66	208
Lahn	5.0	0.8	25.0	92	37	67	67	167
Mosel	10.0	2.0	28.0	700	200	133	133	2124
Wied	6.6	2.3	33.3	400	125	67	67	666
Ahr		1.0	33.3	150	150	75	75	483
Sieg	5.0	4.3	40.0	291	216	200	200	2266
Wupper	16.6	30.0	16.0	600	683	833	833	2349
Erft	7.5	1.6	96.0	450	79	75	75	958
Ruhr	16.6	5.8	22.0	650	699	300	300	3290
Neckar								
1 Neckarhausen	36	0.2	35	175	265	102	150	1200
2 Weitingen	17	0.9	47	215	335	120	260	2100
3 Rottenburg	9	0.5	58	175	50	83	100	240
4 Plochingen	5	0.3	41	60	25	83	90	120
6 Lauffen	27	1.7	55	200	330	129	780	1800
7 Neckargartach	25	0.9	64	220	150	133	340	850
8 Bad Wimpfen	88	1.2	58	330	250	129	790	1250
9 Eberbach	30	1.2	70	225	100	102	330	580
10 Heidelberg	70	2.2	58	300	250	136	440	730
11 Ilvesheim	68	2.1	64	305	275	136	540	1120
Glatt	9	0.6	47	145	100	60	90	370
Eyach	9	0.3	52	80	50	80	90	240
Fils	23	2.0	41	285	335	136	1100	1200
Rems	22	1.4	64	195	185	110	350	890
Murr	15	1.0	41	205	100	98	6400	610
Enz	27	3.5	35	210	420	165	540	1300
Jagst	12	0.7	64	90	60	120	190	400
Kocher	10	0.3	41	100	205	102	80	90

Tabelle 29b. Schwermetalle (in ppm) in Tonsedimenten der Donau, des Mains und der Ems

	Cd	Hg	Co	Pb	Cu	Ni	Cr	Zn
Donau								
1 Geisingen	15	1.6	35	125	230	123	56	1100
2 Hausen	29	0.8	42	149	340	164	581	1162
3 Hundersingen	17	1.0	56	118	369	151	200	500
5 Ulm	14	1.3	32	312	500	96	190	875
6 Dillingen	13	1.8	56	168	275	165	170	625
7 Donauwörth	15	1.3	45	200	320	132	168	700
8 Neuburg	8	1.6	50	100	145	110	152	500
9 Vohburg	17	1.9	62	200	175	124	130	875
10 Bad Abbach	9	3	50	170	175	110	170	700
11 Donaustauf	9	1.4	50	110	130	110	220	700
12 Hofdorf	7	1.7	37	81	50	96	150	250
13 Osterhofen	13	0.9	45	135	75	110	60	400
Iller	7	0.6	50	60	200	121	64	100
Brenz	12	2.8	50	260	220	154	320	1300
Wörnitz	9	1.5	44	118	63	178	210	250
Lech	10	7.5	62	125	75	124	170	250
Altmühl	7	2.0	41	107	50	146	66	332
Naab	45	0.9	62	378	131	138	88	1375
Regen	10	0.7	62	125	75	82	212	750
Isar	15	0.9	40	195	80	121	90	600
Inn	9	4.3	44	156	156	137	38	500
Main								
1 Ebelsbach	16	3.5	56	156	269	110	175	750
2 Stadtschwarzach	6	2.4	40	95	90	77	100	400
3 Würzburg	8	0.9	65	50	30	88	140	100
4 Wertheim	12	4.5	50	140	175	99	200	700
6 Mainz	19	13.6	42	650	475	266	441	2100
Rednitz	11	1.5	62	100	94	110	137	250
Ems								
2 Greven	12	2	56	125	114	123	206	1000
4 Lingen	9	11	68	175	87	123	123	1408
6 Papenburg	7	3.3	50	90	30	110	121	400
7 Terborg	7	2.5	50	70	20	77	101	200
8 Emden	17	3.3	45	100	25	88	121	200

Tabelle 29c. Schwermetalle (in ppm) in Tonsedimenten der Weser und Elbe

	Cd	Hg	Co	Pb	Cu	Ni	Cr	Zn
Weser								
1 Vaake	16	2.4	58	240	210	72	240	2800
2 Herstelle	15	2.5	41	230	185	117	280	3100
3 Stahle	13	1.7	64	255	180	110	300	1750
4 Bodenwerder	14	1.8	64	220	155	95	860	1850
6 Bad Oeynhausen	23	1.5	58	230	140	148	360	1400
7 Peterhagen	13	1.0	41	175	60	79	160	1050
8 Nienburg	13	1.1	70	150	60	110	170	760
9 Intschede	15	1.6	47	405	110	98	230	1800
10 Bremen	13	4.0	52	340	110	95	270	1800
11 Berne	9	1.5	70	190	25	72	120	400
12 Kleinensiel	6	7.0	58	220	25	79	100	580
Werra	8	0.9	52	110	80	87	150	460
Fulda	8	3.0	23	205	130	83	190	1800
Diemel	48	1.6	340	400	1600	102	70	950
Nethe	8	0.6	64	220	65	83	80	640
Lenne	5	0.5	47	175	40	64	60	370
Emmer	7	0.1	68	150	137	90	87	575
Hamel	10	0.5	58	130	50	98	100	500
Werre	47	2.1	80	194	206	185	237	2250
Aue	11	0.9	95	175	100	119	130	762
Aller	23	1.9	64	1200	130	106	210	2200
Hamme	9	0.7	52	115	60	34	50	400
Hunte	13	4.7	58	380	60	76	160	1000
Elbe								
1 Gorleben	5	8.5	22	320	70	72	110	580
2 Kaltenhofen	9	12.0	31	380	145	68	150	610
3 Hitzacker	18	20.0	31	250	260	71	250	840
5 Bleckede	21	24.5	17	325	305	93	335	925
6 Alt Gorge	29	19.0	18	270	245	109	290	1160
7 Horntorf	37	25.0	30	525	595	136	770	1545
8 Schwinde	38	35.5	20	655	1250	99	550	2450
10 Harburger Schleuse	33	18.5	26	565	535	99	565	1800
11 Hamburg-N.	29	18.5	27	560	410	106	505	1700
12 Grünendeich	9	8.5	40	320	140	40	150	850
13 Twielenfleth	7	6.0	33	190	95	61	150	575
14 Stadersand	4	4.0	28	210	75	63	140	535
15 Abbenfleth	3	3.5	25	210	100	62	150	640
16 Krautsand	3	4.5	31	190	55	68	140	550
17 Wischafen	3	1.5	15	180	35	51	120	340
18 Brookdorf	3	1.5	21	180	25	42	80	130
19 Brunsbüttelkoog	3	2.0	20	155	45	49	100	415
Ilmenau	6	1.8	27	87	62	82	110	375
Lühe	27	3.7	50	200	162	82	151	1250
Krückau	22	2.0	40	170	160	99	165	1100

Quecksilber. Gering belastet sind die Donau-, die Weser- und die Neckar-Sedimente mit Hg-Gehalten unter 2 ppm; die Ablagerungen im Oberrhein zwischen Station 1 und 8 enthalten durchschnittlich 3 ppm Quecksilber. Extreme Anteile treten in der Wupper auf: bis zu 70 ppm Hg in den Sedimenten des Unterlaufs; stark kontaminiert sind auch die Ablagerungen der Ober-Elbe (20-35 ppm), im Rhein-Main-Gebiet (15-20 ppm) und im Mittelrhein (15-20 ppm).

Blei. Durchschnittliche Gehalte von 100 bis 200 ppm Blei finden sich in den Sedimenten der Donau, des Oberrheins, des Neckars und der Ems. Stark belastet sind die Elbe (bis 650 ppm), der Mittel- und Niederrhein (bis 570 ppm), der Unterlauf des Mains (650 ppm) sowie die Zuflüsse der Mosel (700 ppm), der Ruhr (650 ppm) und der Wupper (600 ppm); die mit Abstand höchsten Blei-Anteile wurden in den Sedimenten der Aller mit 1200 ppm gemessen.

Zink. Mäßige Belastung durch Zink besteht in den Anlagerungen von Donau, Oberrhein und im oberen Main-Abschnitt (500 ppm). Stärker kontaminiert - mit durchschnittlich 1000 ppm Zink - ist der Mittel- und Niederrhein, die mittlere Weser, der Neckar sowie die Ems. Zink-Gehalte bis ca. 1800 ppm finden sich im unteren Weserlauf, in der Elbe und am unteren Main; darüber liegen die Maximalwerte der Rhein-zuflüsse Weschnitz (2000 ppm), Mosel (2120 ppm), Sieg (2270 ppm), Wupper (2350 ppm) und Ruhr (3300 ppm) sowie der (oberen) Weser (2800 - 3100 ppm) mit den Nebenflüssen Aller (2200 ppm) und Werre (2250 ppm).

Kupfer. Relativ gering (200 ppm) sind die Kupfer-Gehalte in den Sedi-menten der Ems, der Weser und des Rheins (zwischen Station 1 und 8) sowie im unteren Donau-Abschnitt in Süddeutschland. Erhöhte Anteile wurden in der oberen Donau (bis 500 ppm), im unteren Main (475 ppm) und im Niederrheingebiet (400 ppm) gemessen; die stärksten Kupfer-anreicherungen fanden sich in den Sedimenten der Wupper (680 ppm), der Ruhr (700 ppm) und der Diemel (1600 ppm).

Chrom. Durchschnittliche Chrom-Gehalte bis ca. 200 ppm treten auf in den Sedimenten der Donau, des Oberrheins (bis Station 8), im oberen Main-Abschnitt, in der Ems und in der unteren Weser. Chromanreicherun-gen wurden in stärkerem Maße vor allem im Rhein-Main-Gebiet mit 1200 ppm bei Wiesbaden, mit 900 ppm am Mittelrhein, 1800 ppm in der Wesch-nitz, 800 ppm im mittleren Neckar und maximal 6400 ppm im Zufluß der Murr vorgefunden.

Nickel. Die Nickel-Gehalte in den Sedimenten der untersuchten Flüsse liegen im allgemeinen zwischen 100 und 150 ppm; Ausnahmen bilden die Ablagerungen der Rheinzuflüsse Ruhr (300 ppm), Weschnitz (450 ppm), Ill (680 ppm) und Wupper (830 ppm).

Kobalt. Die durchschnittlichen Kobalt-Anteile in den Sedimenten der meisten Flüsse der BRD betragen 50-70 ppm; die einzige Ausnahme ist der Weserzufluß Diemel mit 340 ppm Kobalt in den Ablagerungen des Mündungsgebietes.

11.4 Mittelwerte - Reihenfolge der Schwermetall-Belastung

Die Tabelle 30 enthält die Minimal-, Mittel- und Maximalwerte sämt-licher untersuchter Schwermetalle für die einzelnen Flüsse:

Tabelle 30. Durchschnitts-, niedrigste und höchste Gehalte (in ppm) von Cadmium, Quecksilber, Blei, Zink, Kupfer, Chrom, Nickel und Kobalt in der Tonfraktion von Sedimenten (z = Probenzahl) in Fließgewässern im Bereich der Bundesrepublik Deutschland (Reihenfolge der Hauptflüsse entsprechend der mittleren Wasserführung). (Rhein-O = Rheinoberlauf umfaßt die Stationen 1 bis 8, Rhein-U = Rheinmittel- und -unterlauf die Stationen 9 bis 19)

(z)	Cadmium min	∅	max	Quecksilber min	∅	max	Blei min	∅	max	Zink min	∅	max
Rhein-U (9)	3	13	22	2.1	9.2	17.8	92	369	566	533	1239	2061
Rhein-O (8)	2	4	8	1.2	3.0	5.3	83	155	291	250	520	750
Elbe (15)	3	17	38	1.5	13.9	35.5	180	343	655	340	1010	2450
Donau (12)	7	14	29	0.6	1.5	3.0	81	156	312	250	700	1162
Weser (11)	6	14	23	1.0	2.3	7.0	150	241	405	400	1572	3100
Ems (5)	7	10	17	2.0	4.4	11.0	70	112	175	200	642	1408
Main (5)	6	12	19	0.9	5.0	13.6	50	218	650	100	810	2160
Neckar (10)	5	37	88	0.3	1.1	2.2	60	221	305	120	1000	2100

(z)	Kupfer min	∅	max	Chrom min	∅	max	Nickel min	∅	max	Kobalt min	∅	max
Rhein-U (9)	133	286	408	167	493	1195	70	155	416	22	31	43
Rhein-O (8)	42	86	142	33	121	217	50	152	258	17	19	25
Elbe (15)	35	287	1250	110	292	770	51	80	136	15	26	40
Donau (12)	50	232	500	56	187	581	96	125	165	32	47	62
Weser (11)	25	115	210	100	281	806	72	98	148	41	57	70
Ems (5)	20	55	114	101	134	206	77	104	123	44	54	68
Main (5)	30	208	475	100	211	441	77	128	266	40	51	65
Neckar (10)	25	232	335	90	382	780	83	115	136	35	55	64

Die Addition der Mittelwerte aller acht untersuchten Elemente ergibt
für jeden Fluß mehr als 1000 ppm (0.1%) an Schwermetallen im Tonanteil
der Sedimente, bei Elbe und Weser werden 2000 ppm (0.2%) überschritten.
Der Gehalt an Zink war in jedem Flußsediment höher als alle anderen
sieben Elemente zusammengenommen.

Ordnet man die in Tabelle 31 aufgeführten Flüsse nach dem Gehalt an
einem bestimmten Schwermetall (Mittelwert), so ergibt sich die in der
Tabelle dargestellte Reihenfolge der Belastung:

Tabelle 31. Reihenfolge der Flüsse nach dem mittleren Schwermetall-
Gehalt in der Tonfraktion der Sedimente (Zahlenangaben in ppm).
1 = höchster, 8 = niedrigster Durchschnittsgehalt. (Rhein-O umfaßt
die Stationen 1 bis 8, Rhein-U die Stationen 9 - 19)

	1	2	3	4	5	6	7	8
Cd	Neckar 37	Elbe 17	Weser 14	Donau 14	Rhein-U 13	Main 12	Ems 10	Rhein-O 4
Hg	Elbe 14	Rhein-U 9	Main 5	Ems 4	Rhein-O 3	Weser 2	Donau 2	Neckar 1
Pb	Rhein-U 369	Elbe 342	Weser 241	Neckar 221	Main 218	Donau 156	Rhein-O 155	Ems 112
Zn	Weser 1572	Rhein-U 1239	Elbe 1010	Neckar 1000	Main 810	Donau 700	Ems 642	Rhein-O 520
Cu	Elbe 287	Rhein-U 286	Donau 232	Main 208	Neckar 203	Weser 115	Rhein-O 86	Ems 55
Cr	Rhein-U 493	Neckar 382	Elbe 292	Weser 281	Main 211	Donau 187	Ems 134	Rhein-O 121
Ni	Neckar 190	Rhein-U 175	Rhein-O 152	Main 126	Donau 125	Ems 104	Weser 98	Elbe 80
Co	Weser 57	Neckar 55	Ems 54	Main 51	Donau 47	Rhein-U 31	Elbe 26	Rhein-O 19

Stark belastet in bezug auf die besonders umweltgefährdenden Elemente
Cadmium, Quecksilber, Blei und Zink ist die Elbe und der Mittel- bzw.
Unterlauf des Rheins; der Neckar weist die mit Abstand höchsten Cadmium-Gehalte auf. Demgegenüber können die Donau, die Ems und der Oberlauf des Rheins (Stationen 1 bis 8) als vergleichsweise gering belastet angesehen werden.

Die Maximalwerte für die einzelnen Elemente finden sich jeweils in den
Nebenflüssen: Quecksilber und Nickel in der Wupper (38 bzw. 830 ppm),
Blei in der Aller (1200 ppm), Chrom in der Murr (6400 ppm), Zink in
der Ruhr (3290 ppm), Kobalt und Kupfer in der Diemel (340 bzw. 1600
ppm).

11.5 Konzentrationsschwankungen der einzelnen Schwermetalle

Es hat sich bei diesen Untersuchungen gezeigt, daß die Konzentrationen einiger Schwermetalle innerhalb einzelner Flußsysteme erheblich
differieren. Diese Konzentrationsschwankungen treffen in besonderem
Maße auf die Elemente Chrom, Cadmium, Quecksilber, Nickel und zum

Teil auch auf Kupfer zu. So wurden beispielsweise in den Sedimenten
des Niederrheins und der Elbe Quecksilber-Gehalte bis zu 35 ppm festgestellt, in Donau und Neckar hingegen nur ca. 1,5 ppm Hg. Die Nickel-
Gehalte im Mittelrhein bei Bingen (Station 11) liegen bei 400 ppm, in
den übrigen Proben bei einem Mittelwert von ungefähr 120 ppm Ni.
Chrom-Gehalte von 1000 ppm finden sich im Mittel- und Niederrhein, im
unteren Neckar sind es ca. 550 ppm Cr, in den anderen Flüssen jedoch
nur 200 ppm Cr. Die Cadmium-Gehalte im Unterlauf des Neckars reichen
bis nahe an 100 ppm, in anderen Flüssen hingegen meist nur bis maximal 20 ppm Cd. Auch bei den Kupfer-Gehalten zeigen sich relativ große
Unterschiede: während im Niederrhein und im Oberlauf der Donau ungefähr 350 ppm Cu gemessen werden, besitzen die Sedimente der übrigen
Flüsse im Mittel nur zwischen 100 und 150 ppm Kupfer.

Diese Konzentrationsschwankungen sind auf lokale Einflüsse - vorwiegend industrielle Abwässer - zurückzuführen. So lassen sich die hohen
Chrom-Gehalte im Mittel- und Niederrhein vom Einfluß der Weschnitz,
im unteren Neckar vom chromreichen Zufluß der Murr ableiten.

Im Gegensatz zu den obengenannten Elementen treffen diese Konzentrationsschwankungen nicht auf Zink und Blei zu; diese beiden Elemente
sind relativ gleichmäßig in den verschiedenen Flüssen angereichert.
Die Ursache für diesen gleichmäßigen Konzentrationsspiegel ist wahrscheinlich dadurch gegeben, daß diese Elemente bereits in den kommunalen Abwässern relativ konstant vorhanden sind.

11.6 Anreicherungsfaktoren

Sowohl die stark differierenden Elemente als auch Zink und Blei weisen
stets Konzentrationen auf, welche die normalerweise in unkontaminierten Tonsedimenten vorliegenden Schwermetall-Gehalte erheblich überschreiten; im Gegensatz dazu steht der Kobalt-Gehalt in den Sedimenten der hier untersuchten Flüsse, der - bis auf eine einzige Ausnahme:
die Diemel - den entsprechenden "Normalwert" kaum übertrifft.

Für die in dieser Studie untersuchten Sedimente der Hauptflüsse Rhein,
Donau, Elbe, Weser, Ems sowie - in geringerem Ausmaß - für die beiden
Nebenflüsse des Rheins, den Main und den Neckar, dürfte die Vorausbedingung eines petrographisch hinreichend differenzierten Einzugsgebietes so weit erfüllt sein, daß hier mit einem geochemischen Standard-
"background" Vergleiche angestellt werden konnten. Bezogen auf die
Werte der durchschnittlichen Metall-Gehalte in Tongesteinen nach TURE-
KIAN und WEDEPOHL (1961) wurden in Tabelle 32 die Anreicherungsfaktoren der Schwermetalle Cadmium, Quecksilber, Blei, Zink, Kupfer, Chrom,
Nickel und Kobalt für die Tonsedimente der obengenannten Flüsse zusammengestellt, jeweils unterschieden als Minimal-, Durchschnitts-
und Maximalwerte des betreffenden Hauptflusses. Bezüglich dieser Anreicherungsfaktoren in den Tonsedimenten wichtiger Flüsse der Bundesrepublik Deutschland können die Schwermetalle nach dem Ausmaß der Verunreinigung in vier Gruppen untergliedert werden:

			Beispiel:
a) Extreme Anreicherung	Mittlere Zunahme:	50	Cadmium
	Maximale Zunahme:	100	
b) Starke Anreicherung	Mittlere Zunahme:	10 - 20	Quecksilber
	Maximale Zunahme:	30 - 50	Blei
			Zink

Tabelle 32. Anreicherungsfaktoren der in den Tonsedimenten der Hauptflüsse gemessenen niedrigsten, mittleren und höchsten Schwermetall-
Gehalte (Tabelle 31) verglichen mit den entsprechenden Metallanteilen
in einem Tongesteins-Standard nach TUREKIAN und WEDEPOHL (1961)

	Cadmium			Quecksilber			Blei			Zink		
	min	Ø	max	min	Ø	max	min	Ø	max	min	Ø	max
Rhein-U	10	50	70	5	22	45	4	18	28	5	13	21
Rhein-O	10	20	30	3	8	13	4	8	15	3	5	8
Elbe	10	50	120	4	35	85	9	17	33	4	10	26
Donau	20	50	100	2	4	6	4	8	16	3	7	12
Weser	20	50	80	3	6	18	8	12	20	4	16	33
Ems	20	30	60	5	11	28	3	6	9	2	6	15
Main	20	40	60	2	12	35	3	11	33	1	9	22
Neckar	20	120	300	1	3	6	3	11	15	1	10	22
Mittelwerte:	10	50	300	1	10	45	3	10	35	1	10	35

	Kupfer			Chrom			Nickel			Kobalt		
	min	Ø	max	min	Ø	max	min	Ø	max	min	Ø	max
Rhein-U	3	6	9	2	5	14	1	3	6	1	2	2
Rhein-O	1	2	4	1	1	2	1	2	4	1	1	1
Elbe	1	6	28	1	2	8	1	1	2	1	2	2
Donau	1	5	11	1	2	6	1	2	3	2	2	3
Weser	1	2	5	1	3	9	1	1	2	2	3	4
Ems	1	1	2	1	1	2	1	2	2	2	3	4
Main	1	4	10	1	2	4	1	2	4	2	3	3
Neckar	1	4	18	1	4	8	1	2	3	2	3	3
Mittelwerte:	1	4	30	1	3	15	1	2	6	1	2	3

c) Mäßige Anreicherung   Mittlere Zunahme: 3 - 5   Kupfer
                                   Maximale Zunahme: 10 - 30   Chrom

d) Geringe Anreicherung   Mittlere Zunahme: 2 - 3   Nickel
                                   Maximale Zunahme: 4 - 7   Kobalt

Die höchsten Anreicherungsfaktoren für die einzelnen Elemente finden
sich - bis auf Cadmium, das im Neckar bis maximal 300 mal häufiger
auftritt als in einem durchschnittlichen Tongestein - jeweils in den
Nebenflüssen. So beträgt im einzelnen die Zunahme von:

Element	Nebenfluß	(Hauptfluß)	Faktor
Quecksilber	Wupper	(Rhein)	100
Chrom	Murr	(Neckar)	70
Blei	Aller	(Weser)	60
Zink	Ruhr	(Rhein)	35
Kupfer	Diemel	(Weser)	35
Kobalt	Diemel	(Weser)	17
Nickel	Wupper	(Rhein)	15

Auch hier bleibt die bei den Sedimenten der Hauptflüsse festgestellte
Reihenfolge im wesentlichen erhalten; lediglich Chrom ist lokal stärker angereichert, in geringerem Maße auch Kupfer, so daß diese beiden
Schwermetalle in bestimmten Regionen in die Gruppe b (starke Metallanreicherung) einzugliedern sind.

11.7 Schwermetalltransport in Flüssen der BRD

Der nachfolgend beschriebene Versuch, eine Bilanz der im Bereich der
BRD durch die Flüsse abtransportierten Schwermetallmengen zu er-
stellen, ist auf vielfache Weise problematisch. Er soll lediglich
dazu dienen, Größenordnungen aufzuzeigen, vor allem im Hinblick auf
die Frage einer möglichen Rückgewinnung von Metallverlusten.

Die Fehlerquellen bei einer derartigen Untersuchung liegen zunächst
in der noch unzureichenden Anzahl von Abfluß- und vor allem Schwebstoffmessungen: auch handelt es sich bei den meisten der vorliegenden
Schwebstoffmessungen um relativ ungenaue Einpunktbestimmungen (HIN-
RICH, 1971). Besonders ungünstig ist jedoch die Situation bei den
Schwermetalluntersuchungen an den Schwebstoffen: während für die
größeren Flüsse der Bundesrepublik Deutschland inzwischen längerfristige Meßprogramme zur Erfassung der Schwermetallkonzentrationen
im Wasser in Angriff genommen worden sind - u.a. im Schwerpunkt "Schadstoffe im Wasser" der Deutschen Forschungsgemeinschaft -, sind die
entsprechenden Datensammlungen bei den Schwebstoffen bislang noch in
der Planung und werden erst in mehreren Jahren vorliegen können.

Um trotzdem zu einer Bilanz zu kommen, haben wir deshalb versucht,
von den (statischen) Sedimentdaten Rückschlüsse auf die Metall-Belastung der (dynamischen) Schwebstoffphase zu ziehen.

Dabei ist zu berücksichtigen, daß die Schweb- bzw. Sinkstoffe und die
sich daraus entwickelnden Sedimente häufig sowohl texturell wie stoff-
lich voneinander abweichen. Größere Unterschiede sind besonders bei
den Gehalten an organischer Substanz zu beobachten, wo die Anteile
in den Schwebstoffen meist beträchtlich höher liegen. Die Korngrößen-
divergenzen dürften dagegen bei einem Vergleich mit der Tonfraktion
der Sedimente, wie er hier durchgeführt wird, vergleichsweise gering
sein: Untersuchungen an Flußwasserschwebstoffen im Mündungsgebiet des
Mains zeigten, daß der überwiegende Teil dieser Schwebstoffe auf Grund
der Sinkeigenschaften den Ton- bzw. Feinsiltfraktionen zuzurechnen ist.

Ein unmittelbarer Vergleich von Schwermetallmessungen an Tonsedimenten und an Schwebstoffen ist in der Tabelle 33 dargestellt. Verwendet
wurden die Schwermetalldaten einer im Oktober 1971 bei Mainz entnommenen Sedimentprobe und die Analysenwerte von 8 Schwebgutproben, die
zwischen dem 9. und 19. September 1972 kontaminationsfrei gewonnen
wurden.

Es zeigt sich, daß die Schwermetall-Gehalte in beiden "Phasen" in
derselben Größenordnung liegen; besonders angereichert sind in den
Schwebstoffen Zink und Cadmium (mehr als das Doppelte, verglichen
mit den Sedimenten) sowie Kupfer und Chrom (ca. 70% erhöht); die
Quecksilber-Gehalte in den Sedimenten und im Schwebgut sind gleich
hoch; Nickel und Blei sind in den Sedimenten stärker vertreten.

Eine zusätzliche Bestätigung für die gute Übereinstimmung der Schwermetalldaten von Schwebstoffen und Sedimenten ergibt sich aus den Meß-

Tabelle 33. Vergleich zwischen den Schwermetall-Gehalten in Schwebstoffen und in Sedimenten des Main-Mündungsgebietes

	Hg	Cd	Co	Ni	Pb	Cr	Cu	Zn
9.9.1972	13.8	46	48	145	360	620	685	4020
12.9.1972	15.8	70	73	165	545	610	760	5250
12.9.1972	13.5	46	62	155	535	550	660	4750
14.9.1972	16.2	55	68	160	420	830	650	4550
15.9.1972	10.6.	38	58	140	405	565	670	4550
16.9.1972	14.9	41	57	145	440	870	720	5750
18.9.1972	15.0	40	55	150	495	710	800	5500
19.9.1972	13.0	51	76	180	490	685	735	5600
Mittelwert Schwebstoff	14.1	48	63	155	460	480	710	4870
Sediment	14	19	42	266	650	440	475	2100

werten der Zink- und Blei-Gehalte an Sinkstoffen des Unteren Mains
von HELLMANN (1972), die in der Tabelle 34 dargestellt sind:

Tabelle 34. Die Gehalte von Zink und Blei in den Sinkstoffen des
Unteren Mains (HELLMANN, 1972)

Entnahmestelle	Flußkilometer	Zink (ppm)	Blei (ppm)
Kostheim	1.0	2240	750
Brücke Kostheim	1.4	2260	610
Staustufe Kostheim	2.3	2950	590
Kostheim, am Wehr	3.8	2800	590
Main, Opelwerke	7.65	1100	440
Alte Schleuse	11.6	3500	630
Eddersheim, Schleuse	14.76	890	240
Eddersheim, Kraftwerk	15.6	1650	400

Die nachfolgenden Berechnungen werden angestellt für diejenigen
Stationen, an denen einer der Hauptflüsse der Bundesrepublik Deutschland entweder das Staatsgebiet verläßt (Rhein und Donau) oder ins
Meer fließt (Ems, Weser, Elbe). Außerdem wurde für die wichtigsten
Nebenflüsse des Rheins, nämlich für den Neckar, den Main und die Mosel
eine gleiche Kalkulation für je einen Meßpunkt nahe ihrer Einmündung
vorgenommen.

Zunächst wurden die an den Flußsedimenten gewonnenen Schwermetalldaten im Verhältnis 1:1 auf die entsprechenden Metall-Gehalte an den
Schwebstoffen übertragen und daraus - nach Schwebstoffdaten aus dem
Abflußjahr 1968 nach HINRICH (1971, vgl. Tabelle 18) - die jährlich
abtransportierten Metallmengen für die einzelnen Flüsse berechnet
(Tabelle 35). Da nach den Vergleichsmessungen am Untermain die meisten
der so gewonnenen Daten lediglich Minimalwerte darstellen und in
Wirklichkeit - z.B. bei Zink und Kupfer um das Doppelte - höher lie-
gen, wurden diese Angaben entsprechend den Differenzen zwischen Main-
Schwebstoffen und Main-Sedimenten korrigiert.

Aus dieser Aufstellung geht deutlich hervor, daß der Rhein zwar nur
65% der Abfluß- und 70% der Schwebstoffmenge aller 5 Hauptflüsse
zusammengenommen mit sich führt, jedoch 85% der Zink-, Chrom- und
Kupfer-, 75-80% der Cadmium- und Blei-Mengen verfrachtet, die in den
Schwebstoffen dieser Flüsse enthalten sind. Das Ausmaß der Schwermetall-Belastung der Schwebstoffe des Rheins läßt sich an den Ver-
gleichzahlen einer Studie des ICES (International Council for the
Exploration of the Sea, 1970; nach WALDEN, 1972) ablesen, wonach
aus dem Londoner Faulschlamm jährlich 1000t Zink, 200t Kupfer, 50t
Nickel und 10t Cadmium in die Themsemündung und von dort in die Nordsee gelangen. Diese Zahlenwerte stellen jeweils ein Zehntel der in
der Tabelle 35 aufgeführten Minimalwerte für den schwebgebundenen
Schwermetalltransport im Rhein dar.

Am Beispiel des Rheins, dessen Schwermetall-Gehalte im Wasser durch
verschiedene, voneinander unabhängige Untersuchungen relativ gut bekannt sind, wurde ein Vergleich zwischen der jährlichen Schwermetall-
fracht im Wasser einerseits und im Schwebstoff andererseits durchgeführt (Tabelle 36). Als Rechenbasis für die gelösten Komponenten -

Tabelle 35. Schwermetalltransport an Schwebstoffen, berechnet nach den Sedimentdaten von Proben aus dem Unterlauf der Flüsse (unkorrigiert). Schwebstoff-Werte nach HINRICH (1971)

Gehalte in ppm	Zn	Cr	Cu	Pb	Ni	Co	Cd	Hg
Rhein	2000	500	400	500	100	30	20	15
(Mosel	2000	150	200	700	150	30	10	2)
(Main	2000	450	500	650	250	40	20	14)
(Neckar	1200	600	300	300	150	50	70	2)
Elbe	1000	300	300	400	80	25	20	14
Donau	500	150	80	150	150	50	10	1
Weser	1800	250	100	400	100	50	15	2
Ems	400	120	30	100	100	50	7	3

Mengen in t/a	Zn	Cr	Cu	Pb	Ni	Co	Cd	Hg
Rhein	10000	2500	2000	2500	500	150	100	75
(Mosel	1400	100	140	500	100	20	6	2)
(Main	400	100	100	130	50	6	4	3)
(Neckar	400	200	100	100	50	14	20	1)
Elbe	1000	300	300	400	80	25	20	15
Donau	200	60	40	60	40	20	4	0.5
Weser	600	100	40	160	40	20	6	1
Ems	40	10	4	10	10	4	1	0.2
Summe Hauptfl.	12000	3000	2400	3200	670	220	130	90

außer für Blei - dienten die Daten von BORNEFF (1972) für den Mittel- und Niederrhein (Rheinkilometer 420 bis 852; vgl. Tabelle 6), bei den Blei-Anteilen im Wasser lagen eigene Meßwerte aus dem Niederrhein (durchschnittlich 6 ppb Pb) zugrunde:

Tabelle 36. Schwermetall-Gehalte im Niederrhein (in Tonnen/Jahr)

	Zn	Cr	Cu	Pb	Ni	Co	Cd	Hg
Wasser	25000	1000	3000	600	2500	1000	500	50
Schwebstoff	20000	4000	3000	3000	800	200	200	80
Gesamtbelastung	45000	5000	6000	3600	3300	1200	700	130

Es zeigt sich, daß die in Lösung und die zusammen mit dem Schwebgut abtransportierten Metallmengen insgesamt in derselben Größenordnung anzusetzen sind. Ein Übergewicht in der Lösungsphase ist bei Nickel, Kobalt und Cadmium festzustellen, während die in den beiden Bereichen "Lösung" und "Schweb" auftretenden Zink- und Kupfer-Mengen einander sehr ähnlich sind. Die Quecksilber-Anteile im Schweb sind ungefähr doppelt, die Gehalte von Chrom viermal so hoch wie die entsprechenden Lösungskomponenten. Auch KÖLLE et al. (1971) fanden dasselbe Zahlenverhältnis von 1:1 bei Zink und Kupfer, sowie 4:1 bei Chrom. Bei Blei sollte sich nach diesen Autoren nur etwa 5-15% in der Lösungsphase befinden, unsere Messungen ergeben hier 15-20%.

Anläßlich eines Hydrologen-Symposiums in Haren/Holland am 24./25. Mai
1973 haben DE GROOT et al. (1973) über ihre Berechnungen der Schwermetall-Belastung im Wasser und im Sediment des Rhein-Mündungsgebietes
berichtet; eine Auswahl aus diesen Daten gibt die Tabelle 37:

Tabelle 37. Jährlicher Abtransport von Schwermetallen im Rhein-Mün-
dungsgebiet nach DE GROOT et al. (1973), berechnet aus einem Wasserabfluß von 2 200 m^3/sec und einem mittleren Schwebstoff-Gehalt von
45 mg/l

Metall	in Lösung	im Schweb	Metall-Gehalte Wasser/Schweb
Blei	695 t/a	1 830 t/a	1 : 2.6
Chrom	1 250 t/a	2 820 t/a	1 : 2.3
Kupfer	765 t/a	1 355 t/a	1 : 1.8
Quecksilber	42 t/a	53 t/a	1 : 1.3
Cadmium	125 t/a	105 t/a	1 : 0.8
Zink	11 380 t/a	6 705 t/a	1 : 0.6
Nickel	765 t/a	235 t/a	1 : 0.3

Auch diese Untersuchungen zeigen eine stark überwiegende Affinität
von Blei und Chrom zu den Schwebstoffen, während andererseits - wie
bei unseren Messungen - Cadmium, Zink und Nickel in der Lösungsphase
deutlich häufiger vertreten sind. Die Summe der jährlich im Wasser
und Schweb abtransportierten Metallmengen beträgt nach diesen Messungen nur ca. 50% der von uns errechneten Schwermetall-Gehalte im
Niederrheingebiet, doch erklärt sich diese Differenz zu einem großen
Teil durch die um jeweils 30% höheren Abfluß- und Schwebstoff-Mengen
in unseren Berechnungen (bezogen auf das Abflußjahr 1968, Daten nach
HINRICH, 1971).

Anhand dieser Daten sei abschließend noch eine grobe Abschätzung der
volkswirtschaftlichen Verluste durchgeführt, die durch den Abtransport
der verschiedenen Schwermetalle im Wasser und im Schweb entstehen.
Nicht enthalten sind hier die ökologischen Schadwirkungen durch die
hohen Schwermetall-Belastungen, die nicht einmal größenordnungsmäßig
abzuschätzen sind, da ihre zukünftigen Folgen bislang kaum erfaßt
werden können.

Es werden nach diesen Zahlenwerten über 1% der jährlichen Zink-,
Quecksilber-, Kobalt- und Cadmiumproduktion über den Rhein in die
Nordsee eingebracht. Die Gesamtverluste belaufen sich auf mehr als
100 Millionen DM.

Tabelle 38. Schwermetallverluste im Rhein (in Mio. DM, geschätzt). Daten über Weltverbrauch und Preise nach SAMES (1971)

	Weltverbrauch x 1 000 t/a (1968)	Preise (cent per pound) 1960	1970	Metalle im Rhein (zivilisat.)	% Weltverbrauch	Wert (Mio. DM)
Zink	4 600	13.0	15.5	45	1	40
Kupfer	6 400	31.2	72.6	5	0.1	20
Cadmium	15	140	400	0.7	4	15
Nickel	500	74	128	2	0.4	10
Quecksilber	10	278	580	0.12	1.2	5
Blei	3 500	12.0	16.5	3	0.1	3
Kobalt	19	150	220	0.4	2	3
Chrom	1 700	ca. 3-5		4	0.2	1

12. Schwermetalle im Elbe- und Rhein-Ästuar sowie in küstennahen Gebieten von Nord- und Ostsee

Am Beispiel von Elbe und Rhein werden nachfolgend die Veränderungen der Schwermetall-Gehalte in Tonsedimenten - sowie in der Elbe auch diejenigen des Wassers - untersucht, die sich im Übergangsbereich fluviatil-marin ergeben. Dieser Übergangsbereich ist von besonderem Interesse, da hier zwei verschiedene Ökosysteme aufeinandertreffen, und die physikalisch-chemischen Bedingungen sich gravierend ändern.

Weiterhin wird am Beispiel der küstennahen Ostsee die Zunahme der Schwermetall-Belastung der Sedimente seit dem Eintritt in das industrielle Zeitalter aufgezeigt.

12.1 Mündungsgebiete von Elbe und Rhein; Deutsche Bucht

Das erste Beispiel behandelt die Schwermetalle in aquatischen Sedimenten des Nordsee-Küstenraums, wo durch die stark belasteten Zuflüsse Rhein, Ems, Weser und Elbe sowie wegen des ausgeprägten Flachmeercharakters der Nordsee die Verschmutzungsprobleme besonders vordringlich sind (vgl. VESTER, 1972; GERLACH, 1972; WEICHARDT, 1973; CASPERS, 1973).

Elbe und Rhein. Gütelängsprofile für die Schwermetalle Cadmium, Quecksilber, Kobalt, Blei, Kupfer, Nickel, Chrom und Zink in den Elbesedimenten zwischen Gorleben und Glückstadt wurden bereits in den Abb. 38 bis 45 im Rahmen der generellen Bestandsaufnahme dargestellt.

Die Abb. 46 zeigt die Entwicklung einiger Schwermetalle entlang dieses Abschnitts der Elbe in den Sedimenten und im Wasser.

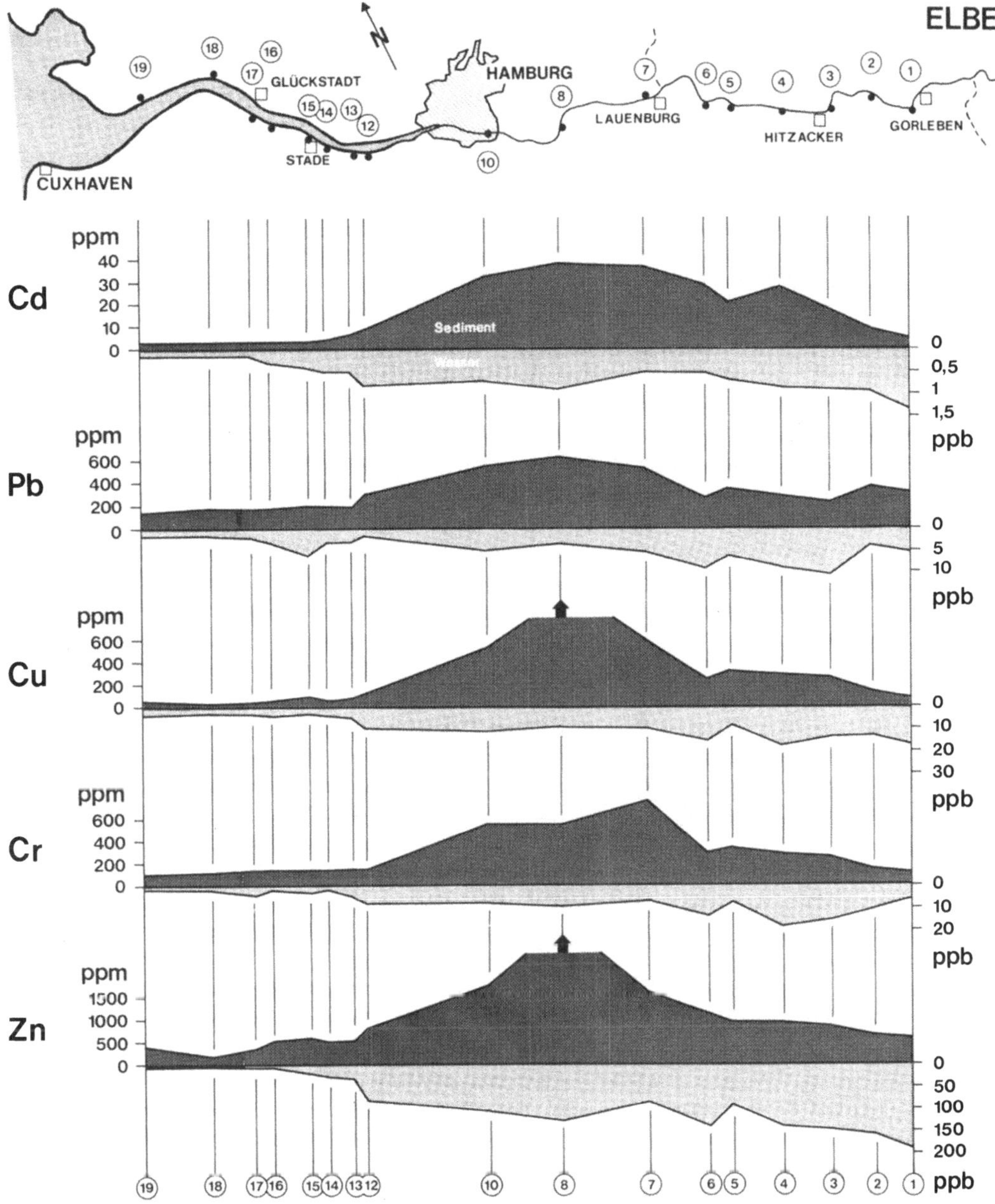

Abb. 46. Schwermetall-Gehalte in der Tonfraktion von Elbsedimenten sowie von Elbwasser

Im Verlauf der Oberelbe findet ein deutlicher Anstieg der Schwermetall-
Gehalte in den Sedimenten statt, wobei die Zunahme von Kupfer (Faktor
10) sowie von Zink, Cadmium, Quecksilber und Chrom (Faktor 4 bis 6)
besonders ausgeprägt ist; ein vergleichbarer Effekt ist dagegen im
Wasser nicht festzustellen. Östlich von Hamburg (Station 8) wurden
die höchsten Schwermetall-Gehalte in den Sedimenten gemessen. Von
Station 12 bis 19 gehen die Metallanteile auf Minimalwerte zurück,
wie sie im allgemeinen nur in weitgehend unbelasteten Flüssen angetroffen werden. Bei einem Vergleich der Mittelwerte aus den Einzeldaten von Ober- und Unterelbe (Tabelle 39) ergibt sich für die Gehalte von Cadmium, Quecksilber und Kupfer eine Reduktion von 80% im
Mündungsgebiet der Elbe; die Anteile von Chrom betragen hier nur noch
ein Drittel, die Blei-, Nickel- und Zinkkonzentrationen noch die
Hälfte der im Elbe-Abschnitt zwischen Gorleben und Hamburg gemessenen
Durchschnittswerte. Lediglich bei den Kobalt-Anteilen ist ein solcher
Rückgang nicht festzustellen, sie liegen im gesamten untersuchten
Flußabschnitt nahe dem geochemischen "background".

Tabelle 39. Schwermetall-Gehalte in den Tonsedimenten der Elbe (diese
Arbeit) und der Deutschen Bucht (GADOW und SCHÄFER, 1973). Alle Werte
in ppm

	Oberelbe (1-11)			Unterelbe (12-19)			Deutsche Bucht		
	min	Ø	max	min	Ø	max	min	Ø	max
Cadmium	5	24	37	3	5	9	4	15	23
Quecksilber	8	20	35	2	4	8	0.4	2.1	2.7
Kobalt	17	25	31	15	24	40	27	45	80
Blei	270	428	655	155	204	320	75	152	225
Kupfer	145	424	1250	25	73	140	20	44	54
Nickel	71	95	136	42	55	68			
Chrom	110	392	770	80	130	150	110	176	260
Zink	580	1290	2450	340	558	850	180	459	750

Ähnliche Effekte haben DE GROOT (1966) und DE GROOT et al. (1971) im
Rheindelta und in der Emsmündung beobachtet. Abb. 47 zeigt die Entwicklung im Rhein nach diesen Daten, ergänzt durch die Ergebnisse
neuerer Untersuchungen (DE GROOT et al., 1973).

Die Mangan-Gehalte in den Rheinsedimenten sowie die Konzentrationen
von drei als geochemische "tracer" ausgewählten Elementen der Seltenen
Erden (Samarium, Scandium und Lanthan) verändern sich beim sukzessiven
Übergang vom Süßwasser- in das marine Milieu nicht. Vergleichsweise
gering ist auch die Abnahme der Eisen-, Kobalt- und Nickel-Anteile
beim Eintritt des Rheins in die Nordsee. Zunehmend stärker gehen dagegen die Chrom-, Blei-, Zink-, Kupfer-, Quecksilber- und Cadmium-
Anteile mit Annäherung an den marinen Einflußbereich zurück.

Nach Ansicht von DE GROOT et al. (1973) handelt es sich hier in erster
Linie um Mobilisationseffekte durch wasserlösliche organische Komplexbildner, die bei einer verstärkten mikrobiellen Aktivität im Ästuar-
gebiet bei der Zersetzung organischer Substanz anfallen. Diese Chela-
tisierungsvorgänge können sich bei den einzelnen Metallverbindungen
unterschiedlich stark auswirken.

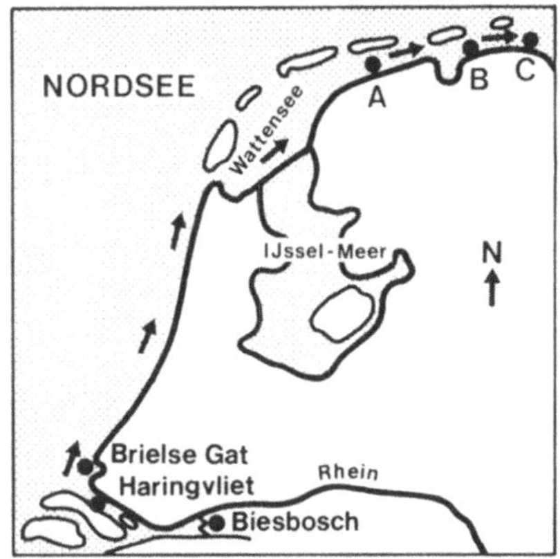

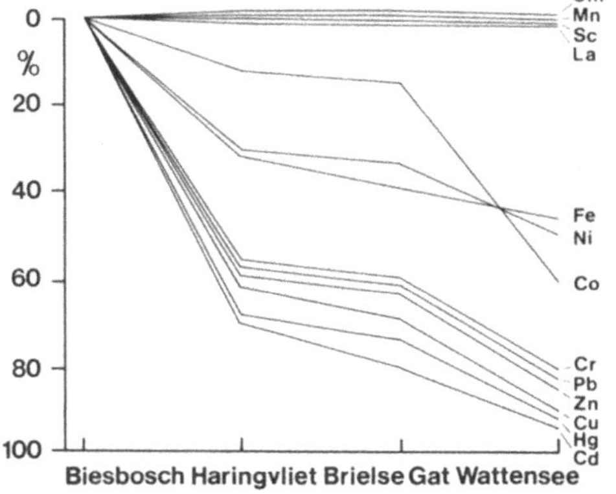

Abb. 47. Abnahme der Schwermetall-Gehalte in Sedimenten von der Rheinmündung bis zum Wattensee (nach DE GROOT et al., 1971, 1973)

Auch bei den gelösten Schwermetallkomponenten findet eine charakteristische Abnahme im Mündungsgebiet der Elbe statt; wie die Tabelle 40 zeigt, liegen die einzelnen Schwermetallkonzentrationen im Wasser der Unterelbe um den Faktor 2 bis 4 unter den entsprechenden Durchschnittsgehalten, die im Flußabschnitt zwischen Hamburg und Gorleben gemessen wurden. Im Vergleich zu den Normalwerten der gelösten Schwermetalle im Meerwasser, die - bis auf Blei - in der gleichen Größenordnung wie in unbelasteten Flußwässern bestimmt wurden (Daten nach HARVEY, 1955; MULLIN und RILEY, 1956; MASON, 1958; WEDEPOHL, 1967), sind insbesondere Cadmium, Chrom und Zink auch im Mündungsgebiet noch deutlich erhöht und führen damit zwangsläufig zu einer Zunahme dieser Komponenten im Nordseewasser.

Die Abnahme der Schwermetall-Gehalte der Sedimente und des Wassers der Elbe mit der Annäherung an die Nordsee lassen sich zwangslos durch einen Mischungseffekt zwischen Elbwasser - Meerwasser sowie Elb-Schwebgut - Nordsee-Schwebgut erklären.

Es ist denkbar, daß darüber hinaus ein Anteil der durch Sorption (Kationenaustausch und Adsorption) an das Schwebgut gebundenen Schwermetalle (vgl. Abschn. 16.1) durch das hohe Kationen-Angebot des Meerwassers an dieses abgegeben wird. Da der relative Anteil der durch Kationenaustausch an das Sedimentmaterial gebundenen Schwermetalle sehr gering ist (vgl. Abschn. 16.4), dürfte diesem Prozeß jedoch eine untergeordnete Bedeutung zukommen.

Tabelle 40. Schwermetalle in den Wässern der Ober- und Unterelbe
(Daten vom Februar 1973). Zum Vergleich: Normalgehalte in Binnengewässern und im Meerwasser (MASON, 1958; HARVEY, 1955;   Cadmium: MULLIN
und RILEY, 1956;   Blei: WEDEPOHL, 1967). Alle Angaben in ppb

	Oberelbe (Stationen 1 - 11)	Unterelbe (Stationen 12 - 19)	Binnen- gewässer Abschn.7	Meerwasser (nach MASON, 1958, u.a. Autoren)
Quecksilber	-	-	0.05	0.03
Cadmium	0.7	0.3	0.2	0.11
Kobalt	-	-	0.2	0.1
Chrom	8	3	1	1 - 2
Nickel	12	4	3	1 - 6
Blei	6	2	3	0.3
Kupfer	12	3	7	1 - 25
Zink	120	30	10	9 - 21

Wir möchten annehmen, daß im Rhein-Ästuar ebenfalls Vermischung von
fluviatilem mit marinem Schwebgut die Hauptursache der abnehmenden
Schwermetall-Gehalte im Sediment ist.

Hinweise für einen flußaufwärts gerichteten Sedimenttransport durch
die Gezeitenströmung im Rhein lieferte VAN VEEN (1936), für die Elbe
SIMON (1953).

Die Sedimente der Deutschen Bucht. Eine erste Bestandsaufnahme der
Schwermetall-Gehalte in Sedimenten der Deutschen Bucht wurde kürzlich
von GADOW und SCHÄFER (1973) durchgeführt, zusammen mit der granulo-
metrischen und tonmineralogischen Gliederung dieser Ablagerungen.

Das Untersuchungsgebiet umfaßt den südlichen Teil der Deutschen Bucht;
es wird im Süden begrenzt durch die Ostfriesischen Inseln, im Osten
durch die Küste Schleswig-Holsteins. Die westliche Grenze verläuft
in Höhe der Insel Borkum, die nördliche in Höhe der Insel Helgoland
(vgl. Kartenausschnitt der Abb. 48).

Die Wassertiefen betragen im Untersuchungsgebiet nicht mehr als 40 m,
nur in der tiefen Rinne südlich Helgolands reichen die Wassertiefen
bis zu 60 m.

Die Schwermetall-Gehalte wurden - wie bei unseren Untersuchungen -
jeweils an der Tonfraktion der Ablagerungen atomabsorptionsspektrometrisch bestimmt; damit sind diese Meßwerte mit unseren Daten unmittelbar zu vergleichen. Für die vorliegende Studie wurde das Beispiel
der Zinkkonzentrationen in den Sedimenten der Deutschen Bucht ausgewählt. Abb. 48 (unten) gibt die Verteilung der Meßwerte von 41 Proben
wieder.

Erkennbar ist der Einfluß von Elbe und Weser durch erhöhte Zink-Gehalte; vergleichsweise hohe Zink-Werte finden sich auch in der Norder-
elbe sowie im Gebiet östlich von Helgoland. Geringere Zink-Anteile
treten in der Außenelbe auf, wo die Strömungsverhältnisse eine
Sedimentation von feinerem Material weitgehend verhindern.

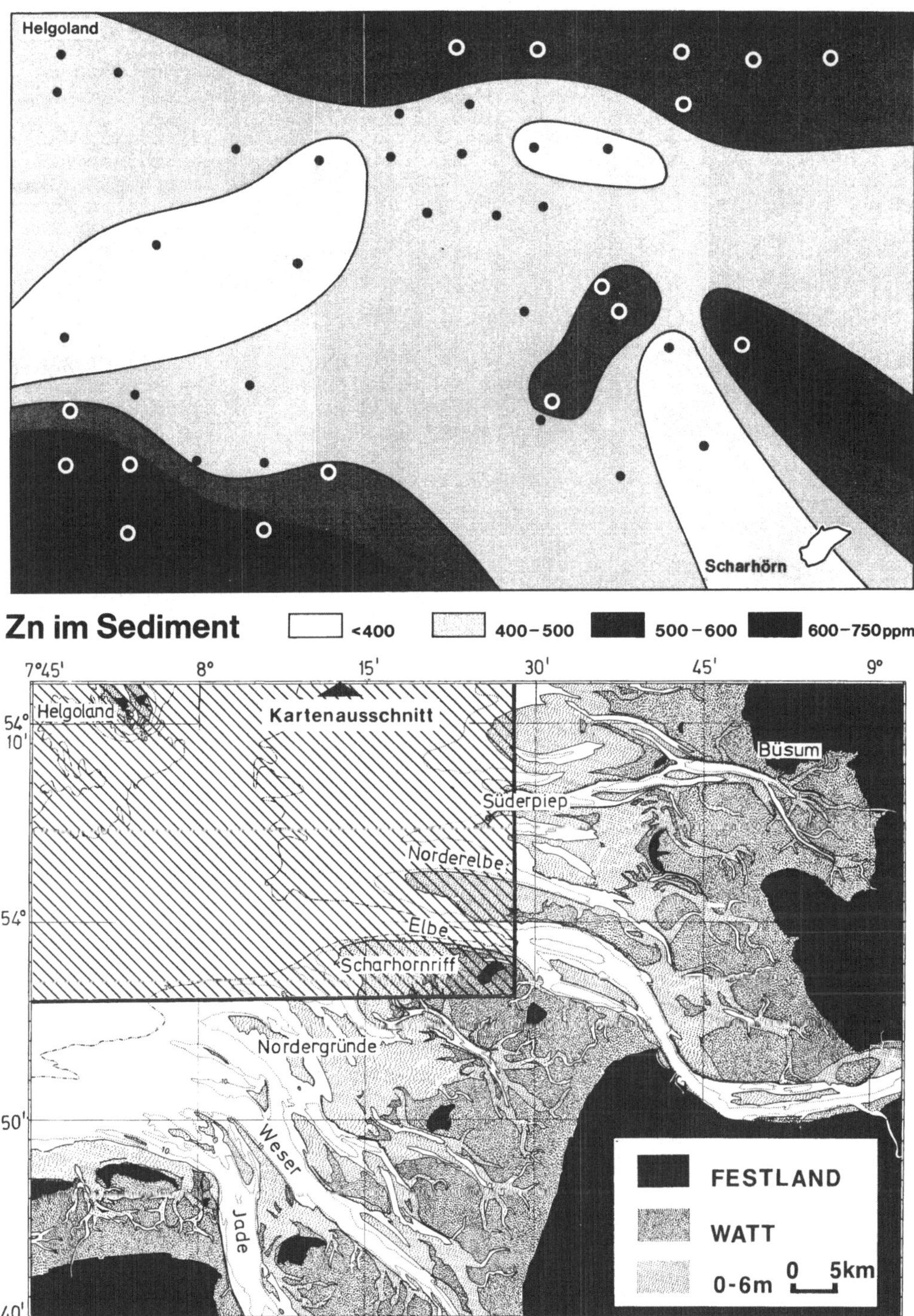

Abb. 48. Zink in der Tonfraktion von Sedimenten der Deutschen Bucht (nach GADOW und SCHÄFER, 1973). Kartenausschnitt aus REINECK (1970)

Für die übrigen untersuchten Schwermetalle (Blei, Kobalt, Cadmium, Kupfer und Quecksilber) zeichnet sich eine ähnliche regionale Verteilung ab; diese Meßdaten sind - zusammen mit den Zink-Anteilen - in der Tabelle 39 als Minimal-, Durchschnitts- und Maximalwerte zusammengefaßt. Ein Vergleich mit den entsprechenden Schwermetall-Gehalten in den Sedimenten der Elbe (ebenfalls Tabelle 39) zeigt, daß - mit Ausnahme von Kobalt - die Metallführung der tonigen Sedimente der Deutschen Bucht weit geringer als die der Elbe-Ablagerungen ist; die Kupfer-Anteile in den Nordseeproben betragen beispielsweise nur 10% der entsprechenden Metall-Gehalte in den Sedimenten der Oberelbe. Auch in bezug auf die Gehalte in den Ablagerungen des Elbe-Mündungsgebietes liegen die Quecksilber-, Blei-, Kupfer- und Zink-Anteile in den Nordseesedimenten deutlich niedriger. Insgesamt sind jedoch selbst diese Werte z.T. signifikant höher als die vergleichbaren "background"-Daten: Chrom und Kobalt zeigen eine Anreicherung um den Faktor 2, Zink und Quecksilber um den Faktor 5, Blei und Cadmium haben eine Zunahme um das Zehn-fache gegenüber einem unkontaminierten Tonsediment erfahren. Dies sind deutliche Hinweise auf eine zunehmende Schwermetallverschmutzung des Nordseeraumes durch die Zuflüsse aus dem Binnenland.

12.2 Ostsee

Einen direkten Beweis für eine Schwermetallanreicherung in marinen Sedimenten parallel zum industriellen Wachstum liefern die Untersuchungen von ERLENKEUSER et al. (1974, im Druck) an Sedimentkernen aus der Kieler Bucht.

Abb. 49 gibt eine Zusammenstellung der Meßdaten des Kernes A-GC, der 1971 in der äußeren Eckernförder Bucht ($54^{\circ}31.0'$ - $10^{\circ}1.1'$) aus einer Wassertiefe von 28 m entnommen wurde. Das Sedimentmaterial bestand aus schwarzgrauem Schlamm, bzw. sandigem Schlamm. Die Schwermetall-Angaben beziehen sich jeweils auf das Gesamtsediment. Die Sedimentationsrate wird mit 1,4 mm/Jahr angegeben.

Innerhalb der obersten 20 cm Sediment, die den Zeitraum der letzten 130 $\pm$ 30 Jahren umfassen, nehmen die Schwermetalle Cd, Pb, Zn und Cu um das 7-, 4-, 3- bzw. 2-fache zu, während Ni und Co praktisch unverändert bleiben.

Die tieferen Sedimentpartien weisen Schwermetall-Gehalte auf, die gute Übereinstimmung mit den Tongesteins-Standardwerten von TUREKIAN und WEDEPOHL (1961) zeigen.

In Sedimenten vor der kalifornischen Küste (Santa Barbara Basin) konnten YOUNG et al. (1973) eine graduelle Zunahme des Quecksilber-Gehaltes seit etwa 1870 feststellen.

Vergleichbare Entwicklungen in der Schwermetallführung limnischer Sedimente werden im folgenden Abschnitt aufgeführt.

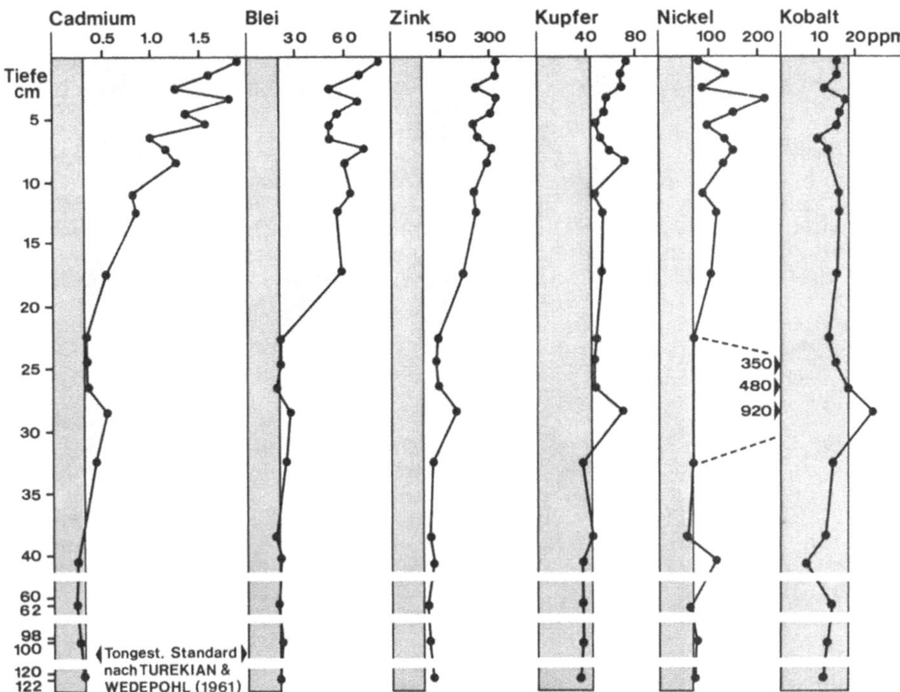

Abb. 49. Schwermetalle in einem Sedimentkern aus der Kieler Bucht
(nach ERLENKEUSER et al., 1974)

13. Lokale Schwermetallanreicherung

Die generelle Bestandsaufnahme von Gütelängsprofilen für verschiedene
Schwermetalle in Flußsedimenten (vgl. Abschn. 11) brachte besonders
augenfällige Hinweise auf extreme Cadmiumverschmutzungen im mittleren
Neckar, auf stark erhöhte Quecksilber-, Kupfer- und Blei-Gehalte in
den Sedimenten der Wupper, sowie auf hohe Chromanreicherungen in den
Ablagerungen der Weschnitz und der Murr. Diese Einzelbeispiele werden
im folgenden detailliert dargestellt.

13.1 Cadmium in Sedimenten - Beispiel Neckar

13.1.1 Cadmium in Sedimenten - Allgemeines

Das Datenmaterial über Cadmiumanreicherungen in Sedimenten ist bislang noch sehr lückenhaft, wohl vor allem deswegen, weil die Gefahren,
die dieses Metall und seine Verbindungen für den Menschen besitzen,
erst in jüngster Zeit erkannt worden sind. Nachdem bereits 1955 die
ersten - später als Itai-Itai-Krankheit bezeichneten - Fälle von
Osteomalacia in Japan am Jintsu-Fluß (vgl. Abb. 11) aufgetreten waren,
vergingen 15 Jahre, ehe durch KOBAYASHI (1969) ein ursächlicher Zu-

sammenhang mit den Cadmiumanreicherungen in Böden, Gewässern und
Pflanzen dieses Gebietes nachgewiesen wurde.[11]

Die natürlichen Cadmium-Gehalte in Sedimentgesteinen liegen nach einer
Zusammenstellung von WAKITA (1970) zwischen 0.014 ppm (in Glassanden;
WAHLER, 1968) und 11.0 ppm (in Bentoniten; TOURTELOT et al., 1964).
CISSARZ (1930) stellte im Mansfelder Kupferschiefer eine Cadmium-
konzentration von 500 ppm fest. Als durchschnittlichen Cadmium-Anteil
von Tongesteinen nimmt WAKITA (1970) jenen Cd-Wert von 0.8 ppm an,
der von TOURTELOT et al. (1964) als Medianwert bei der Untersuchung
von 84 Proben des bituminösen Pierre-Tonschiefers bestimmt worden
war. TUREKIAN und WEDEPOHL (1961) schlagen einen Tongesteins-Standard
von 0.3 ppm vor. Ähnliche Mittelwerte ergaben die Untersuchungen von
MULLIN und RILEY (1956), sowie von BROOK et al. (1960) an marinen
Sedimenten. Messungen von ASTON et al. (1972) an Tiefsee-Sediment-
kernen aus dem Nord-Atlantik ergaben einen mittleren Cadmium-Gehalt
von 0.225 ppm.

Die zivilisatorische Cadmium-Belastung geht eindrucksvoll aus den
Untersuchungen von ERLENKEUSER et al. (1974, im Druck) an Sedimentkernen aus der Kieler Bucht in der Ostsee (Abb. 49) hervor, wo über
einem natürlichen "Nullwert" von ca. 0.25 ppm mit dem Einsetzen des
industriellen Zeitalters vor ungefähr 130 Jahren ein gradueller Anstieg bis auf derzeit 1.87 ppm Cd stattfand. In Oberflächensedimenten der Deutschen Bucht fanden GADOW und SCHÄFER (1973) bis zu 23 ppm
Cadmium; im oberen Neckar konnten BUKENBERGER et al. (1972) lokale
Cadmiumanreicherungen bis zu 70 ppm in den Gesamtproben feststellen
und bei ersten Bestandsaufnahmen der Tonsedimente deutscher Flüsse
lag der Maximalwert im Gebiet des mittleren Neckars (Lokalität Lauffen)
bei 88 ppm Cd.

13.1.2 Cadmium und andere Schwermetalle im Neckar

Geographie, Hydrologie und Limnologie des Neckars. Der Neckar ist -
bei einer Länge von 370 km und einem Einzugsgebiet von 14 000 km^2 -
der Hauptfluß Baden-Württembergs. Er entspringt im "Neckarmoos" bei
Schwenningen, nicht weit vom Donauursprung entfernt, und verläuft
zunächst in der schmalen Muschelkalk- und Keuperzone zwischen dem
Schwarzwald und dem Schwäbischen Jura nach Norden und ab Horb nach
Nordosten. Mit dem Zufluß der Fils bei Plochingen ändert der Neckar
seinen Lauf in nordwestliche, später in nördliche Richtung und durch-
quert bei Stuttgart, Heilbronn und Bad Wimpfen das sog. "Unterland",
das industrielle und agrarische Kernland Württembergs. Bei Eberbach
biegt der Neckar nach Westen und durchbricht bis Heidelberg den Bunt-
sandstein des südlichen Odenwaldes; von dort fließt der Neckar noch
20 km durch die Rheinebene bis zu seiner Einmündung in den Rhein bei
Mannheim.

Der Neckar ist von Mannheim bis Plochingen über 200 km hinweg schiff-
bar; eine Höhendifferenz von 160 m wird mit 27 Schleusen überwunden.
Die mittlere Wasserführung des Neckars beträgt 13 m^3/sec bei Horb,

---

[11]KOBAYASHI (1969b) untersuchte daraufhin eine zweite Cd-verdächtige
Lokalität, die Umgebung einer Zn-Pb-Cd-Mine auf Tsushima - eine Insel
zwischen Japan und Korea - und fand auch hier 3 Fälle von Itai-Itai-
Erkrankungen. Einer der Patienten erhielt sein Trinkwasser aus einem
Brunnen, dessen Cadmium-Gehalte bei 225 ppb lagen.

43 m^3/sec bei Plochingen und 130 m^3/sec bei Mannheim (zum Vergleich: Rhein bei Karlsruhe 1 500 m^3/sec). Während die Differenzen im Abfluß, verglichen mit den meisten anderen deutschen Flüssen, relativ gering sind, schwankt die Schwebstoff-Führung zwischen 20 mg und 2 400 mg/l (Daten aus dem Abflußjahr 1968, nach HINRICH, 1971). Mit einem mittleren Schwebstoff-Anteil von 120 Milligramm pro Liter gehört der Neckar zu unseren "trübsten" Gewässern.

Nach den Untersuchungen von HELLMANN (1972) sind die erhöhten Schwebstoff-Mengen und die daraus resultierenden - für den Schiffsverkehr sehr hinderlichen - Ablagerungen zu einem großen Teil den Abwassereinleitungen kommunaler Kläranlagen anzulasten. Auch die in den vergangenen Jahren durchgeführten Beobachtungen über die Sauerstoff-Gehalte, die Temperaturwerte und die Salzkonzentrationen im Neckarwasser (BANAT et al., 1972c; FÖRSTNER und MÜLLER, 1973b) weisen den Neckar als ein ungewöhnlich stark belastetes Gewässer aus. Besonders bedrohlich ist die Situation bei den Schwermetall-Gehalten, in erster Linie durch die hohen Cadmiumkonzentrationen im mittleren Neckar:

Probenahme. Eine detaillierte geochemische Prospektion der Schwermetallanreicherungen im kanalisierten Abschnitt des Neckars wurde 1972 durch Mitarbeiter des Laboratoriums für Sedimentforschung der Universität Heidelberg (K. BANAT, M. GASTNER, D. REINHARD) durchgeführt. Im Juli 1972 erfolgte eine Befahrung der Strecke zwischen Heidelberg (Flußkilometer 26) und Besigheim (km 136) und im Oktober zwischen Lauffen (km 126) und Plochingen (km 201). Damit wurde der besonders verdächtige Abschnitt zwischen Lauffen und Besigheim, in den u.a. auch die Enz einmündet, doppelt beprobt. Wasserproben wurden im Abstand von 1 km (2. Meßfahrt) bzw. 2 km (1. Meßfahrt) entnommen. Das Sedimentmaterial wurde mit einem Greifer bzw. mit einem Lotrohr im Bereich von 22 Schleusenwehren gezogen.

Schwermetalle in den Sedimenten. In der Abb. 50 ist die Längsentwicklung der für den Neckar besonders charakteristischen Schwermetalle Chrom, Zink, Blei, Kupfer und Cadmium dargestellt. Eine Aufteilung der Tonfraktion in vier Unter-Fraktionen (<0.06 μ, 0.06 - 0.2 μ, 0.2 - 0.6 μ, 0.6 - 2 μ) wurde vorgenommen, um mögliche Anreicherungen bestimmter Metallverbindungen in engeren Korngrößenbereichen zu erfassen, und diese so gegebenenfalls identifizieren zu können; wie sich später ergab, spielen derartige Effekte hier jedoch keine ausschlaggebende Rolle. Die Abb. 50 zeigt weiterhin die Anreicherung der einzelnen Schwermetalle in den Sedimenten gegenüber dem geochemischen "background", der als schwarze Basislinie wiedergegeben ist. Die Zunahme gegenüber diesen präzivilisatorischen Daten ist bei den einzelnen Elementen sehr unterschiedlich; die Anreicherungsfaktoren liegen zwischen 10 bei Kupfer und maximal 1 000 bei Cadmium.

Die Zink-Gehalte variieren insgesamt nur wenig, lediglich unterhalb von Stuttgart steigen die Werte geringfügig an. Nach HELLMANN (1971) ist diese Erhöhung der Zink-Anteile in diesem Gebiet charakteristisch für die starke Einleitung kommunaler Abwässer (Korrosion von Leitungsrohren). Die gleichläufige Zunahme der Kupfer- und Blei-Gehalte in den Sedimenten scheint diesen Verdacht zu bestätigen. Nach Auskunft der Wasserbehörden gibt es außerdem Hinweise auf eine direkte Emission von einem zinkverarbeitenden Betrieb. Einen sehr starken Anstieg der Chrom-Gehalte finden wir in den Neckarsedimenten unterhalb der Murr-Mündung; in den Tonablagerungen der Murr konnte BANAT Chrom-Anteile von über 1% messen. Als Verursacher dieser Chromverschmutzungen kommen vor allem Gerberei-Betriebe in Frage. Die Schwer-

ppm
30 40 50 60 70 80 90 100 110 120 130 140 150 160 170 180 190 200
ppm
NECKAR km
Cr
4000
3000
2000
1000
0
Zn
2500
2000
1500
1000
500
0
Pb
1000
800
600
400
200
0
Cu
1000
800
600
400
200
0
Cd
300
250
200
150
100
50
0

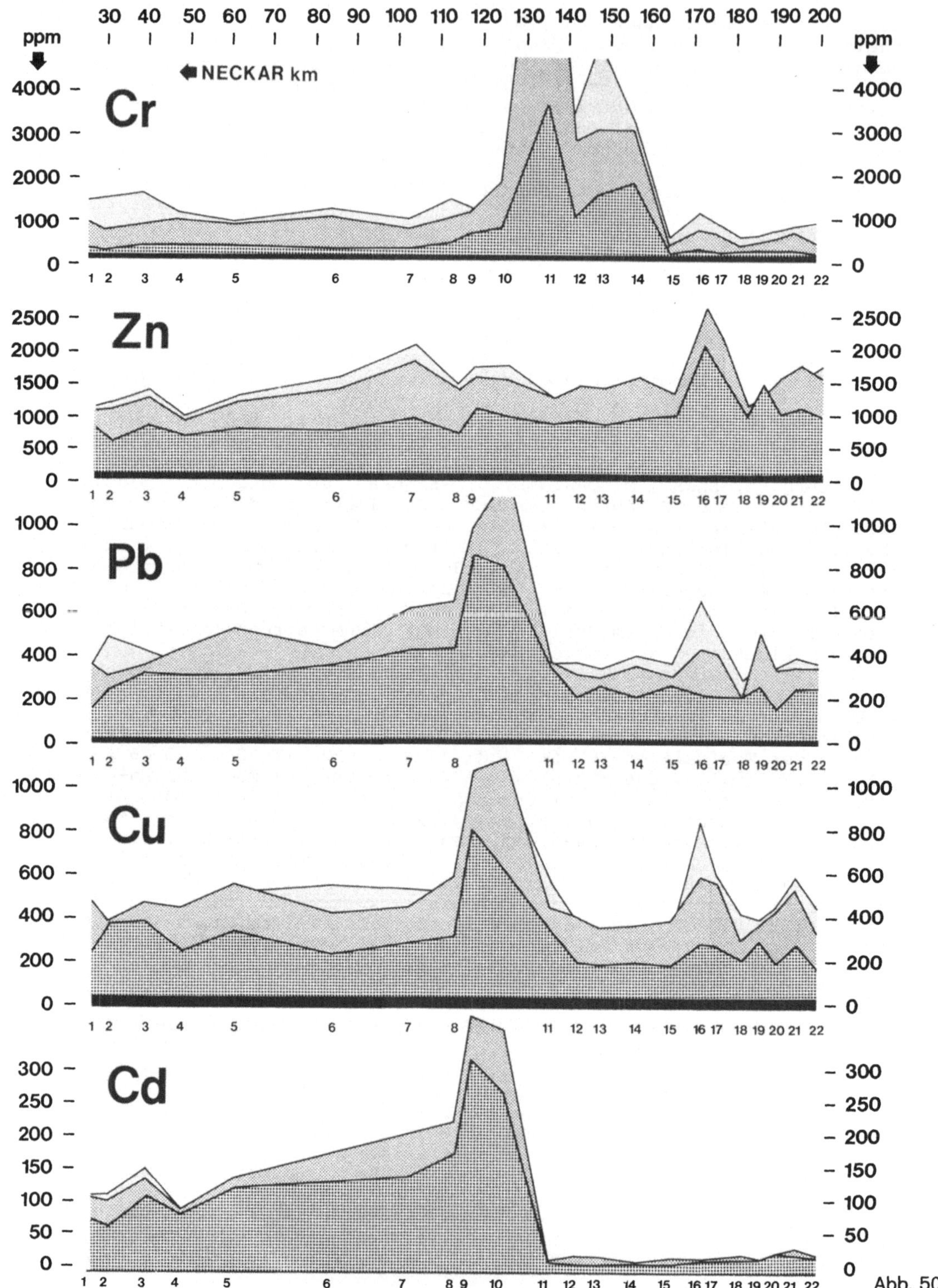

Abb. 50

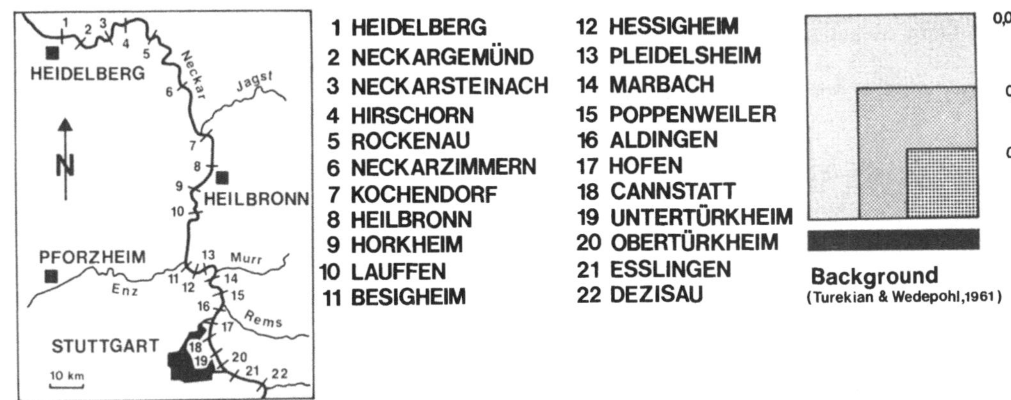

Abb. 50. Schwermetalle im Tonanteil der Sedimente aus Schleusenwehren
des mittleren und unteren Neckars

metalle Kupfer, Blei und Cadmium nehmen besonders stark im Gebiet
zwischen Besigheim und Lauffen zu, wo auch die Enz - mit einer
großen Anzahl von metallverarbeitenden Betrieben als Anlieger - einmündet. Unterhalb dieses Zuflusses enthalten die Ablagerungen in den
Schleusenwehren von Lauffen und Horkheim bis zu 0.1% Blei und Kupfer
sowie über 0.03% Cadmium.

Als Beispiel für die Möglichkeit, Verschmutzungsursachen durch kom-
binierte Sediment- und Wasseruntersuchungen zu verfolgen, wird in der
Abb. 51 die Entwicklung des Cadmium zwischen Ludwigsburg und Heidelberg gesondert dargestellt. Von Station 1 (Heidelberg) bis Station 10
(Lauffen) steigen die Cadmium-Gehalte in der Sedimentfraktion 0.2 -
0.6 µ mehr oder weniger kontinuierlich von ungefähr 100 ppm auf über
400 ppm an und gehen zwischen den Stationen 10 und 11 (Besigheim)
schlagartig auf Werte unterhalb von 30 ppm zurück, die dann in der
weiteren Entwicklung bis Plochingen stets in dieser Größenordnung
verbleiben.

Untersuchungen von REINHARD (in Bearb.) an Kernproben aus Schleusenwehren des mittleren Neckars zeigen eine außergewöhnlich starke
Cadmiumanreicherung, vor allem in den obersten 20 cm des 140 cm langen Sedimentkerns aus der Schleuse Lauffen (Station 10 in Abb. 50 und
51). In den Sedimenten aus dem Schleusenwehr von Besigheim - obwohl
oberhalb des Enz-Zuflusses gelegen - finden sich noch schwach erhöhte Cadmiumkonzentrationen; ihre Herkunft ist noch ungeklärt. Die
Lotkerne aus den Schleusen Pleidelsheim und Marbach hingegen zeigen
völlig normale Cadmium-Gehalte (Abb. 52).

Cadmium im Wasser des Neckars. Die extrem hohen Cadmium-Gehalte in
den Sedimenten des mittleren und unteren Neckarabschnittes ließen so-
gleich den Verdacht auf eine direkte Gefährdung durch dieses als sehr
toxisch bekannte Element aufkommen. Die Untersuchungen der Wasserproben bestätigen diesen Verdacht vollauf: der Maximalwert bei der
2. Meßfahrt betrug 220 ppb (= 0.22 mg/l) Cadmium bei der Einmündung
der Enz in den Neckar. An dieser Stelle wurden auch deutlich erhöhte
Blei-Gehalte von 53 ppb (gegenüber ca. 6 ppb im Neckar oberhalb der
Enzmündung) sowie Kupferkonzentrationen von 220 ppb (sonst 2 bis 6
ppb) gemessen.

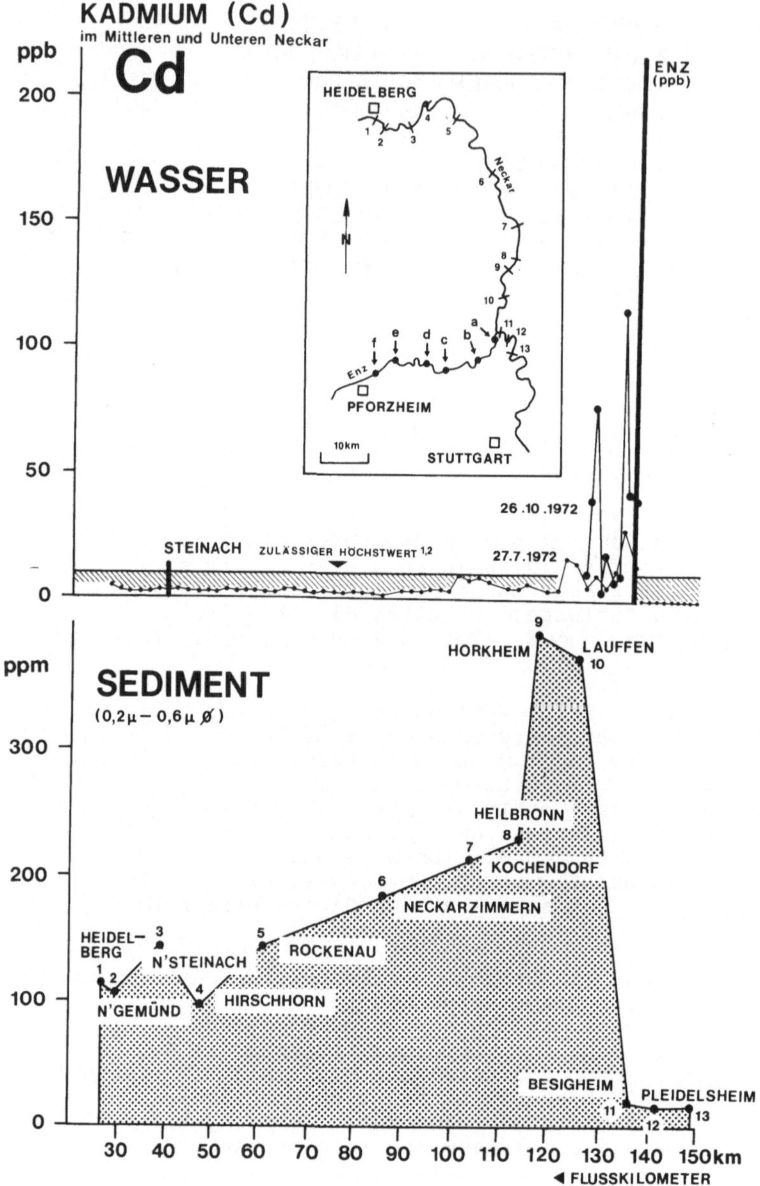

Abb. 51. Cadmium im Wasser und im Sediment (Fraktion 0.2 - 0.6 µ) des mittleren und unteren Neckars

Im weiteren Verlauf des Neckars nahmen die hohen Cadmium-Gehalte zwar sukzessive ab, doch lag bis vor Heilbronn der Cadmium-Gehalt im Wasser teilweise noch weit über dem von der Weltgesundheitsbehörde festgelegten Höchstwert für Trinkwasser von 10 ppb; bei einem Maximalwert von 5 ppb, wie ihn die europäische Arbeitsgruppe in der WHO empfiehlt, wäre sogar noch ein weiterer Flußabschnitt von insgesamt 40 km unterhalb des Enz-Zuflusses bedroht gewesen.

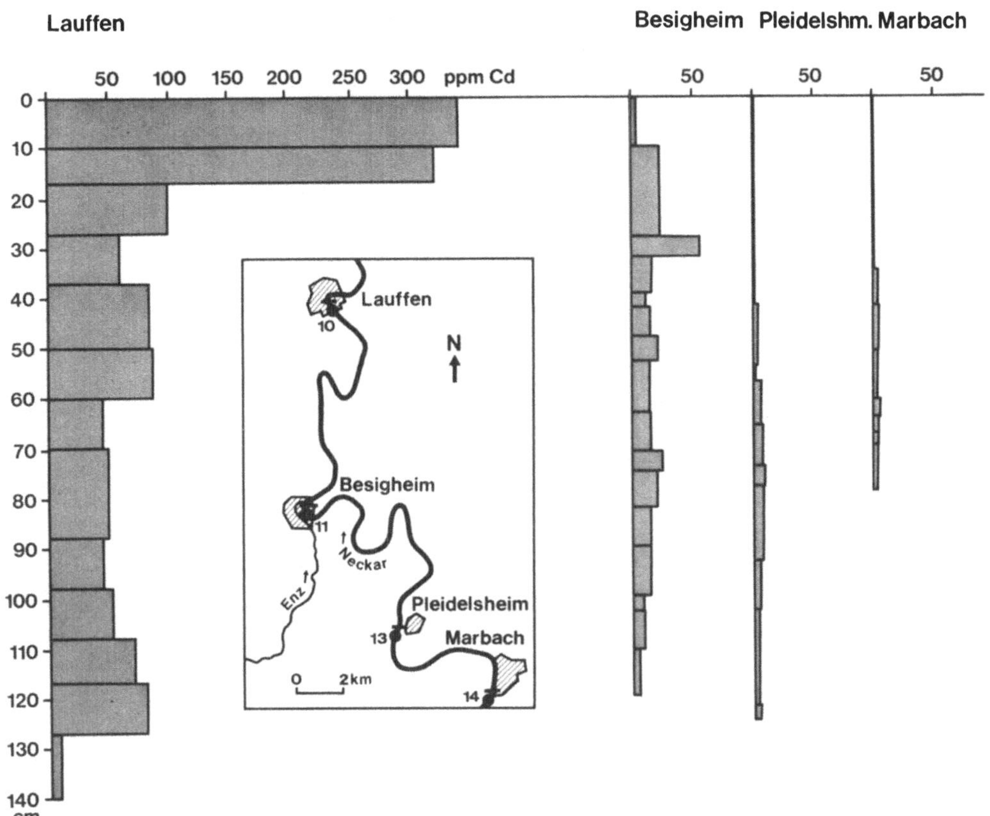

Abb. 52. Cadmium in Sedimentkernen (Fraktion < 2 µ) aus den Schleusenwehren von Lauffen, Besigheim, Pleidelsheim und Marbach (mittlerer
Neckar) nach REINHARD (in Bearb.)

Die weitere Suche nach den Verschmutzungsursachen konzentrierte sich
auf den Zufluß der Enz. Eine zusätzliche Probeentnahme entlang der
Enz zwischen Besigheim und Pforzheim brachte die nachfolgend wieder-
gegebenen Analysendaten für Cadmium im Wasser und im Sediment:

Probeentnahmestelle (Enz)	Sediment (<2 µ)	Wasser
a) 3 km oberhalb von Besigheim	27 ppm	0.3 ppb
b) Bissingen	27 ppm	0.2 ppb
c) Weihingen	8 ppm	0.1 ppb
d) Vaihingen	35 ppm	0.2 ppb
e) Mühlacker	58 ppm	0.1 ppb
f) Pforzheim	25 ppm	0.1 ppb

Danach sind bereits wenige Kilometer oberhalb der Enzmündung die
Cadmium-Gehalte des Enzwassers auf das normale Maß zurückgegangen.
Eine Abnahme der Cadmium-Anteile im Sediment ist zwar ebenfalls zu
beobachten, doch bei weitem nicht so ausgeprägt wie bei den entsprechenden Wässern. Dies deutet auf mehrere lokale und kurzfristige
Cadmiumeinleitungen im gesamten Bereich zwischen Besigheim und Pforzheim hin. Außerdem ist es ein Hinweis dafür, daß Wasseranalysen
allein noch keine eindeutigen Rückschlüsse auf das <u>Fehlen</u> von Schadstoff-Emissionen zulassen. Die Hauptverschmutzungsquelle für die hohen
Cadmium-Werte im Neckar ist nach diesen Beobachtungen in unmittelbarer Nähe der Enzmündung zu suchen.

Die in monatlichen Abständen durchgeführten Messungen der Schwermetall-
Gehalte im Bereich der Uferfiltratstrecke Heilbronn (Abschn. 19) - ca.
20 km unterhalb der Enzmündung -, die auch Bestimmungen an den Neckarwässern einschlossen, ergaben seit Ende Januar 1973 deutlich reduzier-
te Cadmium-Gehalte im Wasser des Neckars. In Abb. 53 ist der Kurvenverlauf für die Cadmium-Gehalte im Neckarwasser zwischen Januar 1972 und
August 1973 wiedergegeben.

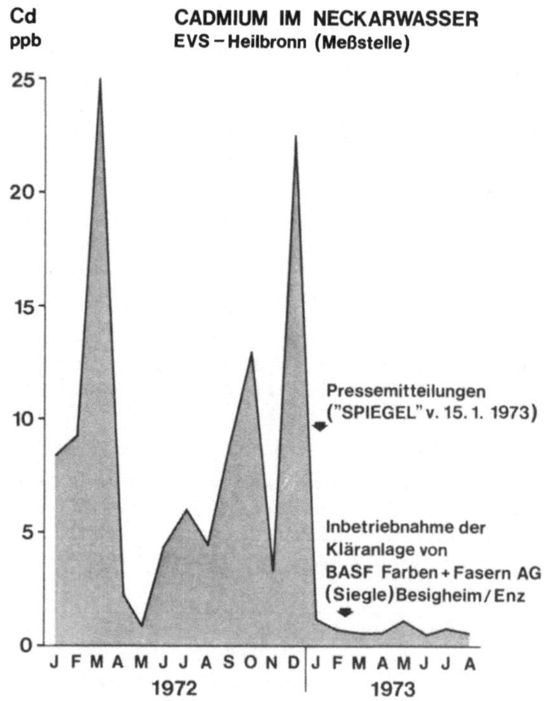

Abb. 53. Cadmium im Neckar-
wasser (Meßstelle EVS-
Heilbronn). Monatliche
Einzelmessungen zwischen
Januar 1972-August 1973

Das Ausbleiben der starken Cadmium-Emissionen fällt zeitlich zusammen
mit ausführlichen Pressemitteilungen (z.B. "Der Spiegel" vom 15.1.1973)
über die Schwermetall-, besonders die Cadmiumverschmutzungen in diesem
Flußabschnitt (BANAT et al., 1972b); im Februar 1973 wurde durch einen
Fabrikationsbetrieb zur Herstellung von Farbpigmenten in Besigheim
an der Enz eine Kläranlage in Betrieb genommen, an deren Wirksamkeit
kaum zu zweifeln ist. Die Auswirkung der extremen Cadmium-Gehalte in
den angeführten Flußabschnitten von Neckar und Enz auf die Fische
wird in Abschn. 18.1 behandelt werden.

13.2 Quecksilberanreicherungen in Sedimenten - Beispiel Wupper

Prozesse der Quecksilberanreicherung. Von allen Schwermetall-Umwelt-
giften ist wohl das Quecksilber bislang am detailliertesten untersucht worden, vor allem wegen seiner unmittelbar toxischen Auswirkungen auf den menschlichen Organismus (Literaturzusammenstellungen bei
LÖFROTH, 1969; JONASSON, 1970; D'ITRI, 1971; WOOD, 1972). Insbesondere die Arbeiten von JERNELÖV und Mitarbeitern (1969-1972) haben die
wichtigsten Mechanismen aufgeklärt, die zur Entstehung des gefährlichen Methylquecksilbers in den aquatischen Ökosystemen führen.

Quecksilber gelangt im allgemeinen als zweiwertige anorganische Verbindung, als Element oder in Form des Phenylquecksilbers in die Gewässer. Zunächst findet eine Anreicherung aller Hg-Komponenten in den
Sedimenten statt: elementares Quecksilber wird wegen seiner geringen
Löslichkeit nahe des Ausflusses abgelagert; Phenylquecksilber, das
bei der Holzkonservierung vor allem Verwendung findet, sinkt zusammen
mit den Holzfasern auf den Grund der Gewässer; zweiwertiges Quecksilber neigt zur Bildung anorganischer und organischer Komplexe und
sedimentiert teilweise mit den Schwebstoffen. Als nächstes kann durch
Oxidation des elementaren Quecksilbers und durch Zersetzung von
Phenylquecksilber zweiwertiges anorganisches Quecksilber gebildet
werden; biochemische Prozesse können dann die entstehenden Quecksilber-
Ionen zu Monomethyl- oder Dimethylquecksilber "methylieren". Monomethylquecksilber tritt bevorzugt aus dem Sediment aus und verteilt
sich im Wasser; eine Anreicherung in Algen, Fischen usw. ("Nahrungskette", vgl. Abb. 9) kann stattfinden. Demgegenüber tendiert die
Dimethylquecksilber-Komponente mehr dazu, mit Gasblasen in die Atmosphäre überzugehen. Hier allerdings ist diese Substanz relativ in-
stabil und zerfällt - besonders im sauren Milieu oder unter dem Einfluß von UV-Strahlung - teilweise in Monomethylquecksilber, das sich
mit den Niederschlägen wieder auf der Erdoberfläche verteilt. Wird
bei der Zersetzung des Dimethylquecksilbers elementares Quecksilber
gebildet, so kann auch dieses entweder mit dem Regen zurückfallen oder
aber in den global zirkulierenden Quecksilberdampf eingehen.

JERNELÖV (1972) nennt auch die Faktoren, welche die gefürchtete
Methylierung besonders fördern: Genügend verfügbarer Sauerstoff und
organische Substanzen in den Gewässern, um einmal elementares Quecksilber zu oxidieren und zum anderen die anschließende Komplexierung
durchzuführen. Anaerobe Bedingungen begünstigen zwar die Methylierungs-
prozesse, führen jedoch zu einer verstärkten Sulfidbildung. Solche
schwerlöslichen Sulfide können auch durch biologische Methylierung
umgesetzt werden, allerdings in wesentlich geringerem Ausmaß als die
anderen zweiwertigen Quecksilberverbindungen. Die mikrobielle Aktivität, die sich vor allem in den oberen Sedimentschichten abspielt,
nimmt mit dem Nährstoffangebot und mit erhöhten Temperaturen zu. Bei
niedrigen pH-Werten entsteht bevorzugt das Monomethylquecksilber, das
überwiegend im System verbleibt.

Der größte Teil des Quecksilbers wird unter normalen Bedingungen fest
in den Sedimenten gebunden. Aus Messungen von DALL'AGLIO (1970) mit
ionaren 203-Hg-"tracern" geht hervor, daß gelöstes Quecksilber außerordentlich rasch von den Sedimentpartikeln aufgenommen wird; bereits
nach einer Stunde waren wieder die ursprünglichen Hg-Konzentrationen
im Wasser anzutreffen. Korrelationen zwischen den Hg-Anteilen und den
im Wasser gelösten Hauptkomponenten waren nicht durchführbar, was
einen weiteren Hinweis auf eine "außerordentlich begrenzte Mobilität
des Quecksilbers im aquatischen Milieu" (JONASSON, 1970) gibt. Geochemische Prospektionen nach Quecksilber sollten deshalb sinnvoller-
weise mit Schwebstoffen bzw. Sedimenten durchgeführt werden (vgl.
Abschn. 8).

Die Gründe für dieses Verhalten liegen in den starken Sorptionsmechanismen der Feststoffe gegenüber den meisten Quecksilberkomponenten. Untersuchungen von SHIMOMURA (1969; cit. in JONASSON, 1970) zeigen, daß Quecksilber sowohl durch Kationenaustausch wie durch sog. "Ko-Präzipitations-Adsorption" an Eisenoxid-Oberflächen aus der Lösungsphase entfernt wird (vgl. Abschn. 16).

Von Bedeutung scheint auch ein Vorgang, bei dem Quecksilber in andere Metallsulfide eingebaut wird (PHILLIPS und KRAUS, 1963); das kann dazu führen, daß quecksilberreiche Grundwässer im Bereich von sulfidhaltigen Bodenschichten einen großen Teil ihrer Schadstoff-Fracht verlieren. Die hohe Affinität des Schwefels zu Quecksilber wird auch deutlich in der Anwesenheit von Quecksilber in Humussubstanzen, die organisch gebundenen Schwefel in Form von Chelaten oder von Organo-Schwefelkomplexen enthalten (JONASSON, 1970).

Die bevorzugte Fixierung der Quecksilberrückstände in den aquatischen Sedimenten und die ständige Gefahr einer Remobilisierung dieser Giftstoffe durch veränderte äußere Bedingungen stellt eine langanhaltende Bedrohung für die Ökosysteme dar, selbst wenn die Ursache der Verschmutzung längst entfallen ist. JERNELÖV (1972) beschreibt das Beispiel eines schwedischen Sees, der noch 45 Jahre nach der Stillegung einer Anlage zur Chloralkali-Elektrolyse, die quecksilberhaltige Abwässer emittiert hatte, eine deutliche Hg-Verseuchung aufwies.

Verschiedene Versuche, quecksilbervergiftete Gewässer zu reinigen, versprechen bislang kaum Erfolge bzw. scheitern in der Praxis an den zu hohen Kosten. Das gilt sowohl für eine Bedeckung quecksilberverseuchter Seeböden mit inertem bzw. Hg-absorbierendem Material, z.B. Ton oder feinzermahlenem Kieselgel, wie für Methoden mit Sulfid-Zugaben, die Quecksilber binden sollen (JERNELÖV, 1972). Ausfällung mit Aluminiumsulfat oder eine Reinigung mit Ionenaustauschern sind sehr teure Methoden und können wenig gegen die Wurzel des Übels, die Hg-verseuchten Sedimente, ausrichten. Lediglich eine Radikalkur, wie sie in der Minamata-Bucht mit dem Ausbaggern von 16 Millionen m^3 Schlamm bewerkstelligt wurde, scheint hier noch Abhilfe schaffen zu können (JONASSON, 1970). Dieses Verfahren wird aus Kostengründen auch in Zukunft nur in relativ eng begrenzten Verschmutzungszonen einzusetzen sein.

Quecksilber in Sedimenten. Untersuchungen über die Verteilung von Quecksilber in Sedimenten sind - verglichen mit entsprechenden Messungen bei anderen Schwermetallen - relativ häufig durchgeführt worden. Das liegt vor allem daran, daß im Falle des Quecksilbers zunächst aus den Schwebstoffen bzw. aus den Sedimenten mehr Informationen über Verschmutzungen zu gewinnen sind als aus den koexistierenden Lösungen. Während die eigentlichen Überwachungsmaßnahmen meist an den Wässern vorgenommen werden, ergeben sich die ersten Hinweise auf Quecksilberverunreinigungen meist aus Sedimentbeobachtungen.

In Tabelle 41 sind Literaturdaten von Quecksilberuntersuchungen an Sedimenten und Böden zusammengestellt; die meisten dieser Arbeiten wurden in den vergangenen drei Jahren veröffentlicht. Es ist darauf hinzuweisen, daß die Resultate von Proben mit unterschiedlicher Korngrößenzusammensetzung stammen, ein direkter Vergleich mit der Ergebnissen unserer Messungen ist deshalb nicht möglich. Dennoch lassen sich bestimmte Entwicklungstrends deutlich erkennen:

Setzt man die mittlere Zusammensetzung toniger Sedimentgesteine (= Tongesteins-Standard) mit 0,4 ppm Hg (TUREKIAN und WEDEPOHL, 1961)

als generellen Vergleichsmaßstab ein, so fällt zunächst auf, daß die
Quecksilber-Anteile in den Böden ungefähr eine Größenordnung unter
diesem Durchschnittswert liegen. Sowohl in den englischen (MARTIN,
1963) wie in den schwedischen Böden (ANDERSON, 1967) wurden Hg-Gehalte
im Mittel zwischen 50-70 ppb angetroffen; die Messungen von KLEIN
(1972) an amerikanischen Böden zeigen etwas erhöhte Konzentrationen,
in denen sich möglicherweise bereits eine stärkere Quecksilber-Belastung aus der Atmosphäre abzeichnet.

Verglichen mit den Quecksilber-Gehalten in den Böden liegen die Minimalwerte von Hg in den aquatischen Sedimenten - sowohl im marinen wie
im limnischen Bereich - um ungefähr das Drei- bis Fünf-fache höher,
nämlich bei ca. 0.2 ppm Hg. Man kann daraus auf eine Quecksilberanreicherung im aquatischen Milieu schließen, die weltweit wirksam ist.
Ein ähnlicher Effekt ist auch bei Cadmium festzustellen.

Lokale Quecksilberkonzentrationen durch anthropogene oder lagerstätten-
bedingte Einflüsse können im allgemeinen bei Hg-Gehalten über 1 ppm
nachgewiesen werden. Durch eine Auskartierung des Gewässergrundes
lassen sich selbst bei relativ geringen Gehalten zwischen 1 ppm und
3 ppm Verschmutzungsursachen genau lokalisieren: So wurde z.B. bei
den Untersuchungen von APPLEQUIST et al. (1972) im Becken von New
Haven (Conn.) ein Kläranlagenzufluß als Hg-Emittent festgestellt, obwohl die maximalen Quecksilber-Anteile in den Sedimenten nur wenig
mehr als 2.5 ppm betrugen.

Eine beispielhafte Bestandsaufnahme wurde von THOMAS (1972) am Lake
Ontario durchgeführt. Gleichmäßig über den Seegrund verteilt wurden
287 Proben in einem Netzabstand von 8 km entnommen. Die feinkörnigen
Sedimente im Beckentiefsten enthielten bis 1 ppm Hg, in der Uferzone
wurden normalerweise Werte um 350 ppb gemessen, im See-Durchschnitt
lagen die Quecksilberkonzentrationen bei 650 ppb. Erhöhte Gehalte
(ca. 2 ppm) am Südrand des Sees und im westlichen (Niagara-) Teil-
becken haben ihren Ursprung im Niagara-Fluß und sind vermutlich in-
dustrieller Herkunft. Sehr hohe Werte - bis 20 ppm Hg - finden sich
am östlichen See-Ende im Bereich des Kingston-Beckens unmittelbar
am Zufluß des St. Lawrence Stromes; hier scheint nach THOMAS (1972)
eine Konzentration von organischen Substanzen mit hohen Hg-Anteilen
vorzuliegen. Eine statistische Analyse einzelner Teilfaktoren zeigt,
daß die Sulfidfällung, der Einbau in Eisenoxidhydrate sowie die Aufnahme in organische Substanzen, die wesentlichen Mechanismen einer
Quecksilberanreicherung in Sedimenten sind.

Außer diesen lateralen Verteilungsprinzipien der Quecksilber-Werte im
Ontario-See untersuchte THOMAS (1972) an einem 50 cm langen Sedimentkern die vertikale Entwicklung der Quecksilberkonzentrationen. Als
Zeitmarke wurde der "Ambrosia-Pollenhorizont" von 1830 verwendet, die
weitere chronologische Untergliederung erfolgte unter der Annahme
gleicher Sedimentationsraten in diesem See-Abschnitt (Abb. 54a). Genauer noch ist die Datierung durch Blei-Radionuklide der Ablagerungen
des Windermere-Sees (Abb. 54b), an dem ASTON et al. (1973) ebenfalls
die Veränderung der Quecksilber-Anteile im Verlauf der vergangenen
1400 Jahre gemessen haben.

Beide Sedimentprofile - sowohl die englischen wie die kanadischen
See-Ablagerungen - zeigen dasselbe Bild: über einem "background"-
Wert von ca. 0.3 ppm Hg, wie er in den Sedimenten vor 1800 auftritt,
steigen mit Beginn des 19. Jahrhunderts die Quecksilber-Gehalte immer
rascher an. Während der letzten 70 Jahre ist in beiden Gebieten mindestens eine Verdoppelung der Quecksilber-Anteile festzustellen; im

Tabelle 41. Quecksilber in Sedimenten und Böden

Lokalität	Gehalte in ppm	Autoren	Bemerkungen
a) Böden			
USA	0.10 - 0.33	KLEIN (1972b)	Wohngeb., Landw., Industr., Flugpl.
England	0.01 - 0.06	MARTIN (1963)	
Schweden	0.02 - 0.92	ANDERSON (1967)	Mittelwert: 0.07 ppm
b) Marine Küstensedimente			
Minamata-Bucht	(30) -120 (908) (12.1) - 59 (2010)	FUJIKI (1972) TAKEUCHI (1972)	Messungen 1963, 1969, 1970 Außerhalb M.-Bucht: 0.37-3.4 ppm
Bering-Meer	0.2 - 1.3	NELSON (1972)	
Kalifornische Küste	0.02 - 1	KLEIN und GOLDBERG (1970)	Gesamtprobe
Golf v. Mexiko	0.2 - 6 0.25	ANDREN und HARRISS (1972) CUSTODI (1972)	Korrelation mit org. C und Austauschkapazität M.-Mündung mehr als Mississippi
New Haven (Conn.)	0.25 - 2.57	APPLEQUIST, KATZ un TUREKIAN (1972)	Kläranlagen-Zuflüsse Korrelation mit org. C
Englische Küste (Southhampton)	0.19 - 0.64 (2.2 - 5.7)	BURTON und LEATHER-LAND (1971)	Erhöhte Hg-Anteile im anoxischen Sediment
Holländische Küste	1.2 - 4.8	DE GROOT, DE GOEIJ und ZENGERS (1971)	Frage der Remobilisierung
c) Fluß- und Seesedimente			
Erie-See	0.008- 4.1	WALTERS und HERDEN-DORF (1973)	Detroit-River ist Hg-Lieferant
Michigan-See	0.4 - 1.8	COPELAND (1972)	Fraktion <200 µ
Ontario-See	0.35 - 1 (max. 20 ppm)	THOMAS (1972)	Fraktion <63 µ Ausführl. Darstellung

Wisconsin (Flüsse und Seen)	0.4 – 2.7	KONRAD (1972)	Chlor-Industrie: lokal bis 684 ppm
Mississippi	0.08 – 0.57	ANDREN und HARRISS (1973)	Delta-Sediment
Tennessee-Fluß	0.2 – 2 (max. 32 ppm)	DERRYBERRY (1972)	
L. Windermere (England)	0.1 – 1	ASTON, BRUTY, CHESTER und PAGHAM (1973)	Seit 1400 n.Chr.: 112 ppb (backgr.) auf 1050 ppb
Schweizer Seen	0.01 – 2.23	VERNET und THOMAS (1972a und b)	Fraktion <63 μ 7 Seen
Schwedische Seen	0.03 – 1.07	AXELSSON und HAKANSON (1973)	Vättern-, Ekoln- und Björken-See

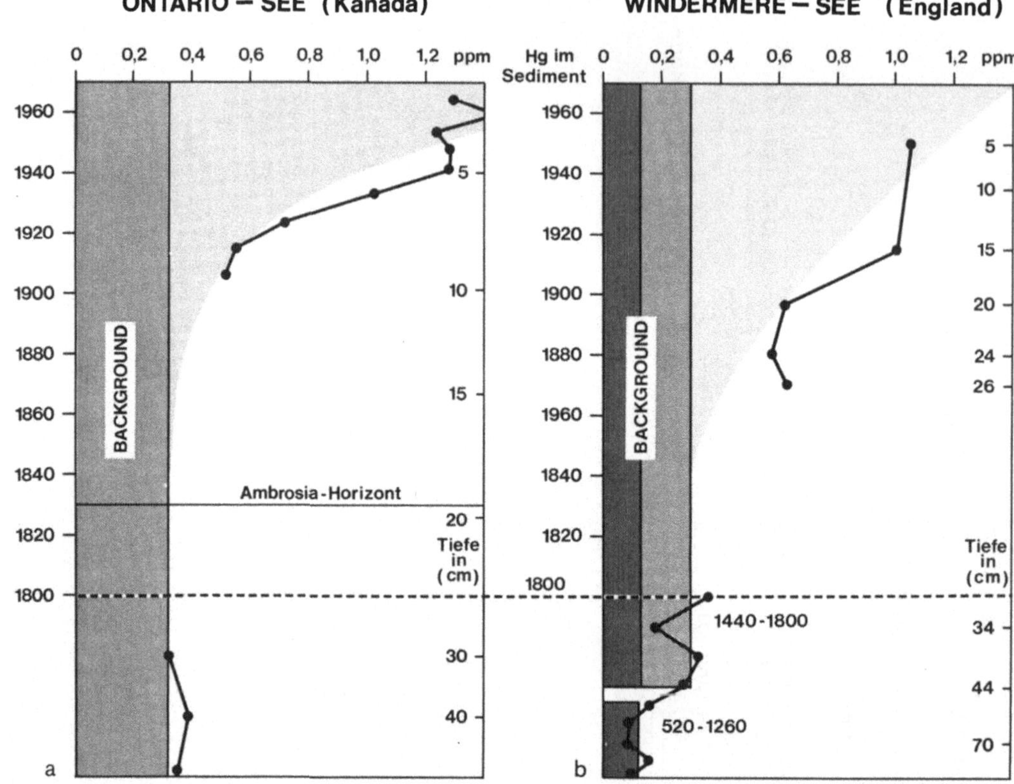

Abb. 54a und b. Quecksilber in Sedimenten des Ontario-Sees (nach THOMAS, 1972) und des Windermere-Sees (nach ASTON et al., 1973)

Falle des Ontario-Sees, der insgesamt stärkeren Umweltbelastungen ausgesetzt ist als die ländliche Windermere-Region, ergibt sich in diesem Zeitraum eine Zunahme der Hg-Werte um mehr als das Dreifache.

Die Ursachen für diese Entwicklungen, die im marinen Bereich ganz ähnlich verlaufen (YOUNG et al., 1973) sind nach ASTON et al. (1973) durch anthropogenen Oberflächenabtrag, Entwicklung des Bergbaus und der Schwerindustrie, Nutzung der fossilen Brennstoffe sowie durch steigende Abwasserzuflüsse bedingt. Der größte Teil des Quecksilbers scheint dabei auf dem Umweg über die Atmosphäre und die Böden in die Gewässer zu gelangen. WEISS et al. (1971) haben im Gletschereis von Grönland - über relativ gleichförmigen Hg-Werten zwischen 800 v.Chr. und 1950 - seit 20 Jahren einen steilen Anstieg der Quecksilber-Belastung feststellen können.

Schwermetalle in der Wupper. Die Wupper entspringt im Sauerland, durchfließt auf 105 km Länge das nördliche "Bergische Land" und mündet bei Leverkusen in den Rhein. Im Einzugsbereich der Wupper liegen wichtige Industriestädte wie Opladen, Solingen und Remscheid, besonders aber Wuppertal, das durch eine Vielzahl traditionsreicher Textil-, Metall- und Chemie-Betriebe den Inbegriff einer Industriemetropole darstellt.

Entsprechend hoch ist seit altersher die Verschmutzung der Wupper. Schon vor 100 Jahren wurde darüber geklagt, daß das Flußwasser der

Wupper über lange Zeiten hinweg selbst für technische Zwecke unbrauch-
bar sei; der Fischbestand war in einigen Gebieten vernichtet und bereits 1885 war das Grundwasser im Bereich von Wuppertal-Elberfeld
durch Abwässer stark verunreinigt. Ein 1888 in der Zeitschrift "Gesundheit" veröffentlichter Artikel weist auf "die große Frequenz" der In-
fektionskrankheiten hin und verlangt nach einem Verbot gegen das Einbringen von Abfällen in die Wupper, sowie von den Gewerbebetrieben
"eine Reinigung ihrer Abwässer vor der Einleitung in den Fluß".[12]

Bei unserer Bestandsaufnahme der Schwermetall-Belastung von Flußsedimenten im Frühjahr 1972 zeigte die Wupper - nahe ihrer Einmündung in
den Rhein - die höchsten Quecksilber- und Nickel-Gehalte von allen
untersuchten Flüssen in der Bundesrepublik Deutschland. Die Konzentrationen von Blei, Zink, Kupfer und Cadmium in den Ablagerungen der
Wupper lagen nahe an den gemessenen Höchstwerten. Auch die gelösten
Schwermetall-Anteile im Wasser waren hier deutlich höher als in den
meisten anderen Flüssen (BANAT et al., 1972c).

Es wurde deshalb von Mitarbeitern unseres Laboratoriums im Mai 1972
eine Serie von je acht Wasser- und Sedimentproben entlang der Wupper
von Opladen bis Radevormwald entnommen; die Ergebnisse dieser Untersuchungen sind in der Tabelle 42 und in Abb. 55 zusammengefaßt.

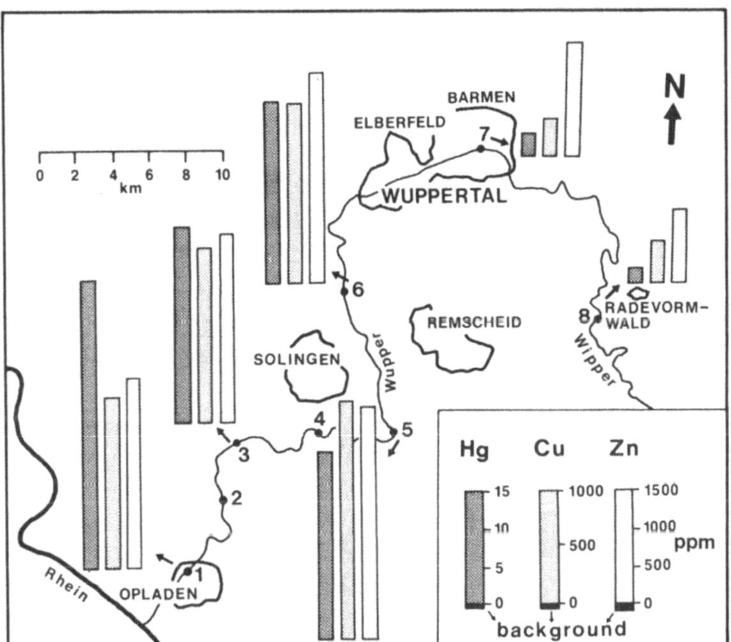

Abb. 55. Quecksilber, Kupfer und Zink in der Tonfraktion von Sedimenten der Wupper

---

[12] Aus einem Zeitungsbericht: "...schon die erste Schlacht um saubere
Flüsse verloren", Tageblatt (Heidelberg), 14.8.1973.

Tabelle 42. Schwermetalle in Sedimenten und im Wasser der Wupper

	Schwermetalle in Sedimenten (in ppm)							Schwermetalle im Wasser (in ppb)						
	Cd	Hg	Pb	Cu	Ni	Cr	Zn	Cd	Hg	Pb	Cu	Ni	Cr	Zn
1 Opladen	42.4	37.5	615	1490	690	550	2490	18.5	0.08	17.5	76	120	67	230
2 Leichlingen	28.2	34.2	1025	1850	410	610	2495	15.7	0.07	9.0	44	125	53	370
3 Solingen-Südwest	36.7	25.8	720	1550	530	810	2525	12.6	-	16.5	21	120	72	360
4 Solingen-Süd	43.1	47.5	1050	1875	660	1250	3315	8.8	-	12.4	26	85	30	210
5 Burg a.d. Wupper	62.4	25.0	1030	2185	420	1310	3250	4.8	0.11	18.6	49	83	52	490
6 Cronenberg	32.8	27.6	1165	1575	400	720	2785	6.0	0.08	22.3	(144)	130	56	275
7 Wuppertal-Barmen	10.5	2.8	510	290	181	560	1120	0.7	0.09	5.4	20	20	30	80
8 Radevormwald	12.7	1.9	730	420	320	780	1040	1.2	0.09	3.0	18	22	24	45
Standard-Wert	0.3	0.4	20	45	68	90	95	0.2	0.05	3.0	7	3	1	10
Maximale Anreicherung	200	120	60	45	10	15	35	100	2	7	10	40	70	50

Das früher gewonnene Bild vom Unterlauf der Wupper bestätigte sich: die
Sedimente aus der Wupper unterhalb von Wuppertal enthielten die höchsten Quecksilber-, Nickel-, Zink- und Kupfer-Gehalte von allen in der
BRD von uns untersuchten Flüssen; Blei und Cadmium waren jeweils mit
den zweithöchsten Gehalten (nach Aller bzw. Neckar) in diesem Meßprogramm vertreten. Auch die Schwermetall-Gehalte im Wasser aus diesem
Bereich deuten auf eine außergewöhnlich starke Schadstoff-Belastung
hin; bedenklich sind insbesondere die Cadmiumkonzentrationen, die
teilweise den zulässigen Höchstwert von 5 ppb um fast das 4-fache
übersteigen. Im Oberlauf der Wupper sind die Schwermetall-Gehalte -
sowohl in den Sedimenten wie im Wasser - deutlich geringer. Daraus ergibt sich, daß die Hauptemittenten für die Schwermetalle im Bereich
von Wuppertal zu suchen sind.

Die Frage nach einer möglichen Gefährdung des Wassers durch Queck-
silberkontaminationen stand im Mittelpunkt dieser Untersuchungen, und
das Beispiel der Wupper wurde gewählt, weil hier die Quecksilber-Gehalte in den Sedimenten zu den höchsten gehören, die bisher in Binnengewässern gemessen wurden (vgl. Tabelle 41). Bei einem Vergleich der
Quecksilber-Anteile im Wupperwasser fällt jedoch auf, daß sich die
Hg-Konzentrationen kaum von den entsprechenden "Normalwerten" im
Wasser unterscheiden; selbst beim Übergang zu dem extrem stark queck-
silberkontaminierten Flußabschnitt unterhalb Wuppertal ist keine Veränderung der gelösten Hg-Fracht festzustellen. Dieser günstige Be-
fund kann zwei Ursachen haben: es könnte sich einmal bei den Sediment-
verunreinigungen um die Folgen kurzfristiger Quecksilber-Emissionen
handeln, die nur durch eine kontinuierliche Überwachung zu erfassen
wären. Wahrscheinlich erscheint jedoch der Effekt einer raschen Eliminierung der Metall-Gehalte aus dem Wasser, wie er besonders bei
Quecksilber beobachtet wird. Um die eigentlichen Emittenten der
Quecksilber-Belastungen zu bestimmen, müssten nunmehr Sedimentproben
in sehr engen Abständen aus der Wupper im Raum Wuppertal entnommen
werden.

Die Gefahr einer Remobilisierung des Quecksilbers aus den Sedimenten
durch Mikro-Organismen (z.B. Methylierung) dürfte in dem weitgehend
verödeten und geradezu lebensfeindlichen Flußabschnitt der unteren
Wupper relativ gering sein; bedenklicher erscheint in diesem Zusammen-
hand ein verstärkter Einsatz synthetischer Komplexbildner (vgl. Abschn.
17). Auch die hydrochemischen und mikrobiellen Veränderungen beim Eintritt der Wuppersedimente bzw. -schwebstoffe in den Rhein und später
ins Meer könnten unkalkulierbare Auswirkungen haben.

13.3 Chromanreicherungen in der Weschnitz

Bereits bei der generellen Bestandsaufnahme der Schwermetallführung
von tonigen Sedimenten des Rheins und seiner Zuflüsse durch BANAT et
al. (1972a) wurden im Bereich des nördlichen Oberrheins signifikant
erhöhte Chrom-Gehalte gefunden, die allem Anschein nach aus dem ebenfalls stark chrombelasteten Zufluß der Weschnitz stammten (vgl. Abb. 44).

Die Weschnitz, deren Verlauf in der Abb. 56 dargestellt wird, ist ein
Nebenfluß des Rheins, der im Odenwald entspringt (Stationen 1 - 3),
bei Weinheim in die Rheinebene eintritt (Station 4) und westlich
von Biblis in den Rhein mündet. Unterhalb von Weinheim (Station 5 und
6) erhält die Weschnitz in beträchtlicher Menge vorgeklärte Abwässer
eines lederverarbeitenden Großbetriebes. Die Vermutung lag nahe, daß
die Chromverschmutzung der Weschnitz und nachfolgend auch eines größeren
Rheinabschnittes aus dieser Weinheimer Firma stammen könnte.

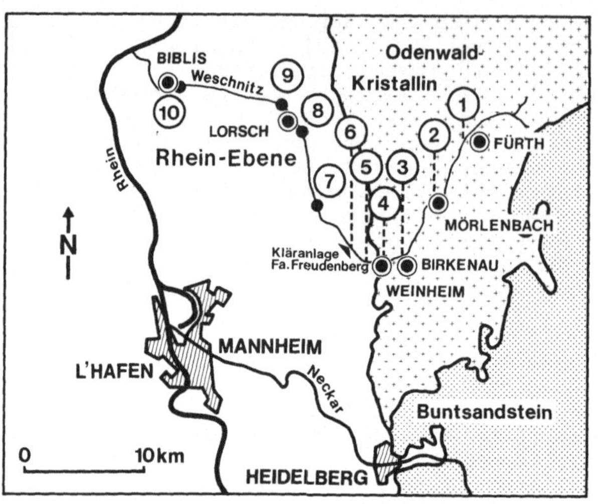

Abb. 56. Lage der Probe-
entnahmepunkte an der
Weschnitz

Eine Bestätigung dafür brachten die Untersuchungen an Wasserproben
aus der Weschnitz zwischen Mörlenbach (Station 2) und Biblis (Station
10). Die höchsten Chrom-Anteile fanden sich bei Weinheim und vor allem
unterhalb des Kläranlagenzuflusses der Fa. Freudenberg. Eine Probe
aus den Klärabwässern selbst zeigt (neben stark erhöhten Natrium-Ge-
halten) auch einen Chrom-Anteil im Wasser von über 100 ppb (Tabelle 43).

Tabelle 43. Na-, Cr-, Zn- und Cd-Gehalte im Wasser der Weschnitz

	Natrium (ppm)	Chrom (ppb)	Zink (ppb)	Cadmium (ppb)
Mörlenbach (2)	18.4	1.9	35	2.2
Birkenau (2a)	18.4	2.4	43	1.2
Birkenau (2b)	16.1	8.7	110	4.2
Fuchs'sche Mühle (3)	16.1	3.1	23	1.3
Weinheim Stadth. (4)	36.8	7.5	12	2.0
Abwasser-Kläranlage	467	110	376	2.4
Nach Klärzufluß (6)	187	35.8	92	0.8
Hüttenfeld (7)	32.2	2.9	41	0.9
Vor Lorsch (8)	50.6	4.5	61	2.3
Nach Lorsch (9)	126	7.4	43	1.1
Biblis (10)	46	4.0	111	0.8

Unterhalb des Klärabwasser-Zuflusses nehmen die Chrom-Anteile wieder
rasch ab; sie sind bereits an der nächsten Meßstation (7) auf Normalgehalte zurückgegangen. Eine Gefährdung des Wassers ist damit stark
reduziert.

Abb. 57. Schwermetall-Gehalte verschiedener Kornfraktionen von Sedimenten der Weschnitz

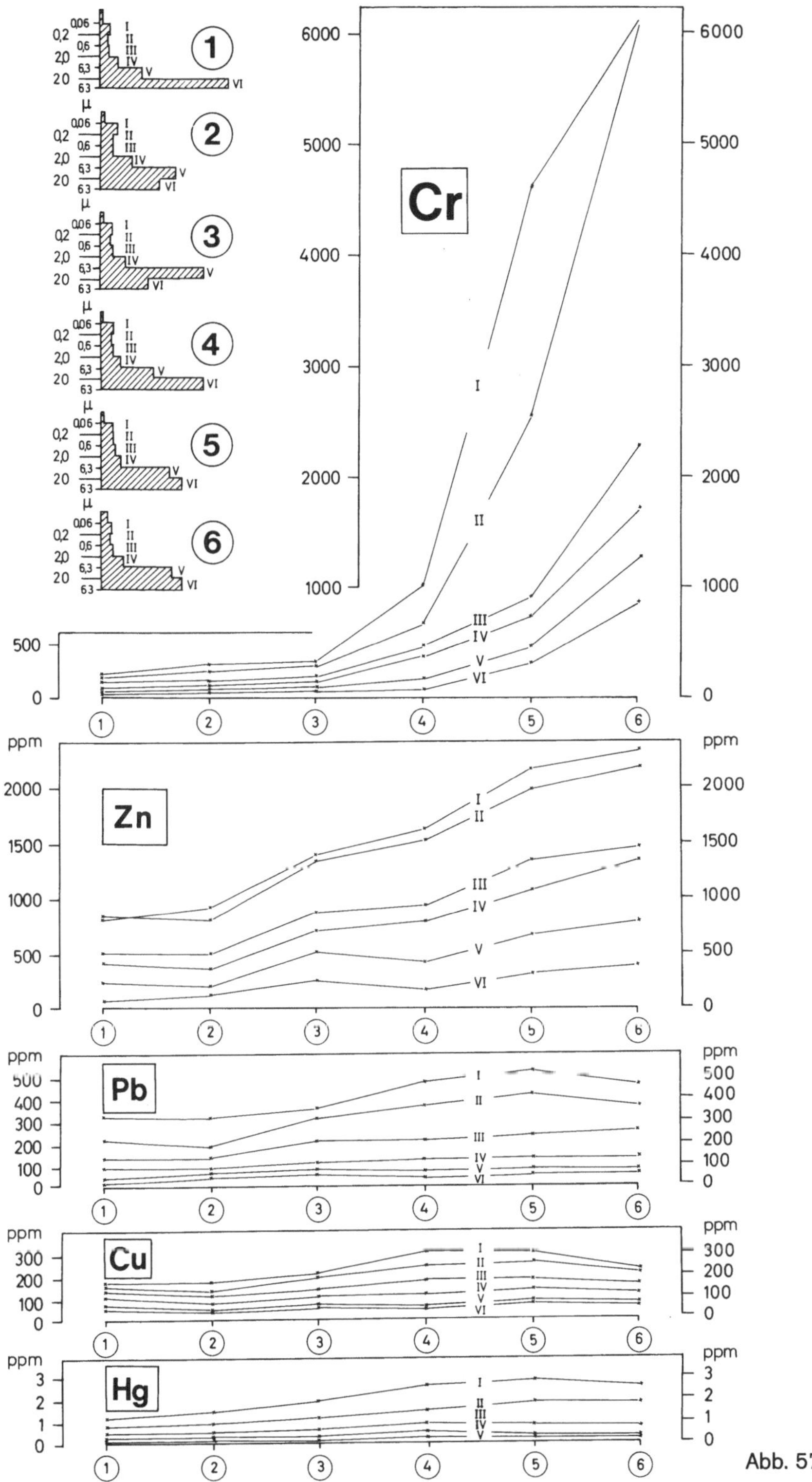

Abb. 57

Sedimentuntersuchungen über die Verteilung der Spurenelement-Gehalte
in den einzelnen Kornfraktionen wurden an Proben von 6 Stationen
(1 - 6, gestrichelte Hinweislinien) zwischen Fürth i.Odw. und dem
Kläranlagenzufluß der Fa. Freudenberg unterhalb von Weinheim durchgeführt (Abb. 57). Das Sedimentmaterial wurde jeweils in 6 Korngrößenintervalle aufgegliedert. Aus den Histogrammen (in der linken oberen
Ecke) der Abb. 57 läßt sich entnehmen, daß die Ablagerungen der Weschnitz verhältnismäßig grobkörnig sind.

Es zeigt sich, daß die Metallführung - auch im noch weitgehend unbelasteten Zustand der Sedimente im Oberlauf der Weschnitz - in den
feinsten Körnungen besonders groß ist. Eine extreme Chrom-Belastung
zeigt Station 6. Der Klärschlamm der Fa. Freudenberg selbst enthielt
in der abgesiebten Fraktion kleiner 40 μ 1,06% Chrom.

14. Korrelationen

Um eine bessere Übersicht über die Wirkungsweise der verschiedenen
Mechanismen zu gewinnen, die für die Schwermetallführung in den Sedi-
menten verantwortlich sein können, wird im folgenden eine statistische
Analyse der Meßdaten durchgeführt. Die Auswertung erfolgt nach dem
Prinzip der Einfachkorrelation, bei der jeweils zwei Variable auf
ihre gegenseitige Beziehung untersucht werden.

Eine Regressionsanalyse kann dazu dienen, das Ausmaß der Abhängigkeit
einer Variablen, z.D. von Kupfer-Gehalten in Tonsedimenten, gegen
eine zweite Variable, z.B. Gehalte an organischer Substanz in diesen
Proben, numerisch zu erfassen.[13] Der "Korrelationskoeffizient", der
diese Beziehung zahlenmäßig ausdrückt, bewegt sich zwischen +1 und
-1; bei Null besteht der geringste Zusammenhang zwischen den beiden
Variablen.

Durch eine anschließende Signifikanzprüfung läßt sich feststellen, mit
welchem Sicherheitsgrad die beobachtete Korrelation "wahrscheinlich"
ist. Für geochemische Untersuchungen ist dabei normalerweise eine
Wahrscheinlichkeitsgrenze von 90% nicht zu unterschreiten (THIERGÄRT-
NER, 1967). Bei einer ähnlichen Problemstellung ("hydrochemische
Untersuchungen von Sickerwässern unterhalb von Abfallablagerungen...")
hat SCHÖTTLER (1972) 95% als unterste Signifikanzschranke gewählt.
Wir übernehmen diese Abstufung im folgenden und markieren eine Korre-
lation von 95% Wahrscheinlichkeit durch einfaches Unterstreichen, eine
Signifikanz von 99% durch doppeltes Unterstreichen des entsprechenden
Zahlenwertes. Der Signifikanztest erfolgte nach der Prüftafel für
Korrelationsziffern aus MARSAL (1967).

---

[13] Ist ein solcher Zusammenhang gegeben, so bedeutet das nur, daß die
eine Variable die Streuung einer anderen Variablen mehr oder weniger
gut "erklärt"; es läßt sich daraus jedoch nicht zwingend ein "Kausal-
zusammenhang" zwischen den beiden Beobachtungen ableiten (vgl. WALLIS
und ROBERTS, 1956).

14.1 Korrelationen zwischen den einzelnen Schwermetallen

Tabelle 44 gibt eine Korrelationsmatrix für die paarweisen Beziehungen von 8 untersuchten Schwermetallen aus jeweils 84 Tonsedimentproben (Flüsse und Zuflüsse). Der Signifikanztest zeigt hier Korrelationen von >99% Wahrscheinlichkeit und solche Zusammenhänge, die <95% sicher sind.

Tabelle 44. Korrelationsmatrix der Schwermetalle in den Tonsedimenten

	Cd	Hg	Co	Pb	Cu	Ni	Cr	Zn
Cd	1	-0.122	0.347	0.187	0.366	-0.031	0.109	0.083
Hg	-0.122	1	-0.176	-0.454	0.130	0.540	0.100	-0.242
Co	0.347	-0.176	1	0.044	0.566	0.063	-0.070	-0.044
Pb	0.187	-0.454	0.044	1	0.328	0.173	0.031	0.651
Cu	0.366	0.130	0.566	0.328	1	0.497	0.031	0.359
Ni	-0.031	0.540	0.063	0.173	0.497	1	0.118	0.148
Cr	0.109	0.100	-0.070	0.031	0.031	0.118	1	-0.246
Zn	0.083	-0.242	-0.044	0.651	0.359	0.148	-0.246	1

Aus dieser Zusammenstellung ergeben sich deutliche Unterschiede in der Korrelierbarkeit der einzelnen Elemente untereinander. Während die Chrom-Werte in den untersuchten Sedimenten keinen signifikanten Zusammenhang mit einem der anderen Schwermetalle besitzen und auch Quecksilber nur mit einem Element, Nickel, sicher korrelierbar ist, zeigen die Veränderungen bei den Kupfer-Gehalten deutliche Beziehungen zu den entsprechenden Daten von Cadmium, Kobalt, Blei, Nickel und Zink. Dieses Verhalten des Chroms läßt sich wohl aus sehr eng begrenzten, lokalen Emissionen erklären, die kaum einen Zusammenhang zu anderen Metallverschmutzungen besitzen. Schwierig ist die Interpretation einer gleichzeitigen Zunahme der Cadmium bzw. Quecksilber-Gehalte mit einer Zunahme der Kobalt- bzw. Nickel-Anteile in den Sedimenten. Ein plausibler Grund für die engen Beziehungen zwischen Zink, Kupfer und Blei dürfte in deren gemeinsamen Auftreten in kommunalen Abwässern (als Korrosionsprodukte von Leitungsrohren) liegen. Die bevorzugte Verknüpfung steigender Kupferkonzentrationen mit erhöhten Gehalten von anderen Schwermetallen ist vermutlich auf den vielseitigen Einsatz dieses Metalls und seiner Verbindungen zurückzuführen.

14.2 Beziehungen zwischen den Metallkonzentrationen im Sediment: Schwermetall-Gehalt im Wasser

Eine Untersuchung dieser Korrelation ist fragwürdig, weil die hier eingesetzten Wasserdaten jeweils nur eine Messung repräsentieren. Dennoch können auch diese Beziehungen aufschlußreich sein, wenn sie im Zusammenhang mit den Verteilungskoeffizienten (s. weiter unten) betrachtet werden.

Der Korrelationskoeffizient Metall im Sediment: Metall im Wasser besitzt im einzelnen folgende Zahlenwerte (jeweils aus 54 Proben):

Kupfer 0.537, Zink 0.443, Cadmium 0.313, Blei 0.054

Die Korrelation zwischen den Kupfer- bzw. Zink-Gehalten im Sediment
und im Wasser ist mit 99% signifikant, bei Cadmium ergibt sich eine
mehr als 95%-ige Wahrscheinlichkeit für die beobachtete Abhängigkeit;
dagegen scheint zwischen den Bleikonzentrationen in Lösung und den
entsprechenden Gehalten in den Sedimenten keine Abhängigkeit zu bestehen.

Eine ähnliche Entwicklung zeigen die *Verteilungsquotienten* zwischen
dem Schwermetall-Gehalt in der Lösungs- und in der Feststoffphase.
Zur Bestimmung dieser Daten wurde jeweils für verschiedene Probe-
entnahmestellen am Unterlauf von Rhein, Elbe, Donau, Weser und Ems
ein repräsentativer Quotient der Wasser- und Sedimentkonzentrationen
(Tabelle 45) gebildet (Zahlenwerte x 10^{-5}):

Tabelle 45. Quotient Schwermetall-Gehalt Wasser/Sediment (x 10^{-5})

	Kupfer	Zink	Cadmium	Blei
Rhein	4.5	7.3	6.4	1.2
Elbe	4.8	6.2	3.1	1.0
Donau	6.6	4.0	2.8	1.2
Weser	4.8	4.7	2.0	0.7
Ems	5.0	5.2	3.2	0.8
Mittelwerte	5.1	5.5	3.5	1.0	x 10^{-5}

Man kann in dieser Anordnung eine Reihenfolge der "Bindungsfestigkeit"
der einzelnen Metalle an die Feststoffe im Gewässer sehen. Auch KÖLLE
(1971) fand einen besonders geringen Verteilungskoeffizienten für Blei
und erklärte diese Beobachtung mit einem "Puffereffekt" der Schwebstoffe für die erhöhten Bleikonzentrationen. Wie jedoch aus dem geringen Korrelationskoeffizienten von 0.054 hervorgeht, scheint sich
gerade im Falle des Bleis innerhalb der Fließgewässer kein echtes
physiko-chemisches Gleichgewicht zwischen Lösungs- und Feststoffphase auszubilden. Dies deutet darauf hin, daß hier das Verhältnis
der im Wasser und im Schwebgut abtransportierten Schwermetall-Mengen
bereits vor dem Eintritt in den Vorfluter weitgehend festliegt. Bei
anderen Metallen, z.B. bei Kupfer und Zink, scheinen sich dagegen im
Fluß noch zusätzliche Austauschvorgänge zwischen Lösung und Feststoffen abzuspielen, obwohl HELLMANN (1972) nach den Radionuklid-
Untersuchungen von BLOCK und SCHNEIDER (1967-1970) solche Prozesse -
zumindest bei Zink - in Frage stellt.

14.3 Korrelation Schwermetalle : Organischer Kohlenstoff bzw. Sulfid-
Schwefel

In Tabelle 46 sind Korrelationskoeffizienten (und Signifikanz) der
Beziehung Metall : organischer Kohlenstoff sowie Metall : Sulfid-
Schwefel dargestellt. Angesichts der geringen Probenzahl stellen die
errechneten Koeffizienten lediglich erste Anhaltswerte dar, die sich
bei einer größeren Anzahl von Proben noch stark verändern können.

Schwermetall : Organischer Kohlenstoff. Eindeutig positive Korrelationen zeigen Kupfer, Zink und Nickel. Diese Abhängigkeit scheint
jedoch weniger auf eine Bindung an organische Substanz als auf eine

gemeinsame Herkunft aus kommunalen Klärbecken hinzuweisen. Die
schlechteste Korrelation zeigen Kobalt und Cadmium.

Schwermetall : Sulfid-Schwefel. Lediglich Cadmium zeigt eine gute
Korrelierbarkeit, die sich wohl daraus ergibt, daß Cadmium zum größten
Teil bereits als Cadmium-Sulfid emittiert wird.

Tabelle 46. Korrelationskoeffizient Schwermetall/org. C sowie Schwer-
metall/Sulfid-Schwefel

	r Metall/org. C (47 Proben)		r Metall/Sulfid-S. (22 Proben)	
Kupfer	0.685	Cadmium	0.623	
Zink	0.538	Zink	0.384	
Nickel	0.479	Nickel	0.368	Signifikanz
Chrom	0.300	Kobalt	0.155	═══ > 99%
Blei	0.282	Quecksilber	0.033	─── > 95%
Quecksilber	0.264	Chrom	0.026	
Cadmium	0.141	Kupfer	-0.016	
Kobalt	-0.070	Blei	-0.110	

D. Prozesse der Schwermetallanreicherung in Sedimenten: Sediment-Wasser-Wechselwirkungen

15. Bindungsarten der Schwermetalle im Schwebgut und Sediment umweltbelasteter Gewässer

Die in Sedimenten stärker besiedelter und/oder industrialisierter Gebiete auftretenden Schwermetall-Gehalte setzen sich aus 2 Komponenten zusammen: dem natürlichen Schwermetall-Anteil, der durch die Geochemie des Ausgangsmaterials und durch chemische Prozesse bei der Verwitterung und beim Transport geprägt wird, und dem durch Umweltverschmutzung bedingten Anteil, der in vielen Gewässern bereits ein Vielfaches des natürlichen Anteils ausmacht.

Neben der Kenntnis der absoluten Menge der einzelnen Schwermetalle ist die Kenntnis der Bindungsart von entscheidender Bedeutung für die Frage der "Verfügbarkeit" und damit einer möglichen "Giftigkeit" eines bestimmten Schwermetalls.

Während über die Bindungsarten der Schwermetalle in umweltunbeeinflußten limnischen Sedimenten klare Vorstellungen existieren (vgl. Abschn. 9.6), gilt dies nicht - bzw. nur in beschränktem Maße - für umweltbeeinflußte Sedimente.

Die Frage nach der Bindungsart von Schwermetallen in umweltbelasteten Sedimenten ist eng verknüpft mit der Frage nach der Art, in der ein Metall oder eine Metallverbindung Verwendung findet, bevor es (bzw. sie) in unveränderter oder - durch die Verwendung - veränderter Form in ein Gewässer und schließlich über das Schwebgut in die Sedimente gelangt. Bei den vielfältigen Verwendungsmöglichkeiten der Schwermetalle in allen technischen Bereichen ist es unmöglich, diese Frage auch nur annähernd vollständig zu beantworten.

Am Beispiel des B l e i s (vgl. hierzu Abschn. 6.2 mit Abb. 15 und Tabelle 13) sollen einige Bindungs- und Verwendungsarten aufgezeigt werden, die von der mengenmäßig völlig unbedeutenden Verwendung von Bleiperchlorat-Lösungen in der Kerntechnik bis zu der sehr wesentlichen Nutzung von metallischem Blei und von Bleidioxid für die Elektrodenplatten der Blei-Akkumulatoren reichen. Mit Abstand die größte Blei-Menge wird im Akkumulatorenbau verbraucht.

Die zweitwichtigste Verwendungsart von Blei ist in den einzelnen Industrienationen verschieden: Im höchstmotorisierten Land, den USA, wurden 1970 ca. 250.000t Blei (geschätzter Gesamtweltverbrauch: 350.000t) zu Antiklopfmitteln verarbeitet. In Großbritannien, das ca. 80% der erzeugten Additive exportiert, liegt der hierfür verwendete Blei-Anteil erst an vierter Stelle, metallisches Blei für Kabelmäntel sowie für Bleiplatten und -rohre nimmt die Plätze 2 und 3 ein.

Weitere wichtigere Verwendungsarten für Blei sind Legierungen (vor allem für Schriftmetall), Pigmente (Bleiweiß, Bleichromat), Stabilisatoren für PVC (Bleiweiß, basische Bleisulfate), Trockenmittel für

Lacke (Bleilineolat, Bleitetraborat, Bleistearat) und Rostschutzfarben
(Mennige, Calciumorthoplumbat, Bleicyanamid).

Während das in Akkumulatoren enthaltene Blei so gut wie keine Belastung
für die Umwelt darstellt, da es fast quantitativ wieder zurückgewonnen
wird, stellen die bleihaltigen Antiklopfmittel die stärkste Immissions-
quelle für Blei dar, da es als staubförmiges $PbClBr$ oder $2NH_4Cl \cdot PbClBr$
den Motor über das Auspuffsystem verläßt und als Aerosol über weite
Strecken transportiert werden kann.

Trotz der Vielfältigkeit in der Art der chemischen Bindung zeigt sich,
daß im Prinzip die umweltbedingten Bindungsarten der Schwermetalle
mit den natürlichen vergleichbar sind: so können die Metalle der als
lösliche Metallsalze Verwendung findenden Schwermetallverbindungen in
gelöster (ionarer) Form in die Kläranlagen bzw. direkt in die Gewässer
gelangen und dort durch Kationenaustausch und Adsorption an die Oberfläche anorganischer und organischer Teilchen gebunden werden (Bindungsart a, Bindung durch elektrostatische und zwischenmolekulare Kräfte;
Kationenaustausch und Adsorption). Metalle und wasserunlösliche Metallverbindungen, die als solche bereits in die Kläranlagen oder Vorfluter-
gelangen oder dort erst ausgefällt werden, können mit der mineralischen
Bindungsart (Bindungsart d) oder mit der organischen Bindungsart (Bindungsart c) verglichen werden, je nachdem es sich um anorganische oder
organische Verbindungen handelt. Die Bindungsart b (Schwermetalle als
Ko-Präzipitate in Fe- und Mn-Hydroxiden) dürfte in umweltbelasteten
Gewässern nur dort eine bedeutendere Rolle spielen, wo es infolge
Eh-pH-Änderungen zur Auflösung und Wiederausfällung von Hydroxiden
kommt.

16. Schwermetallanreicherungen

16.1 Schwermetallanreicherung durch Kationenaustausch und Adsorption

Eine Reihe sedimentbildender Materialien mit großer Oberfläche, vor
allem die Tonmineralien, frischgefällte Eisenhydroxide, amorphe Kiesel-
säure sowie organische Substanzen besitzen die Fähigkeit, Kationen
aus wäßrigen Lösungen zu sorbieren und äquivalente Mengen anderer
Kationen an die Lösung abzugeben - ein Vorgang, der als Kationenaustausch bezeichnet wird. Die Ursache des Kationenaustausches beruht
auf negativ geladenen Gruppen (SiOH-, $Al-OH_2$- und AlOH-Gruppen bei den
Tonmineralien; Fe-OH-Gruppen beim Eisenhydroxid; Carboxyl- und pheno-
lische OH-Gruppen bei der organischen Substanz), zu deren Neutralisie-
rung positiv geladene Kationen angelagert werden.

Darüber hinaus sind alle feinkörnigen Materialien mit großer Oberfläche
in der Lage, Schwermetall-Ionen an der Grenzflächenschicht auf Grund
zwischenmolekularer Wechselwirkungen anzulagern - ein Vorgang, der als
Adsorption bezeichnet wird. Zwischen der Menge der von einem Adsorp-
tionsmittel angelagerten Kationen und der Menge dieser Kationen in der
Lösung besteht ein Gleichgewicht (FREUNDLICHsche Isotherme). Wird der
Schwermetall-Gehalt der Lösung erhöht, steigt die Menge der adsorbierten Kationen an; bei Konzentrationserniedrigung erfolgt infolge der
Einstellung eines neuen Gleichgewichtes Desorption.

Über das Verhältnis von adsorbierten zu ausgetauschten Kationen in
Schwebstoffen oder Sedimenten liegen keine Zahlenangaben vor. Mit
Sicherheit kann jedoch angenommen werden, daß die Adsorption von
Schwermetallen im Vergleich zu deren Bindung durch Kationenaustausch
nur eine völlig untergeordnete Rolle spielt.

Die Summe der austauschfähigen Kationen (einschl. H^+) bildet die "Austauschkapazität" ausgedrückt in mval/100g Material. Austauschkapazi-
täten wichtiger sedimentbildender Materialien enthält Tabelle 47.
Bei den Tonmineralien, die in tonigen Sedimenten und im Schwebgut besonders häufig sind, steigt die Austauschkapazität vom Kaolinit über
Chlorit und Illit - entsprechend der Abnahme der Teilchengröße und
der damit verbundenen Zunahme der Oberfläche - zum Montmorillonit
stark an. Besonders hoch ist jedoch die Austauschkapazität der organischen Substanzen, vor allem die der Humussäuren, so daß bereits ein
geringer Prozentsatz organischen Materials einen starken Anstieg der
Austauschkapazität des Gesamtsedimentes bedingen kann. Auf die chelat-
bildende Wirkung organischer Komponenten wird in Abschn. 16.3 eingegangen.

Tabelle 47. Austauschkapazität wichtiger sedimentbildender Materialien
(nach SCHEFFER-SCHACHTSCHABEL, 1966; Huminsäure-Wert nach MARSHALL,
1964)

Material	Austauschkapazität (mval/100g)
Kaolinit	3 - 15
Chlorit	10 - 40
Illit	20 - 50
Montmorillonit	80 - 120
Frisch gefällte Fe-Hydroxide	10 - 25
Amorphe Kieselsäure	11 - 34
Organische Substanz (aus Böden)	150 - 250
Huminsäuren (aus Böden)	170 - 590

Die Haftfestigkeit der Kationen am Austauscher wird nach SCHEFFER-
SCHACHTSCHABEL (1966) von folgenden Faktoren bestimmt:

a) Wertigkeit und Hydratation der Kationen, Atomzahl. Die Haftfestigkeit steigt mit zunehmender Wertigkeit der Kationen (Wertigkeits-
effekt)

$$Me^+ < Me^{2+} < Me^{3+} \ldots$$

und innerhalb der Alkali- und Erdalkalireihe mit sinkendem Durchmesser
der Kationen im hydratisierten Zustand (Hydratationseffekt)

Li > Na > K > Rb > Cs
Mg > Ca > Sr > Ba

an.

Nach KELLEY (1948) nimmt die Haftfestigkeit bei Kationen gleicher
Wertigkeit mit steigender Atomzahl zu.

b) Konzentration der Lösung. Mit zunehmender Konzentration einer Lösung steigt die Menge der ausgetauschten Kationen; Austauscher im

Gleichgewicht mit 2 Kationen unterschiedlicher Wertigkeit bevorzugen
das höherwertige Kation um so mehr, je verdünnter die Lösung ist
(Erhöhung des Wertigkeitseffektes).

c) Kationenaustausch organischer und anorganischer Substanzen. Die
organische Substanz besitzt eine hohe Selektivität für 2-wertige gegenüber 1-wertigen Ionen. Die Haftfähigkeit von Schwermetall-Ionen übertrifft die der Erdalkali- und Alkali-Ionen:

$Pb > Cu > Ni > Co > Zn > Mn > Ba > Ca > Mg > NH_4 > K > Na$

Für synthetische Zeolithe stellte REYNOLDS (1935) folgende Reihenfolge auf:

$Cu > Pb > Ni > Ag > Zn > Hg > Cd$

Qualitative Experimente zeigen, daß für Tonmineralien eine ähnliche
Reihenfolge existiert (WEISS und AMSTUTZ, 1966).

*d) Spezifische Wechselwirkungen zwischen anorganischen Austauschern
und Kationen.* Unterschiedliche Eigenschaften der Austauschplätze im
Gitter, Einfluß der elektrostatischen Feldstärke sowie die Fixierung
von Kationen beeinflussen vor allem die Haftfähigkeit von K- und NH_4-
Ionen.

Das für chemische Reaktionen gültige Massenwirkungsgesetz, das außer
der Konzentration auch die Wertigkeit der Kationen berücksichtigt,
besitzt auch für die Austauschreaktionen des Kationenaustausches
Gültigkeit.

Für die Schwermetalle als Gruppe folgt aus diesen Betrachtungen, daß
sie insgesamt eine h ö h e r e Haftfähigkeit als die Metalle der
Alkali- und Erdalkali-Reihe besitzen.

Da der "normale" Kationenbelag limnischer und mariner Sedimente -
geprägt durch den Chemismus der Wässer - nahezu ausschließlich aus
Calcium, Magnesium, Natrium und Kalium besteht (Tabelle 48), können
Schwermetall-Ionen gegen diese Ionen ausgetauscht und damit an die
Sedimentpartikeln sorbiert werden.

Eine allgemein gültige Reihenfolge der Haftfähigkeit innerhalb der
einzelnen Schwermetalle aufzustellen ist nicht möglich, da neben der
Wertigkeit und der Atomzahl noch andere Faktoren, wie z.B. die Neigung eines bestimmten Schwermetalles zur Bildung von Hydroxy-Ionen
oder seine speziellen geometrischen Beziehungen zum Kristallgitter
des Austauschers eine gewichtige Rolle spielen.

So konnten JENNY und ELGABALY (1943) bei der Behandlung von Mont-
morillonit-Suspensionen mit $ZnCl_2$-Lösungen zeigen, daß Zink in drei
verschiedenen Formen - als Zn^{2+}, $ZnOH^+$ und $ZnCl^+$ - an Austauschposi-
tionen adsorbiert und in einer vierten, nicht-austauschbaren und schwierig zu extrahierenden Form (wahrscheinlich in der zentralen Oktaeder-
schicht des Montmorillonit-Gitters) "fixiert" wurde.

Die Geschwindigkeit des Kationenaustausches hängt vom Material sowie
von Art und Konzentration der Kationen und Anionen ab. Bei den Tonmineralien erfolgt der vollständige Austausch am raschesten beim
Kaolinit, am langsamsten beim Illit (GRIM, 1968).

Tabelle 48. Kationen-Belegung von (montmorillonitischem) Schwebgut
des Missouri-Flusses sowie deren Veränderung bei Behandlung mit
Meerwasser (nach POTTS, 1959). Alle Zahlenangaben in mval/100g

Kationen	Unbehandelter Ton	36 h in Meerwasser	86 h in Meerwasser
Ca	60,7	38,3	17,3
Mg	20,1	29,7	39,3
Na	1,7	1,8	3,4
K	1,4	1,4	2,0
Summe	83,9	71,2	62,0

<u>Experimentelle Untersuchungen</u>. Von den z.Zt. am Laboratorium für Se-
dimentforschung in Heidelberg durchgeführten experimentellen Untersuchungen über den Eintausch von Schwermetallen an Tonmineralien
(SOONG, in Bearb.) sollen nachfolgend einige Ergebnisse wiedergegeben
werden.

Abb. 58 zeigt den Eintausch von Blei bei Illit in Abhängigkeit von
der Einwirkungsdauer und der Temperatur. Bereits nach 10-minütiger
Einwirkung der Lösung sind über drei Viertel der gesamten Austauschkapazität des Illits durch Blei besetzt, eine Einstellung des Gleichgewichts erfolgt jedoch sehr langsam und wurde im beschriebenen Versuch auch noch nicht nach mehreren Wochen erreicht.

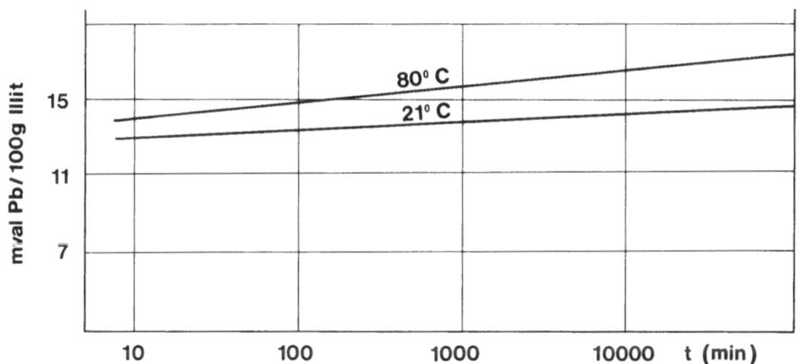

Abb. 58. Eintausch von Blei bei Illit in Abhängigkeit von der Einwirkungsdauer und der Temperatur. Konzentrationen der Pb-Lösung 14
mval/l, pH = 4.62 (nach SOONG, in Bearb.)

Die Eintauschversuche sollen zeigen, wie weit das in Flüssen mitge-
führte Schwebgut oder das tonige Sediment in der Lage sind, Schwermetall-Ionen aus dem Wasser zu eliminieren. Daß bei Unfällen in Betrieben der metallbearbeitenden Industrie oder während der Verschiffung
von Chemikalien schwermetallreiche Lösungen, wie sie in den Versuchen
verwendet wurden, kurzfristig auftreten können, ist nicht von der Hand
zu weisen.

In Abb. 59 sind Messungen dargestellt, die mit einer Versuchsanordnung
erzielt wurden, welche die Vorgänge in einer Uferfiltratsstrecke simu-
lieren: Aus einer Vorratsflasche fließen schwermetallhaltige Lösungen

mit definierter Geschwindigkeit durch Säulen, die mit einem Quarzsand-
Tonmineralgemisch gefüllt sind. Die Schwermetallkonzentration der
Lösung wird in regelmäßigen Abständen gemessen, und aus der Schwer-
metall-Abnahme wird die Schwermetall-Sorption an den Tonmineralien
berechnet.

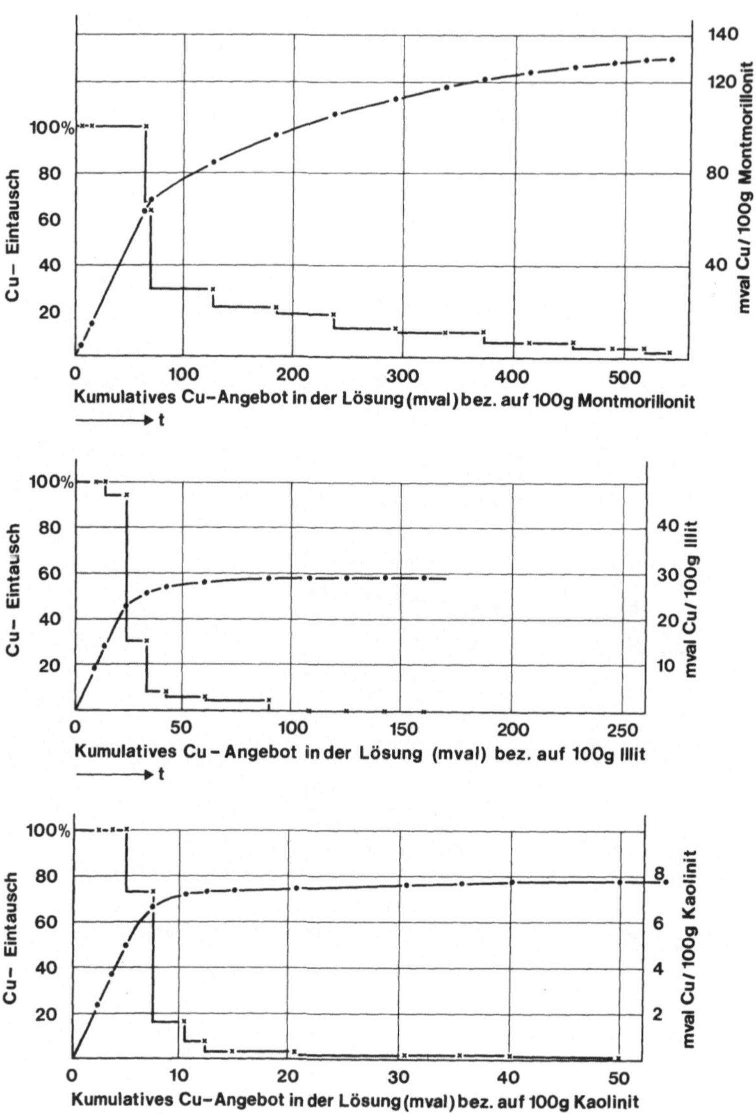

Abb. 59. Eintausch von Kupfer bei verschiedenen Tonmineralien (Montmorillonit, Illit und Kaolinit) in Abhängigkeit von der Durchlaufzeit
durch das Versuchsgerät. Konzentration und pH der Cu-Lösungen:
114 mval/l - 3,95 bei Montmorillonit, 50 mval/l - 4,7 bei Illit und
Kaolinit (nach SOONG, in Bearb.)

Die in Abb. 59 mit Kupfersulfat-Lösungen an verschiedenen Tonmineralien erzielten Resultate lassen erkennen, daß zunächst das gesamte
Kupfer der Lösung an die Tonmineralien sorbiert wird und die aus-
laufenden Lösungen praktisch kupferfrei sind. Erst nach längerem Lö-
sungsangebot nimmt die Menge des sorbierten Kupfers ab und nähert sich
mit Erreichen der Austauschkapazität dem Nullwert.

16.2 Schwermetallanreicherung durch Fällung und Mitfällung; Stabilitäts-
beziehungen

16.2.1 Fällung

Überschreitet das Produkt der Ionenkonzentration $c_A+ \cdot c_B-$ einen Grenzwert ("Löslichkeitsprodukt"), so kommt es zur Ausfällung von AB als
fester Stoff.

Die Konzentration eines Metalliones bei beginnender Fällung ist in
erster Linie von der Art und der Konzentration (richtiger: Aktivität)
der in der Lösung enthaltenen Anionen sowie vom pH-Wert abhängig.

In den Oberflächenwässern und in den Porenwässern der Sedimente treten
vor allem Chlorid-, Sulfat-, Bikarbonat- und - unter reduzierenden Bedingungen - Hydrogensulfid-Anionen auf.

Da bei sämtlichen hier besprochenen Schwermetallen die Chloride (Ausnahme: Quecksilber(I)chlorid) und Sulfate relativ leicht, die Karbonate, Hydroxide und Sulfide hingegen sehr schwer in Wasser löslich sind,
können sich unsere Betrachtungen auf die im Wasser nur sehr gering
löslichen Verbindungen beschränken.

Die nachfolgenden Ausführungen über die Löslichkeit von Schwermetall-
verbindungen können nur informativen Charakter haben, da sie nur für
das reine System Metallverbindung - Wasser gelten. Veränderungen der
Löslichkeit durch den pH-Wert werden nur bei den Hydroxiden dargestellt, sie sind jedoch ähnlich stark bei den Karbonaten, wo bereits
geringe Mengen an CO_2 eine starke Erhöhung der Löslichkeit ergeben.

Hydroxide. Die maximale Aktivität von Schwermetallen im Gleichgewicht
mit ihren Hydroxiden ist in Abb. 60 dargestellt.

Für den besonders wichtigen pH-Bereich 6 - 8 ergibt sich für die Löslichkeit der Hydroxide folgende Reihenfolge:

Fe(III) < Cu < Zn(krist.) < Ni ≈ Zn(amorph) < Co < Fe(II) < Mn(II)

Über die Löslichkeit des Cadmium-Hydroxids existieren widersprüchliche
Angaben, nach HEM (1972) ist sie jedoch mindestens 100 mal größer als
beim Zink-Hydroxid.

Für das Blei-Hydroxid enthält Abb. 60 ebenfalls keine Angaben. Aus den
Löslichkeitsprodukten der verschiedenen Hydroxide ist jedoch abzulei
ten, daß Pb(OH)$_2$ eine Stellung zwischen Co- und Fe(II)-Hydroxid ein-
nehmen müsste.

Unter Einbeziehung von Cd und Pb lautet somit die Reihenfolge der
Löslichkeit:

Fe(III) < Cu < Zn(krist.) < Ni ≈ Zn(amorph) < Co < Pb < Fe(II) < Cd < Mn(II)

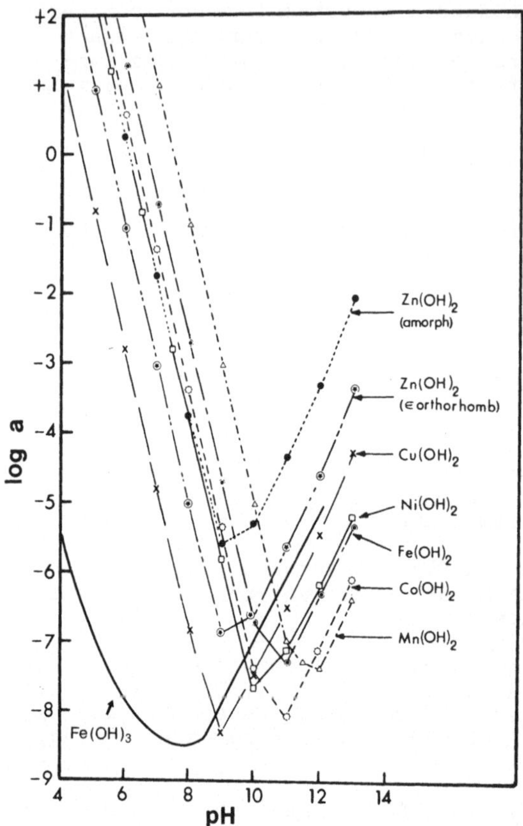

Abb. 60. Maximale Aktivität von Schwermetallen im Gleichgewicht mit ihren Hydroxiden in Abhängigkeit vom pH-Wert (aus JENNE, 1968; Kurve für Fe(OH)$_3$: MORGAN und STUMM, 1965)

Die minimale Löslichkeit liegt bei allen Hydroxiden im pH-Bereich 9 - 12, bereits beim Neutralpunkt sind die Löslichkeiten um mehrere Zehnerpotenzen höher und bei einem pH = 4 ist eine weitgehende Löslichkeit erreicht.

Sulfide. Die Sulfide der Schwermetalle sind bei pH = 7 praktisch unlöslich (Tabelle 49). In Salzsäure lösen sich Fe-, Mn- und Cd-Sulfide relativ leicht, Ni- und Co-Sulfide schwer; Cu-, Pb- und Hg-Sulfide sind nur in oxidierenden Säuren (Salpetersäure) löslich.

Karbonate. Die Löslichkeit der Karbonate in wäßrigen Lösungen (Tabelle 49) ist sehr stark vom CO_2-Partialdruck abhängig. So kann z.B. die in dest. Wasser geringe Löslichkeit von $PbCO_3$ (2,1 mg/l) in Anwesenheit von CO_2 auf das Mehrfache erhöht werden, da eine Auflösung - ähnlich wie beim $CaCO_3$ - nach dem Schema

$$Me(II)CO_3 + H_2O + CO_2 \longrightarrow Me^{2+} + 2(HCO_3)^-$$

erfolgt. Sämtliche Karbonate sind in Säuren löslich.

Tabelle 49. Löslichkeitsprodukte der Schwermetall-Karbonate und -Sulfide (pH = 7). Die Zahlenangaben sind negative Logarithmen der Aktivitätsprodukte bei 25°C. So bedeutet z.B. die Zahl 6,9 hinter $NiCO_3$ Löslichkeitsprodukt für $NiCO_3 = (Ni^{2+})(CO_3^{2-}) = 10^{-6,9}$. Aus KRAUSKOPF (1967) nach Daten von SILLEN (1964)

Karbonate	-logL	Sulfide	-logL
$NiCO_3$	6,9	NiS(alpha)	18,5
		NiS(gamma)	25,7
$CuCO_3$	9,6	CuS	36,1
$Cu_2(OH)_2CO_3$	33,8	Cu_2S	48
$MnCO_3$	10,2	MnS(rosa)	9,6
		MnS(grün)	12,6
$FeCO_3$	10,5	FeS	17,2
$ZnCO_3$	10,8	ZnS(Wurtzit)	21,6
		ZnS(Sphalerit)	23,8
$CdCO_3$	11,3	CdS	27,8
$CoCO_3$	12,8	CoS(alpha)	20,4
		CoS(beta)	24,7
$PbCO_3$	13,1	PbS	27,5
		HgS	52,4

16.2.2 Mitfällung

Als Mitfällung (Coprecipitation) wird ein Vorgang bezeichnet, bei dem ein Stoff an einen Niederschlag gebunden wird, der im Lösungsmittel ohne den Niederschlag löslich wäre. Die Bindungsart des mitgefällten Stoffes kann verschiedener Natur sein: echte Mischkristallbildung, Flüssigkeitseinschlüsse, Sorption u.a.

Die bei der Fällung von Fe- und Mn-Hydroxiden aus der Lösung "mitgefällten" Schwermetalle werden vorwiegend durch Sorption (Kationenaustausch und Adsorption) an die Oberfläche der Hydroxide gebunden. Die Untersuchungen von GIBBS (1973) an Schwebgut von Amazonas und Yukon zeigen jedoch eindeutig, daß ein Teil der Schwermetalle - besonders ausgeprägt bei Nickel und Kobalt - echt in den Hydroxid-Überzügen der Teilchen inkorporiert sind (vgl. Abschn. 9.6).

16.2.3 Stabilitätsbeziehungen

Zur Darstellung von Stabilitätsbeziehungen von Mineralien und chemischen Verbindungen werden in zunehmendem Maße Eh - pH-Diagramme verwendet (vgl. hierzu die zusammenfassende Darstellung von GARRELS und CHRIST, 1965).

Nachfolgend sollen am Beispiel des Zinks und des Cadmiums sowie des Eisens an Hand von Eh - pH-Diagrammen die Bedingungen aufgezeigt werden, unter denen eine bestimmte Verbindung dieser Metalle im Gleichgewicht mit der Lösung ist.

Die für das Zink und das Cadmium von HEM (1972) berechneten Diagramme (Abb. 61 und 62) haben den Anspruch besonders wirklichkeitsnahe zu sein, da für die Aktivitäten der beteiligten Komponenten Werte herangezogen wurden, wie sie in Oberflächen- und Grundwässern beobachtet werden.

So wurde für das Zink eine Aktivität von 10^{-5} Mol/l zugrundegelegt,
die einer Konzentration von 0,65 mg Zn/l entspricht. Für das Cadmium
wurde eine Aktivität von $10^{-7,05}$ Mol/l, entsprechend 0,01 mg Cd/l
(entspricht dem zulässigen Höchstwert für Trinkwasser) verwendet. Für
CO_2 und S wurden Aktivitäten von jeweils 10^{-3} Mol/l eingesetzt.

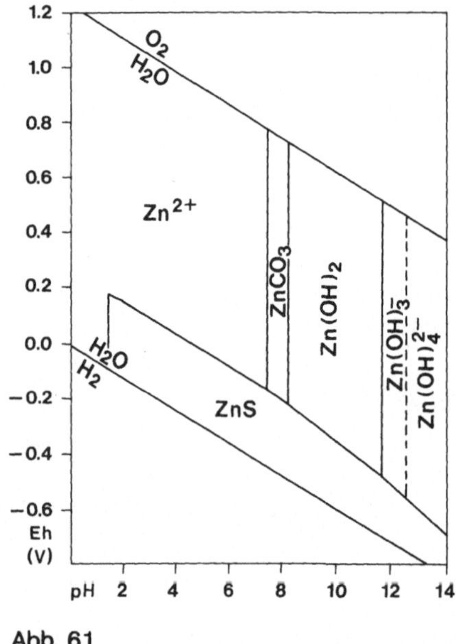

Abb. 61

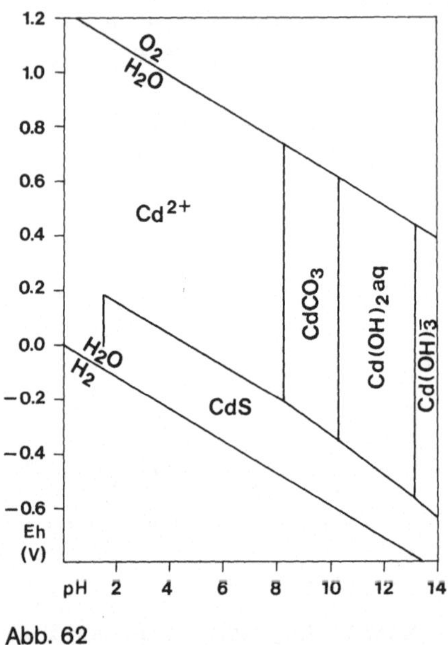

Abb. 62

Abb. 61. Stabilitätsbeziehungen im System Zn + CO_2 + S + H_2O bei 25°C
und 1 Atm. in Abhängigkeit von Eh und pH. Aktivität des gelösten
Zinks = 10^{-5} Mol/l, des gelösten CO_2 und S = 10^{-3} Mol/l (aus HEM,
1972)

Abb. 62. Stabilitätsbeziehungen im System Cd + CO_2 + S + H_2O bei 25°C
und 1 Atm. in Abhängigkeit von Eh und pH. Aktivität des gelösten
Cadmiums = $10^{-7,05}$ Mol/l, des gelösten CO_2 und S = 10^{-3} Mol/l (aus
HEM, 1972)

Im System Zn + S + CO_2 + H_2O (Abb. 61) existieren unter den vorgegebenen Bedingungen 3 feste Phasen: das Sulfid, das Karbonat und das
Hydroxid. Lösliche Phasen umfassen Zn^{2+} bei einem pH von weniger als
ca. 7,5 sowie $Zn(OH)_3^-$ und $Zn(OH)_4^{2-}$ bei sehr hohem pH.

Im System Cd + S + CO_2 + H_2O (Abb. 62) haben unter den vorgegebenen
Bedingungen nur 2 feste Phasen Stabilitätsfelder: Das Karbonat und
das Sulfid, ionar treten Cd^{2+} bei einem pH von weniger als ca. 8
sowie $Cd(OH)_3^-$ bei extrem hohem pH auf. Im pH-Bereich von ca. 8 - 13
ist (nicht-ionares) $Cd(OH)_2$ aq. stabil. Bei höheren Cd-Aktivitäten
würde in diesem Feld die feste Phase $Cd(OH)_2$ liegen.

Die Eh - pH-Diagramme der meisten anderen Schwermetalle sind mit denjenigen des Zinks und des Cadmiums vergleichbar. Bei Anwesenheit von
freiem Sauerstoff (positives Redoxpotential) ist Me^{2+} bei einem pH
von weniger als ca. 7 - 8 stabil, mit ansteigendem pH wird zunächst
das Karbonat, dann das Hydroxid stabile Phase. Bei negativem Redoxpotential ist über weite pH-Bereiche das Sulfid stabile Phase.

Das System Fe + S + CO_2 + H_2O ist für den sedimentären Bereich von besonderem Interesse, da Schwermetalle bei Phasenumwandlungen innerhalb dieses Systems aus der Lösung eliminiert oder aber in die Lösung emittiert werden können (Kationenaustausch, Adsorption, Mitfällung).

In Abb. 63 sind die Stabilitätsbeziehungen für die metastabilen Fe-Hydroxide und für Siderit im System Fe + CO_2 + H_2O dargestellt.

Bei einem pH von größer als 7 und unter reduzierenden Bedingungen ist $FeCO_3$ stabile Phase.

Bei Zutritt von Sauerstoff wandelt sich jedoch das Karbonat rasch in $Fe(OH)_3$ um, aus dem seinerseits wieder $FeCO_3$ entstehen kann, wenn bei Anwesenheit von CO_2 (aus der Zersetzung organischer Substanz), und fehlendem Sauerstoff das Redoxpotential stark negativ wird.

Eine direkte Abscheidung von $FeCO_3$ aus Fe^{2+}-haltigen Lösungen in den Porenräumen von Flußbett-Sanden, durch die Flußwasser in Uferfiltratstrecken einfließt (vgl. Abschn. 19), ist eine wesentliche Ursache für eine Verdichtung der Flußsohle. Abb. 65 zeigt eine derartige Verdichtung im mikroskopischen Bereich: Normalerweise mit Wasser gefüllte Porenräume werden von Siderit ($FeCO_3$) eingenommen.

Auf die Löslichkeit von Fe^{2+} und Mn^{2+} in Abhängigkeit vom Redoxpotential wird in Abb. 78 eingegangen.

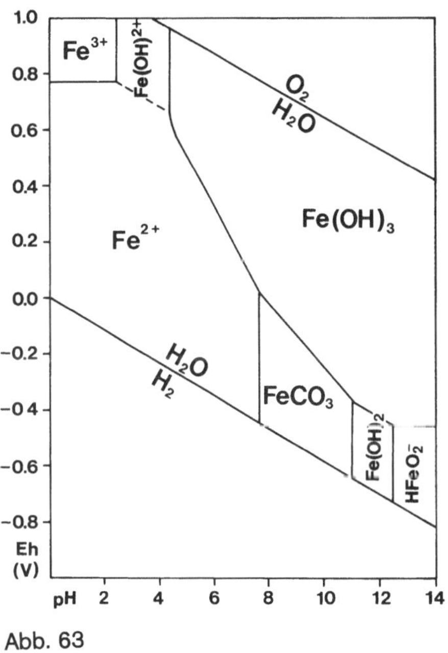

Abb. 63

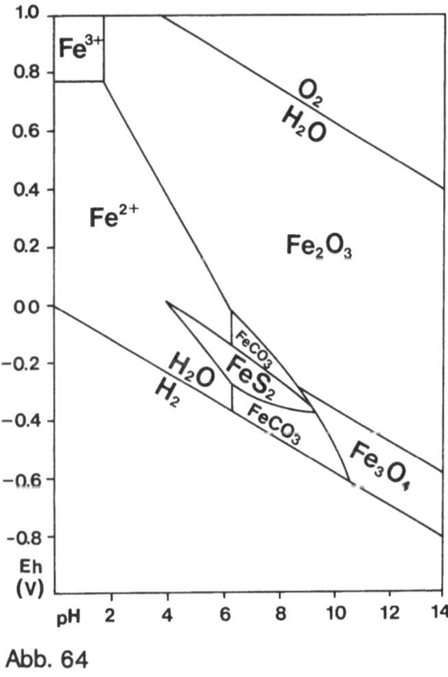

Abb. 64

Abb. 63. Stabilitätsbeziehungen im System Fe + CO_2 + H_2O bei 25°C und 1 Atm. in Abhängigkeit von Eh und pH. Aktivität des gelösten Eisens = 10^{-6} Mol/l, des gelösten CO_2 = 10^{-2} Mol/l (aus GARRELS und CHRIST, 1965)

Abb. 64. Stabilitätsbeziehungen im System Fe + CO_2 + S + H_2O bei 25°C und 1 Atm. in Abhängigkeit von Eh und pH. Aktivität des gelösten Eisen = 10^{-6} Mol/l, des gelösten S = 10^{-6} Mol/l und des gelösten CO_2 = 10^{0} Mol/l (aus GARRELS und CHRIST, 1965)

Da uns aus der Literatur kein Eh - pH-Diagramm bekannt ist, das neben
den (metastabilen) Hydroxiden auch die Sulfide berücksichtigt, wurde
in Abb. 64 das Diagramm für (stabile) Oxide, Sulfid und Karbonat im
System Fe + S + CO_2 + H_2O verwendet.

Gegenüber den Stabilitätsfeldern in Abb. 63 ergeben sich Verschiebungen, die darin begründet liegen, daß die Stabilitäten der metastabilen
Hydroxide nicht völlig mit denen der stabilen Oxide übereinstimmen und
außerdem für die Aktivität des CO_2 in Abb. 63 nur 10^{-2} Mol/l, in
Abb. 64 hingegen 10^0 Mol/l zugrundegelegt wurden.

Im Prinzip kann jedoch das Diagramm der Abb. 64 auch für die metastabilen Phasen verwendet werden. Gegenüber der Abb. 63 (ohne Schwefel)
ergibt sich die grundsätzliche Veränderung, daß sich in das $FeCO_3$-Feld
das FeS_2-Feld einschiebt, das außerdem noch einen engen Stabilitäts-
bereich im Fe^{2+}-Feld bis zu einem pH-Wert von ca. 4 einnimmt.

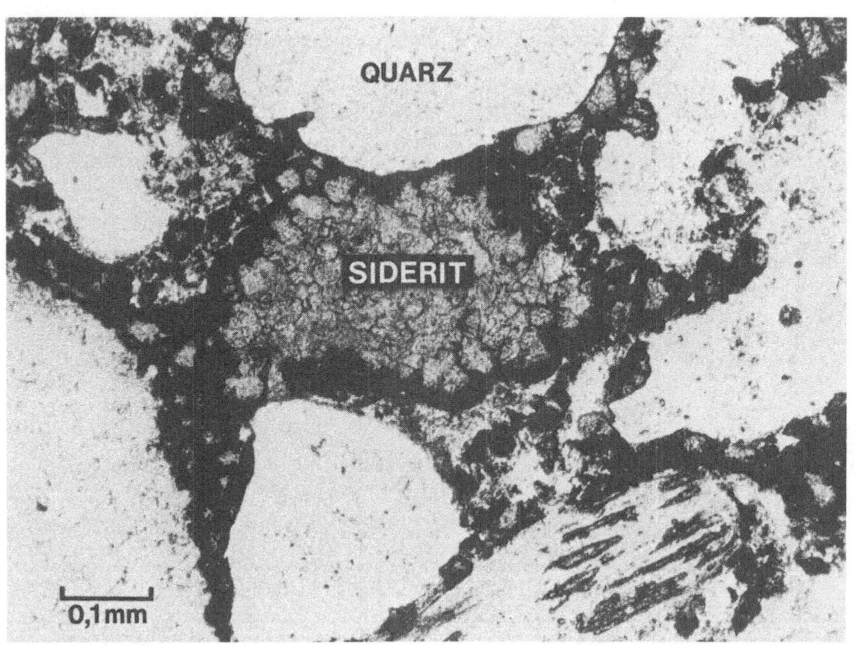

Abb. 65. Zementation von Fluß-Sand auf der Rheinsohle im Hafenbecken
von Neuss durch Siderit

16.3 Metallanreicherung durch wasserunlösliche Huminsäuren (Chelati-
sierung)

Unter den organischen Komponenten der Schweb- und Sinkstoffe in den
Gewässern besitzen die wasserunlöslichen Huminsäuren eine besonders
große Attraktivität für Schwermetallionen. Dabei spielen zwei verschiedene Mechanismen zusammen: Zunächst besitzen die Huminsäuren eine
hohe Kationenaustauschkapazität, die durch ungesättigte Ladungen bedingt ist; zum anderen wirken sie als Chelatbildner und so fixierte

Metallatome sind normalerweise nicht wieder austauschbar. Bei einer
Gesamtbindungskraft zwischen ca. 200 und 600 mval Metall/100g Humussäure entfällt auf das Kationenaustauschvermögen ungefähr ein Drittel,
auf die "Komplexierung" ca. zwei Drittel der verfügbaren Positionen.

Das Bindungsvermögen ist abhängig vom Molekulargewicht der Huminsäuren
sowie von der Ladung und der Größe des Metallions: RASHID (1971) konnte zeigen, daß Huminsäuren mit einem Molekulargewicht unter 700 die
acht-fache Menge an Metallionen binden, verglichen mit Huminsäuren
von einem Molekulargewicht zwischen 10 000 und 100 000. Weiterhin
ergaben diese Untersuchungen, daß das Bindungsvermögen entsprechen-
der Huminsäuren für zweiwertige Metallionen 3 bis 4 mal größer ist als
für dreiwertige. ONG und BISQUE (1968) schließlich wiesen darauf hin,
daß die Fähigkeit, Humussäuren zu koagulieren, mit der Größe des betreffenden Metallions zunimmt und stellten eine Reihenfolge Cu > Co > Ni
für die an dieselbe Menge der Humussäure zu bindenden Schwermetall-
Gehalte auf.

16.4 Relative Anteile der einzelnen Bindungsarten

Über die relativen Anteile der einzelnen Bindungsarten im Schwebgut
oder im Sediment umweltbelasteter Flüsse und Seen liegt unseres
Wissens bisher noch keine Untersuchung vor.

Da je nach der Beschaffenheit der Abwassereinleitungen und der Art
der atmosphärischen Emissionen die Anteile der verschiedenen Bindungsarten in verschiedenen Flüssen und Seen - ja sogar in verschiedenen Fluß- oder See-Abschnitten ein und desselben Gewässers - starken
Schwankungen unterliegen dürften, erscheint es zum jetzigen Zeitpunkt
kaum möglich, generelle Aussagen zu machen.

Untersuchungen zu diesem Thema werden z.Zt. an unserem Laboratorium
durchgeführt (RAO, in Bearb.), über ein erstes Ergebnis soll nachfolgend berichtet werden.

Zur Untersuchung gelangte ein stark schwermetallbelastetes Sediment
aus dem Rhein bei Wesel (Niederrhein), von dem angenommen werden kann,
daß die einzelnen Bindungsarten der Schwermetalle einem "Durchschnittswert" (dies gilt zumindest für den Rhein) nahekommen, da das Hinterland entsprechend groß ist.

Die Ergebnisse der verschiedenen Behandlungsarten, die Aufschluß über
die Bindungsarten der Schwermetalle vermitteln sollen, sind in Tabelle
50 und Abb. 66 dargestellt.

Kationenaustausch (Bindungsart a). Die Anteile der einzelnen Elemente
variieren zwischen 2,9% (Mn) und 14,0% (Hg); es ergibt sich die Abfolge

Mn < Zn < Fe < Cr < Pb < Cd < Co < Cu < Ni < Hg

Insgesamt liegen die vergleichbaren Anteile höher als bei Schwebgut
von Yukon und Amazonas (vgl. Abschn. 9.2).

Zusammen mit Fe(OH)$_3$ ausgefällte Schwermetalle (Bindungsart b). Die
Behandlung der Sedimentprobe mit einer Na-dithionit-Lösung (50 mg/l)
ließ lediglich ca. 0,1% des im Sediment vorhandenen Eisens in Lösung
gehen, die Anteile der Schwermetalle waren gleichfalls entsprechend
niedrig. Dieses Verhalten deutet darauf hin, daß im untersuchten Sediment praktisch kein Eisenhydroxid vorliegt.

Tabelle 50. Relative Anteile an Schwermetallen (in %), die durch verschiedene Behandlungen des Sediments (Rhein bei Wesel) extrahierbar sind. Nach RAO (in Bearb.)

	Kationen-austausch	HCl(0,1N)	NaOH(0,1N)	H_2O_2 (30%)	NTA(50 mg/1)	Absoluter Schwermetall-Gehalt (ppm)
Cd	8,8	4,6	54,4	3,0	40,9	30,3
Hg	14,0	nicht nachweisb.	12,2	nicht nachweisb.	nicht nachweisb.	28,6
Co	9,1	53,7	16,4	11,7	8,5	52
Pb	7,6	7,9	15,4	0,2	11,9	351
Cu	9,9	53,7	43,8	11,5	32,0	606
Ni	11,9	93,4	11,8	17,5	23,8	164
Cr	6,1	33,8	4,9	20,0	0,15	294
Zn	3,1	100,0	13,4	1,2	40,4	1603
Mn	2,9	100,0	1,5	7,0	3,4	553
Fe	3,6	77,1	3,23	0,2	0,3	39700

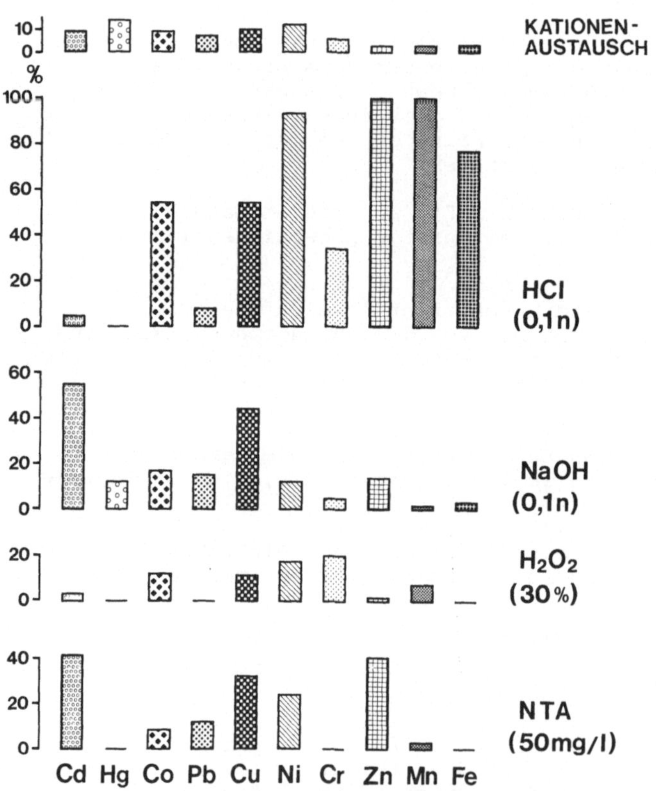

Abb. 66. Experimentelle Remobilisierung von Schwermetallen aus Rheinsediment (Wesel) durch verschiedene Agentien (nach RAO, in Bearb.)

Mineralische (bzw. anorganische) Bindung (Bindungsart d). Da Ionen-
Austausch und organische Bindungsart für jedes Schwermetall zusammen
stets unter 30% ausmachen (beim Fe, Mn, Pb und Zn sind es weniger als
10%) kann der für Bindungsart d zu veranschlagende Anteil auf über
70% geschätzt werden. Der Versuch einer weiteren Aufschlüsselung dieser
Bindungsart soll hier nicht vorgenommen werden, obwohl aus dem Verhalten des Sedimentes gegenüber HCl, NaOH und einem Komplexbildner
(NTA) gewisse Rückschlüsse möglich sind.

17. Immobilisierung - Remobilisierung von Schwermetallen; Verhalten
synthetischer Komplexbildner

Die im vorangegangenen Abschnitt behandelten Prozesse der Schwermetallanreicherung in Sedimenten standen vorwiegend unter dem Gesichtspunkt
der Immobilisierung von Schwermetallen aus dem Wasser durch Bindung
an die Schwebstoffe und schließlich an die Sedimente. Diese Prozesse
finden in großem Umfang in den Kläranlagen und in den Gewässern selbst
statt, sie sind die Ursache dafür, daß eine Trinkwasserentnahme aus
Oberflächengewässern zum jetzigen Zeitpunkt überhaupt noch möglich
ist.

Abb. 67 demonstriert diese Immobilisierung von Schwermetallen im
Wasser deutlich: In einem Flußabschnitt des Ruhr-Einzugsgebietes wurden einige Wochen lang Zink- und Bleisalze an einer Stelle eingeleitet und das noch vorhandene (gelöste) Zink und Blei stromabwärts gemessen (KOPPE, 1973). Der Blei-Gehalt nimmt sehr rasch ab und ist
praktisch nach 70 km auf nicht mehr nachweisbare Restgehalte abge-
klungen, während beim Zink nur eine viel schwächere Abnahme festzustellen ist.

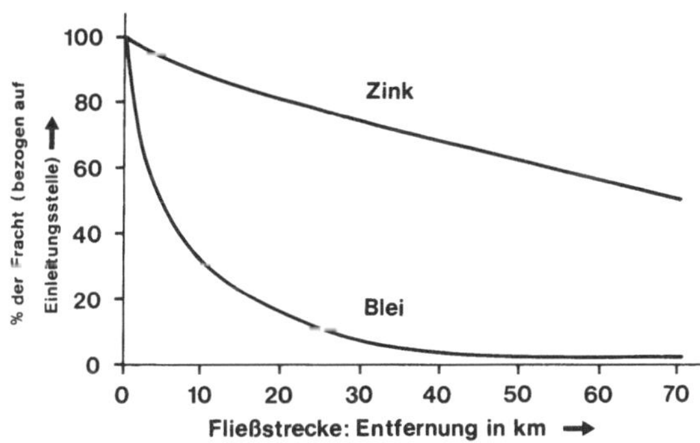

Abb. 67. Immobilisierung
von Blei und Zink aus
künstlich eingeleiteten
Blei und Zink-Lösungen
in einem Flußabschnitt
des Ruhr-Einzugsgebietes
(aus KOPPE, 1973)

Aus den Stabilitäts-Diagrammen der Abb. 61 - 64 sowie aus dem Lös-
lichkeitsverhalten der Schwermetall-Hydroxide, -Karbonate und -Sul-
fide in Abhängigkeit vom pH der Lösung geht eindeutig hervor, daß
eine Remobilisierung von Schwermetallen in erster Linie dann eintritt,
wenn der pH-Wert des Milieus unter 7 absinkt.

Diese pH-Erniedrigung kann überall dort eintreten, wo durch biochemische Reaktionen (Zersetzung der organischen Substanz durch Bakterien) CO_2 an das Wasser bei gleichzeitigem Entzug von Sauerstoff
abgegeben wird. Nach vollständigem Verbrauch des Sauerstoffes geht

die (nunmehr anaerobe) Zersetzung der organischen Substanz weiter
und neben CO_2 wird zusätzlich H_2S an das Wasser abgegeben, das wie
CO_2 eine pH-Erniedrigung bewirkt.

Ein Teil der <u>Sedimente</u> unserer Oberflächengewässer ist bereits durch
Bedingungen gekennzeichnet, die zu einer starken Remobilisierung der
Schwermetalle führt. Solange jedoch die Remobilisierung auf das Sedi-
ment-Porenwasser-System beschränkt bleibt, entsteht keine direkte Gefährdung für den überstehenden Wasserkörper. Diese Situation ändert
sich jedoch schlagartig, wenn große Sedimentmengen innerhalb kurzer
Zeit aufgewirbelt werden, etwa durch Öffnen von Schleusen bei Hochwasser, so daß ein großer Teil des über Monate hinter den Schleusen-
toren abgelagerten Sediments erodiert wird.

Im Wasser des Neckars konnten daher bei Hochwässern Schwermetall-
Gehalte gemessen werden, die bis um das Zehn-fache höher als bei
normaler Wasserführung lagen.

Eine weitaus größere Gefahr sehen wir jedoch im ständig sinkenden
Sauerstoff-Gehalt unserer Gewässer, der bereits zu zahlreichen Fisch-
sterben geführt hat. Bei weiter ansteigender Belastung der Flüsse ist
der Zeitpunkt bereits abzusehen, an dem das Wasser über kürzere oder
längere Zeiten völlig frei von Sauerstoff ist und diejenigen Prozesse,
die sich bisher nur im System Sediment-Porenwasser abspielen, auch
im System Oberflächenwasser-Schwebgut wirksam werden.

Remobilisierung durch synthetische Komplexbildner. Auf einen anderen
Mobilisierungseffekt, der eintreten wird, wenn die Polyphosphat-
Basis der bisher gebräuchlichen Waschmittel, die eine wesentliche
Ursache der rasanten Eutrophierung unserer Gewässer ist, durch starke
Komplexbildner, ersetzt werden sollte, muß besonders hingewiesen wer-
den: Die als Ersatz der Polyphosphate vorgeschlagene Nitrilotriessig-
säure (NTE bzw. NTA im engl. Sprachgebiet) kann bereits in geringsten
Konzentrationen die natürlichen Systeme nachhaltig beeinflussen. So
komplexierten 10 mg/l NTA pro kg Sediment des Tomogonops Flusses,
New Brunswick, Canada, 24 mg/l Zink (ZITKO und CARSON, 1972).

Durch Schütteln von Sedimenten aus städtischen Wasser-Reservoiren und
aus Seen mit NTA-haltigem Wasser konnte GREGOR (1972) in einzelnen
Versuchen einen Anstieg des Blei-Gehaltes im Wasser beobachten, der
um das Zwölf-fache höher als der zulässige Höchstwert lag.

Am Laboratorium für Sedimentforschung werden z.Zt. durch BANAT (in
Bearb.) umfangreiche Untersuchungen über die Komplexierbarkeit von
Schwermetallen in Sedimenten durch NTA und andere Komplexbildner
durchgeführt. Das nachfolgende Beispiel ist diesem Untersuchungspro-
gramm entnommen (Abb. 68).

Sedimente von Elsenz (Nebenfluß des Neckars) und Wupper wurden bis
zu 200 Stunden lang bei 25°C in künstlich zubereitetem Wasser mit
einer flußwasserähnlichen Zusammensetzung bezüglich der Hauptionen
geschüttelt. Der Konzentrationsbereich der zugesetzten NTA-Mengen
variiert zwischen 1 - 100 mg/l.

Bei Cd und Cu werden mit steigender NTA-Konzentration zunehmende Gehalte dieser Metalle aus den Sedimenten mobilisiert; beim Cr hingegen
findet praktisch keine Mobilisierung statt. Untersuchungen an einer
Sedimentprobe aus dem Niederrhein (Abb. 66) führten zu einem ähnlichen
Ergebnis.

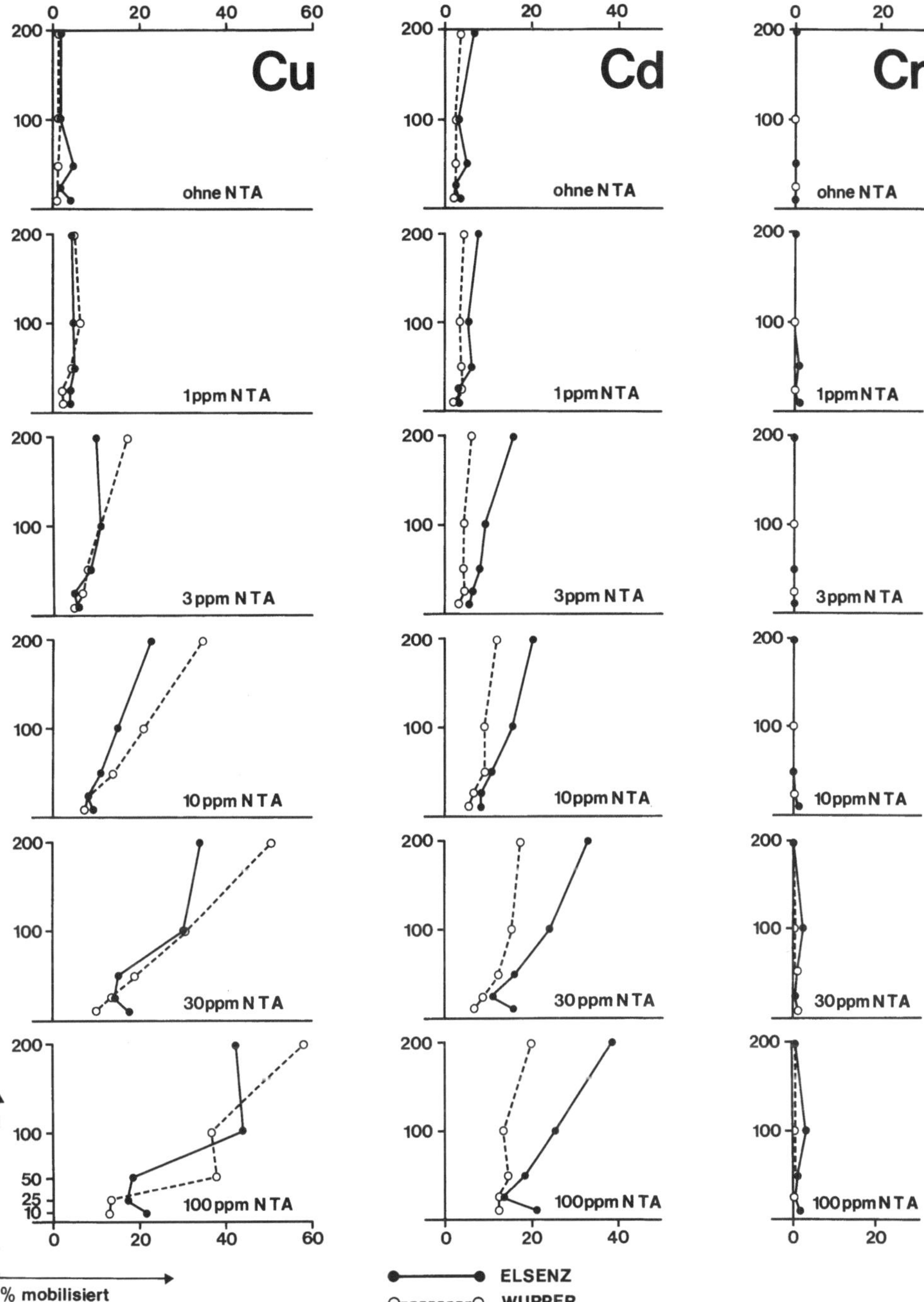

Abb. 68. Remobilisierung von Kupfer, Cadmium und Chrom aus Sedimenten der Elsenz und der Wupper durch NTA (nach BANAT, in Bearb.)

Die Komplexierungsversuche an Sedimenten des Niederrheins (Abb. 66)
mit NTA lassen eine Komplexierbarkeit in der Reihenfolge

$$Cd = Zn > Cu > Ni > Pb > Co > Mn > Fe > Cr > Hg$$

erkennen.

Es ist von verschiedenen Stellen (vgl. W. SCHNEIDER, Tübingen, bei
der öffentlichen Anhörung vor dem Deutschen Bundestag) auf die Gefahren hingewiesen worden, wenn solche Komplexe mit toxischen Metallen
in das Trinkwasser gelangen können. Untersuchungen in den USA haben
darüber hinaus gezeigt, daß die "Komplexe NTE mit Cadmium und mit
Quecksilber noch giftiger sind, als die Bestandteile für sich allein"
(W. SCHNEIDER).

E. Auswirkungen von Schwermetallanreicherungen in Binnengewässern

18. Schwermetallanreicherungen in Fischen

Die Auswirkung von Schwermetallanreicherungen in Binnengewässern auf
Organismen ist bisher nur an wenigen Beispielen und dann auch meist
nur auf die Rolle des Methylquecksilbers auf die Nahrungskette untersucht worden.

Nachfolgend werden Schwermetallanreicherungen in Fischen beschrieben,
die eindeutige Zusammenhänge mit der Schwermetallführung der Sedimente und auch des Wassers erkennen lassen.

18.1 Cadmium in Fischen von Neckar und Enz

In Abschnitt 13.1 wurden die extremen Cadmium-Gehalte der Sedimente
sowie des Wassers von Abschnitten des Neckars und der Enz eingehend
diskutiert.

Da in den genannten Flußabschnitten nach unserer Kenntnis kein Flußwasser für Trinkwasserzwecke entnommen wird, schied eine direkte Gefährdung des Menschen durch Cadmium aus. Zur Prüfung der Frage, wie
weit über die biologische Nahrungskette eine indirekte Gefährdung
besteht, wurden am 1.4.1973 bei der Einmündung der Enz in den Neckar
sowie 5 km stromabwärts gefangene Friedfische auf Cadmium untersucht.
Zum Vergleich wurden am 25.3.1973 im Neckarabschnitt Neckarhäuserhof -
Dilsberg, ca. 15 km östlich von Heidelberg (Station F in Abb. 69) gefangene Friedfische herangezogen.

Die Ergebnisse zeigten (MÜLLER und FÖRSTNER, 1973), daß die Cadmium-
Gehalte der Fische im Neckarabschnitt Enzmündung - Kirchheim signifikant höher als im Abschnitt Dilsberg - Neckarhäuserhof lagen:
Die Maximalwerte unterschieden sich beim Fleisch um den Faktor 52,
bei der Leber der Fische sogar um den Faktor 190.

Eine systematische Untersuchung von 84 im Juni 1973 gefangenen Friedfischen im engeren Bereich der Enzmündung, die durch Fische aus dem
Neckar bei Heilbronn und bei Bad Wimpfen (Stationen D und E der Abb.
69) ergänzt wurden, führte zu den in Abb. 69 graphisch dargestellten
Resultaten.

In der Enz liegen die Cd-Werte der Fische (bezogen auf das Frischgewicht Fleisch ohne Haut) von Station 1 - 8 stets unter 20 ppb. Bei
Station 9 liegt von 4 Werten 1 Wert knapp über dieser Grenze, bei
Station 10 wird bereits bei der Mehrzahl der untersuchten Fische
dieser Grenzwert überschritten; bei Station 11 schließlich enthalten
sämtliche analysierten Fische Cd-Gehalte, die über 20 ppb liegen.

Im Neckar werden oberhalb der Schleuse Besigheim (Station A) extrem
niedrige Cd-Werte gemessen: sämtliche 7 untersuchten Fische besitzen

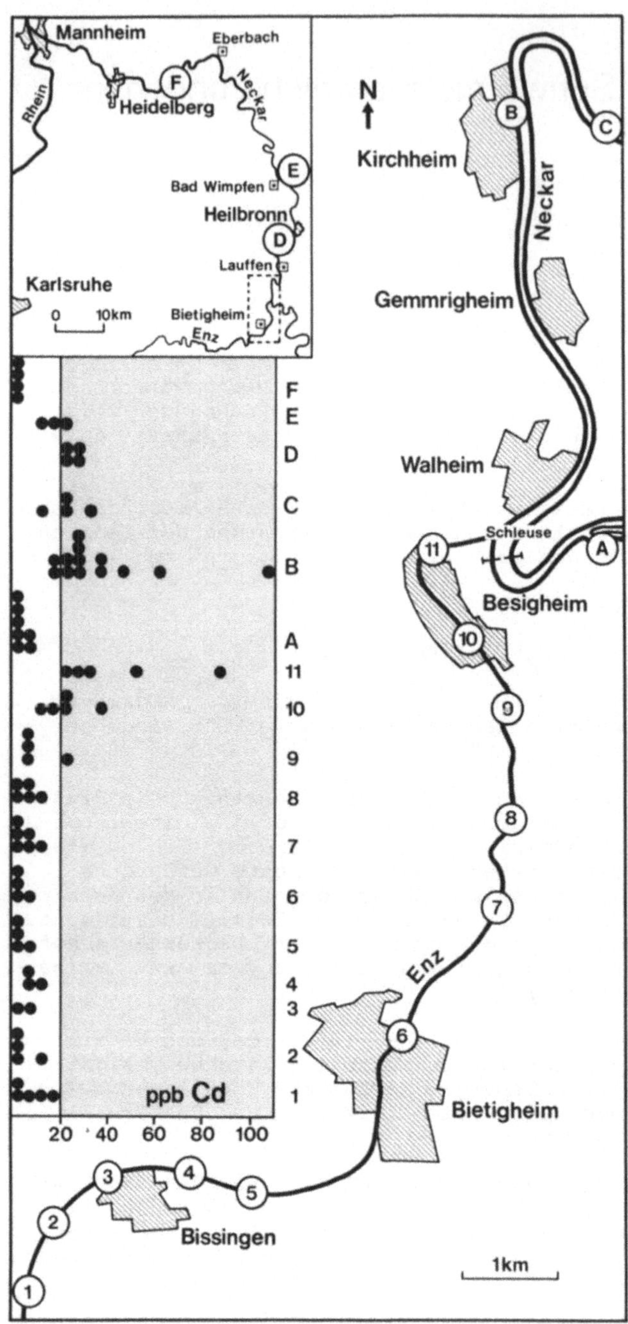

Abb. 69. Cadmium in
Friedfischen von
Enz und Neckar

Cd-Gehalte, die niedriger als 10 ppb sind. Bei Station B (Kirchheim
am Neckar) enthalten 11 von 13 Fischen Cd-Mengen von über 20 ppb, bei
5 Fischen liegt der Cd-Gehalt über 40 ppb. Im weiteren Neckarverlauf
gehen die extremen Cd-Gehalte zwar zurück, jedoch wird die 20 ppb-
Grenze immer noch bei einem Teil der untersuchten Fische überschritten.

Erst im Neckarabschnitt zwischen den Stationen E (Bad Wimpfen) und F
(Dilsberg - Neckarhäuserhof) stellt sich wieder ein normaler - mit
Station A vergleichbarer - Cd-Gehalt ein.

Für Cadmium-Gehalte in Lebensmitteln bestehen in der Bundesrepublik
z.Zt. noch keine bindenden Vorschriften, jedoch sieht ein Entwurf
einer Höchstmengenverordnung des Ministers für Jugend, Familie und
Gesundheit vom September 1972 für Fische eine Höchstmenge von 20 ppb
vor.

Hieraus folgt, daß Fische aus dem Neckarbereich Enzmündung bis Heilbronn sowie aus der Enz innerhalb der Gemarkungsgrenzen von Besigheim
wegen der hohen Vergiftungsgefahr nicht verzehrt werden dürfen.

Nach der im Februar 1973 erfolgten Inbetriebnahme einer Kläranlage
der Fa. BASF Farben und Fasern A.G. in Besigheim sind die Cadmium-
Gehalte des Neckarwassers im betroffenen Abschnitt auf ein zulässiges
Maß zurückgegangen (vgl. Abb. 53). Alle ab 1973 geschlüpften Fische
könnten somit wieder "normale" Cadmium-Werte aufweisen, unter der
Voraussetzung, daß die Aufnahme des Cadmiums überwiegend aus dem
Wasser des Neckars und nicht etwa aus dem - wohl noch lange Cd-An-
reicherungen führenden - Schlamm des Neckars erfolgt.

18.2 Quecksilber in Fischen des Rheins

Während beim Cadmium durch das Auftreten extremer Cadmium-Gehalte in
den Sedimenten eine mögliche Gefährdung von Wasser und Organismen
vermutet und durch entsprechende Untersuchungen auch vollauf bestätigt wurde, war im Falle des Quecksilbers die z.T. bereits bekannte
Quecksilber-Belastung von Organismen (Fischen) Ausgangspunkt für eine
regionale Untersuchung der Fischvergiftung im Rhein unter Einbeziehung
der Sedimente.

Auf Wunsch des Ministeriums für Arbeit, Gesundheit und Sozialordnung
des Landes Baden-Württemberg wurden durch unser Laboratorium insgesamt
97 zwischen Juni und August 1973 gefangene Fische aus dem Rheinabschnitt Schwörstadt bis Mannheim (Stationen 1 - 19 der Abb. 70) auf
ihren Gehalt an Quecksilber untersucht. Anlaß hierzu waren Pressemitteilungen in elsässischen Tageszeitungen, die von hohen Quecksilber-
Gehalten in Fischen im Bereich Fessenheim und Vogelgrün (Stationen
I und II der Abb. 70) berichteten.

Unsere Untersuchungen erbrachten die in Abb. 70 graphisch dargestellten Ergebnisse, aus denen klar hervorgeht, daß im Rheinabschnitt Istein
(Station 4) bis Breisach (Station 6) sämtliche untersuchten Fische
Hg-Gehalte (bezogen auf Frischgewicht Fleisch, ohne Haut) von über
0,5 ppm aufwiesen. Im Rheinabschnitt Grenzach (Station 3) bis Schwörstadt (Station 1), der sich stromaufwärts anschließt, liegt lediglich
ein Teil der Werte über 0,5 ppm Hg, dasselbe gilt für den sich stromabwärts anschließenden Streckenabschnitt Wyhl (Station 7) bis Flußkilometer 176,5 (Station 9b). Von Station 10 (Altenheim) bis 19
(Mannheim-Sandhofen) liegen mit einer einzigen Ausnahme (Raubfisch
bei Station 13) die Quecksilber-Werte unter 0,5 ppm.

Bereits 1971 durch das Chemische Untersuchungsamt Speyer durchgeführte Untersuchungen (ROTH, 1972) nördlich von Mannheim (Stationen IV
und V der Abb. 70) erbrachten bei Gernsheim Hg-Werte zwischen 0,1 -
0,81 ppm, wobei Gehalte über 0,5 ppm auf Raubfische beschränkt waren.
Bei Mainz lagen die Untersuchungswerte zwischen 0,13 - 0,32 ppm Hg.

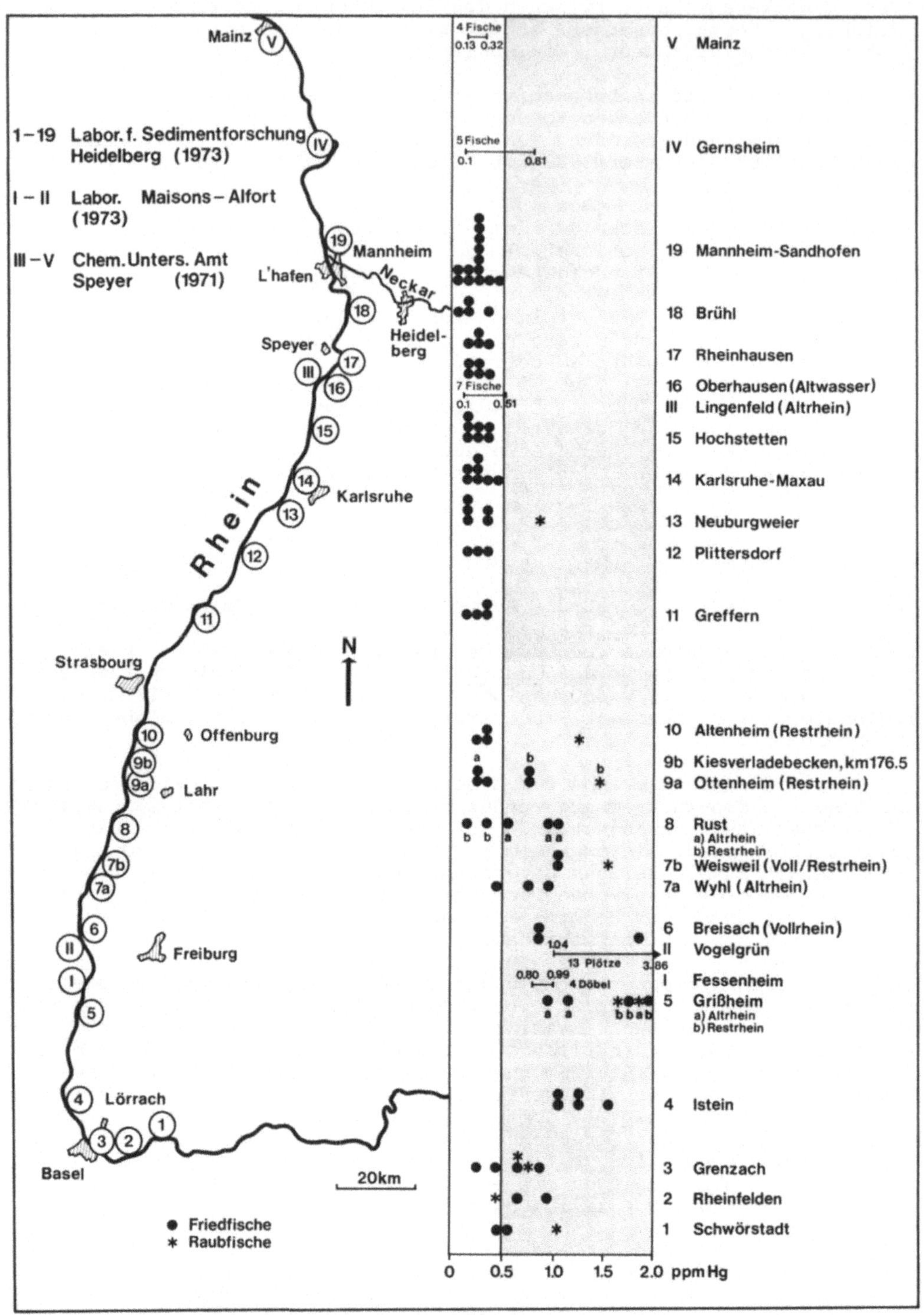

Abb. 70. Quecksilber in Fischen des Rheins im Abschnitt Schwörstadt-Mainz

Generell kann festgestellt werden, daß Raubfische höhere Hg-Gehalte
als Friedfische des gleichen Gebietes aufweisen. Dies läßt den Schluß
zu, daß bereits in diesem begrenzten Teil der Nahrungskette eine
Schwermetallanreicherung stattfindet.

Verbindliche Grenzwerte für Quecksilber-Gehalte in Fischen, die für den
Verzehr bestimmt sind, liegen z.Zt. in der Bundesrepublik Deutschland
noch nicht vor. Eine entsprechende Verordnung wird z.Zt. erarbeitet
und dürfte bei Erscheinen dieses Buches zur Verfügung stehen. Wir
gehen jedoch sicherlich nicht fehl in der Annahme, daß sich künftige
gesetzliche Normen an dem in den USA und vielen anderen Staaten vorge-
schriebenen Höchstwert von 0,5 ppm orientieren werden. Hieraus folgt,
daß der Genuß von Fischen aus dem Rheinabschnitt 4 - 6 gefährlich und
aus den Rheinabschnitten 1 - 3 sowie 5 - 9 zumindest bedenklich ist.

Der signifikante Anstieg der Hg-Konzentration in Fischen zwischen den
Stationen 3 und 4 legt es nahe, nach einem (oder mehreren) Quecksilber-
emittenten in diesem Bereich zu suchen.

Da von früheren Untersuchungen der Rhein-Sedimente, die für die Darstellung der Hg-Gehalte der Abb. 39 durchgeführt worden waren, das
Gebiet um Basel noch nicht erfaßt worden war, wurden im August 1973
zusätzliche Sedimentproben aus dem Rhein entnommen (Tabelle 51, Abb.
71), deren Untersuchung einen sehr starken Anstieg des Quecksilber-
Gehaltes zwischen Proben B und C erbrachte. In diesem Bereich liegen
Betriebsstätten der chemischen Großindustrie, die mit großer Wahrscheinlichkeit für den Anstieg des Hg-Gehaltes im Sediment, und damit
wohl auch in den Fischen verantwortlich sind.

Tabelle 51. Hg-Gehalte in der Tonfraktion von Rhein-Sedimenten im
Rheinabschnitt Basel - Breisach

Probe	Entnahmeort	Fraktion < 2 µ ppm Hg
A	Basel, 150 m N Johanniterbrücke, linkes Rheinufer	2,0
B	Basel, 350 m N Dreirosenbrücke an Meßstelle für Lufthygiene der Stadt Basel, rechtes Rheinufer	2,3
C	Staatsgrenze CH/BRD gleichzeitig Gemarkungs- grenze Basel/Weil am Rheim, 30 m S Anlege- stelle Fähre Weil a.Rh. - Huningue, rechtes Rheinufer	17,0
1	Kleinkrems	3,0
2	Müllheim	5,3
3	Breisach	3,0

Während im Sediment der Hg-Gehalt wieder rasch abnimmt und auf Werte
zurückgeht, die das ca. 1 1/2 - 2 1/2-fache der Konzentration in den
Sedimenten des Rheins in Basel bei Station A und B ausmachen, sind
die Hg-vergifteten Fische noch wesentlich weiter stromabwärts zu
beobachten.

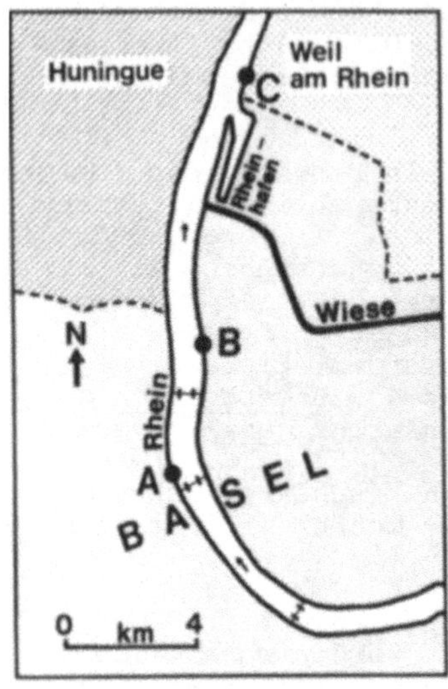

Abb. 71. Probenahmestellen für Quecksilberbestimmungen in Sedimenten des
Rheins an der "Dreiländerecke" bei Basel

19. Eliminierung von Schwermetallen bei der Wasser-Reinigung

Allgemeines. "Die Zukunft der Grundwasserversorgung unserer großen
Städte liegt zum Teil in der künstlichen Erzeugung von Grundwasser",
stellte 1911 Geheimrat Professor GÄRTNER (Jena) auf der Jahrestagung
des Deutschen Vereins der Gas- und Wasserfachleute in Dresden fest.
Grund für diese Aussage waren die günstigen Erfahrungen, die mit den
seit längerem bekannten, aber noch wenig angewandten Methoden der
künstlichen Grundwasseranreicherung in der Testpraxis gemacht wurden.
Während der Hauptversammlung der Geologischen Vereinigung im Jahre
1912 in Frankfurt berichtete SCHEELHAASE über seine schon 5 Jahre
andauernden Versuche zur "Erzeugung künstlichen Grundwassers aus
Mainwasser", die zeigten, daß bei der künstlichen Flußwasser-Infiltra-
tion in ausgedehnte Sand- und Kiesschichten - im Gegensatz zu einer
normalen technischen Filtration - sich "die Reinigungsvorgänge in sehr
langsamer Weise vollziehen und sich daher ein einwandfreies Grundwasser
erzielen läßt".

Mit der steigenden Notwendigkeit, Oberflächengewässer zur Wasserversorgung heranziehen zu müssen - inzwischen stammen nahezu 70% der in
der Bundesrepublik Deutschland verbrauchten Wassermengen aus Flüssen
und Seen -, haben solche relativ einfachen und kostensparenden Wasser-
aufbereitungsverfahren eine immer größere Bedeutung gewonnen. Für die
Ballungszentren an Rhein und Ruhr ist der Einsatz von vorgereinigten
Oberflächengewässern besonders wichtig geworden (Abb. 72).

19.1 Künstliche Grundwasseranreicherung durch Uferfiltration

Das Verfahren der "Uferfiltration" besteht im Prinzip darin, daß im
Abstand von einigen Zehnern von Metern von einem Fluß entfernt eine
Brunnengalerie abgebohrt wird und durch Abpumpen der Grundwasserspiegel lokal so weit abgesenkt wird, daß Flußwasser - entgegen der
natürlichen Richtung des Grundwasserstroms zum Vorfluter hin - in
die Brunnen nachfließt. Auf dem Weg durch die sandige und kiesige

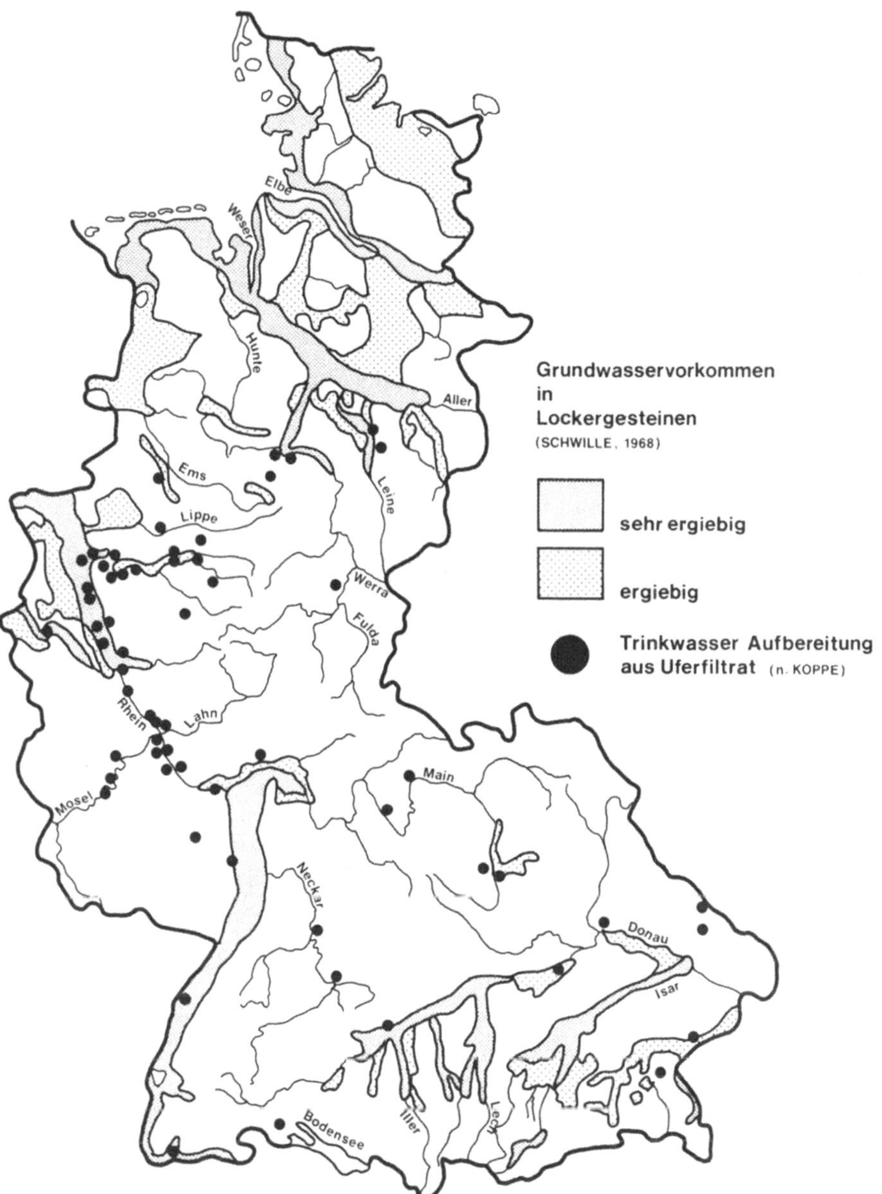

Abb. 72. Grundwasservorkommen in Lockergesteinen (nach SCHWILLE, 1968)
sowie Entnahmestellen von Trinkwasser aus Uferfiltrat (nach KOPPE)

"Filterschicht" zwischen Flußlauf und Brunnenreihe erhält das Flußwasser im günstigen Fall jene Qualitätsmerkmale, die beim Grundwasser
besonders geschätzt werden: unerwünschte organische Substanzen werden
durch Umsetzung mit Sauerstoff bzw. durch mikrobielle Vorgänge abge-
baut; Schwebpartikel werden ausgesiebt und anorganische Schadstoffe,
vor allem die Schwermetalle, werden an Mineraloberflächen sorbiert

oder bei Fällungsprozessen eliminiert. Oft können die auf diese Weise
vorgereinigten Flußwässer ohne weitere Aufbereitung direkt in die
Trinkwasserversorgung eingespeist werden.

Bei den "grundlegenden Überlegungen und Untersuchungen über die hydrochemischen Beziehungen zwischen Flußwasser und dem Wasser ufernaher
Brunnen" geht KOPPE (1970) davon aus, daß "die Qualität eines Rohwassers, welches aus ufernahen Brunnen gefördert wird, von der Beschaffenheit des Flußwassers, seinen Veränderungen bei der Infiltration und vom Mischungsverhältnis infiltriertes Flußwasser zu echtem
Grundwasser abhängt". Der Infiltrationsweg ist selten geradlinig vor-
gegeben, vielmehr können Schichten mit höherem Fließwiderstand -
abhängig von der Kornzusammensetzung und -struktur - zu Umwegen und
Verzögerungen führen. Die mittleren Infiltrationszeiten lassen sich
im allgemeinen aus der Förderleistung und dem angenommenen Fließquer-
schnitt grob abschätzen, sofern der maximale Anteil an echtem Grundwasser aus den hydrologischen Daten des Einzugsgebietes abgeleitet
werden kann (KOPPE, 1970). Ein wichtiger Parameter bei der Filtration
ist das "Ausbreitungsvermögen" der einzelnen Substanzen: Es zeigt
sich, daß die Flußwasserschwebstoffe mit ihren z.T. hohen Schwermetall-
Gehalten in der Filterstrecke meist quantitativ zurückgehalten werden.

Bei den gelösten Bestandteilen finden sich einerseits solche mit einer
nahezu vollständigen Ausbreitungstendenz, wie z.B. die Chlor- und
Natriumionen, während andere Lösungskomponenten, z.B. die Schwermetall-
oder Phosphationen wegen ihrer größeren Neigung zum Ionen-Austausch
an Tonmineralien oder an Humussubstanzen oder infolge einer bevorzugten Ausfällung zu den weniger permeierenden Substanzen zählen. Die
Elimination von Schadstoffen bei der Filterpassage kann ein temporärer
oder ein permanenter Effekt sein: "steht die organische Belastung des
Flußwassers in einem Gleichgewichtsverhältnis zur Infiltrationszeit
und Untergrundbelüftung, so kann die Entfernung organischer Stoffe
durch mikrobiellen Abbau grundsätzlich beliebig lange vonstatten
gehen". Dagegen "stellt die Elimination der anorganischen, nicht
flüchtigen Elemente und Verbindungen immer einen temporären Vorgang
bei der Uferfiltration dar" (KOPPE).

Die hydraulischen und hydrochemischen Bedingungen bei der Uferfiltration von Flußwasser sind während der letzten Jahre zunehmend Gegen-
stand sehr eingehender Untersuchungen und Diskussionen geworden, da
sich immer mehr Schwierigkeiten ergeben, infiltriertes Flußwasser in
ausreichender Menge und Qualität zu beschaffen. Zwei Studien über
"Die Gewinnung von uferfiltriertem Grundwasser und der Einfluß der
Rhein-Verschmutzung" von KLUDIG (1968) und "Über die Einwirkung steigender Flußwasserverschmutzung auf die Wasserqualität und die Kapazität der Uferfiltrate" von HOLLUTA et al. (1968) stellten pessimistische
Prognosen für die Zukunft der Uferfiltrationsmethode, insbesondere in
den stark mit Schadstoffen belasteten Flußabschnitten des Mittel- und
Niederrheins.

Ein sehr nachteiliger Effekt ist vor allem die "Verstopfung der Ge-
wässersohle, die innerhalb wasserwirtschaftlich interessierender Zeiträume als irreparabel anzusehen ist" (KLUDIG); diese "Verhärtungser-
scheinungen gehen parallel mit abnorm hohen Gehalten an organischer
Substanz und unpolaren organischen Stoffen bzw. Mineralölkohlenwasser-
stoffen, Schwermetallverbindungen, hauptsächlich solcher des Eisens
und Mangans; daneben wurden auch Kupfer, Zink, Blei und andere Metallverbindungen in geringerer Menge gefunden" (HOLLUTA et al., 1968).

KÖLLE et al. (1971) sind der Auffassung, daß innerhalb der Filterstrecken zwar insgesamt eine "dekontaminierende Wirkung der Uferschichten" auftritt, doch ergeben sich bei den starken Konzentrationsschwankungen im Flußwasser mitunter "Durchbrüche", die - vor allem bei erhöhten Schwermetall-Gehalten - eine ernsthafte Gefährdung des Trinkwassers hervorrufen können.

In dieser Situation wurde Ende 1970 vom Bundesinnenministeriums ein Fachausschuß "Wasserversorgung und Uferfiltration" konstituiert, der die verschiedenen Aspekte der künstlichen Grundwasseranreicherung durch Uferfiltration - von dem Problem der Sohlenverdichtung, den Methoden zur Steigerung der Wasserausbeute bis zu den Fragen der Elimination von Flußwasserschadstoffen - koordinieren und zu einer Optimierung und Standardisierung dieser Verfahren für die praktischen Anwendungsbereiche hinführen soll.

Unser Laboratorium führt in diesem Rahmen Versuche durch, bei denen die hydrochemischen Veränderungen der Flußwässer - vor allem in bezug auf die Schwermetall-Belastung - beim Durchlaufen einer Filterstrecke im Laboratorium (statische und dynamische Modelle mit verschiedenen Tonkomponenten und Lösungsbestandteilen; vgl. Abschn. 16.1) und unter natürlichen Verhältnissen gemessen werden.

Die Versuchsstrecke "Dampfkraftwerk Heilbronn/Neckar". Eine Teststrecke für die Geländebeobachtungen wurde auf dem Werksgelände des Dampfkraftwerks der Energie-Versorgung Schwaben (EVS) in Heilbronn, mit zusätzlichen Bohrungen auf dem gegenüberliegenden Neckarufer bei Neckargartach, angelegt. In der Kartenskizze (Abb. 73) ist die topographische Situation wiedergegeben.

Der Neckar verläuft im Osten des EVS-Geländes in seinem natürlichen, in den Jahren 1934 bis 1953 begradigten und verbreiterten Flußbett; er wird nördlich des Kartenrandes gestaut und besitzt deshalb im Bereich des Kühlwassereinlaufs (I) für das Dampfkraftwerk (II-V) einen weitgehend konstanten Wasserspiegel mit dem amtlichen Pegel 150.8 m ü.N.N. Für Kühlwasserzwecke werden ca. 18 m^3/sec aus dem Neckar entnommen und anschließend in den Osthafen (VI) abgeleitet. Ein Teil dieses erwärmten Wassers durchläuft den Kühlwasserkreislauf mehrmals, und zwar entgegengesetzt zur Fließrichtung des Neckars. Entlang des Ostufers am Neckar und innerhalb des Werksgeländes der EVS sind insgesamt 22 Pumpstationen installiert (Ziffern entsprechend den Werksunterlagen), aus denen im wechselnden Einsatz das Kesselspeisewasser mit einer stündlichen Menge von ca. 35 m^3 gewonnen wird. Aus früheren werksinternen Untersuchungen war bekannt, daß die hydrochemischen Schwankungen im Neckar sich in den Brunnenwässern widerspiegeln; bergseitige Einflüsse von Osten her waren nach diesen Beobachtungen weit gehend auszuschließen, da die Grundwassergleichen des Untersuchungsgebietes in der südlichen Verlängerung des Osthafens ein Minimum aufweisen.

Ein für unsere Untersuchungen entscheidender "Vorteil" lag darin, daß durch die Fa. Kalichemie nur wenige 100 m von der Meßstrecke flußaufwärts entfernt große Mengen von Natrium- und Calciumchlorid-Abwässer eingeleitet werden, die das Neckarwasser chemisch markieren und es eindeutig von den Grundwasserzuflüssen abgrenzen. Diese Unterschiede können durch die Messungen der Hauptionen in den Wässern der verschiedenen Bohrungen klar belegt werden (s.u.): während die Grundwässer von der westlichen Bergseite (Neckargartach) nur geringe Anteile an Natrium, Chlor und Sulfat aufweisen, zeigen die Wasserproben aus den Bohrungen auf dem östlichen Neckarufer (Werksgelände des

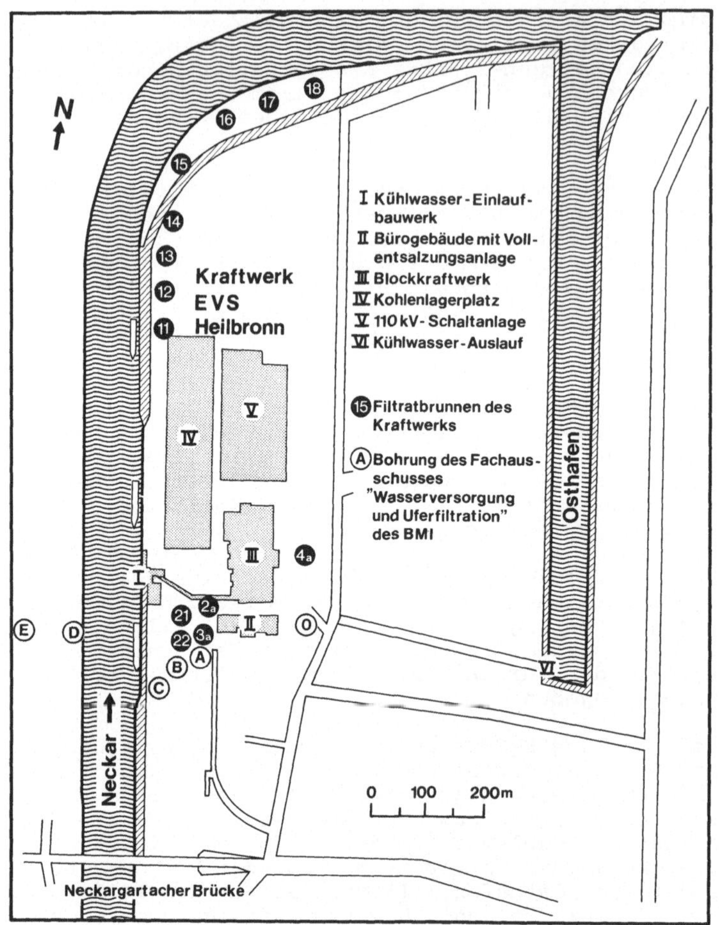

Abb. 73. Kartenskizze der Uferfiltrat-Versuchsstrecke EVS-Heilbronn

Dampfkraftwerks Heilbronn) durchweg deutlich höhere Gehalte an diesen
Komponenten. Die auffallende Übereinstimmung in der Zusammensetzung
dieser Brunnenwässer mit den entsprechenden Durchschnittswerten im
Neckar läßt den Schluß zu, daß es sich hierbei ausschließlich um
Uferfiltrate des Neckars handelt, dessen Hauptionen die Filterschich-
ten nahezu unverändert durchlaufen.

Die Versuchsstrecke für die nachstehenden Messungen wurde auf dem
östlichen Neckarufer zwischen dem Fluß und dem besonders stark benutz-
ten Förderbrunnen 21 des Dampfkraftwerks eingerichtet. Die Abstände
zwischen den drei Bohrungen A, B und C betrugen jeweils 40 m; Bohrung
A liegt ca. 3 m vom Förderbrunnen 21 entfernt. Zur Erfassung rand-
licher Einflüsse wurde im Osten des EVS-Geländes eine zusätzliche
Bohrung (O) abgeteuft; ebenso auf dem westlichen Neckarufer bei Neckargartach die Bohrungen D und E. Diese beiden letztgenannten Bohrungen
sind 15 m bzw. 80 m vom Neckar entfernt.

Die geologischen Profile der jeweils zwischen 6 und 9 m langen Bohr-
kerne zeigen stets dieselbe Dreigliederung in Auelehm (O - 3 m), Kies-

und Sandhorizont (3 - 6 m) und in Lettenkeupertone im Liegenden. Die
Bohrungen wurden jeweils bis zur Keupergrenze niedergebracht und mit
geschlitzten Plastikpeilrohren versehen.

Die Tonmineralogie der fossilen Neckarablagerungen ist sehr homogen.
Haupt-Tonkomponenten sind in allen Proben Illit und Montmorillonit,
jeweils in ähnlichen prozentualen Anteilen. Die wasserdurchflossenen
Uferstrecken, in denen die Reinigung des künstlich infiltrierten
Flußwassers erfolgt, bestehen aus Kies und Sand mit eingeschalteten
Tonlinsen; der frei bewegliche Tonanteil in den Filterstrecken ist
sehr gering.

Meßergebnisse. Bei den Hauptionen fällt die gute Übereinstimmung der
Chlorid-, Natrium-, Calcium- und Kalium-Anteile zwischen dem Neckarwasser einerseits und den Wässern aus den Bohrungen A, B, C und O
andererseits auf - ein eindeutiger Hinweis auf den Uferfiltrat-Charak-
ter dieser Brunnenwässer. In Richtung auf die Bohrung O nehmen sowohl
die Sulfat- wie die Magnesium-Gehalte deutlich zu, was auf einen gewissen Einfluß der Grundwässer aus dem Keupergebiet der östlichen
Bergseite schließen läßt. Völlig verschieden von den Neckarwässern
in bezug auf Chlorid, Sulfat, Natrium und Kalium sind dagegen die
Grundwasser des westlichen Neckarufers (Bohrungen E und D). Diese
Lösungskomponenten betragen in den Wässern der beiden Brunnenbohrungen nur 20 bis 30% der entsprechenden Anteile im Neckarwasser. Calcium
ist hier nur wenig geringer als im Neckarwasser, Bikarbonat zeigt -
wie auch in allen anderen Brunnenwässern - gegenüber dem Neckarwasser
höhere Anteile.

Die zeitliche Entwicklung einiger charakteristischer Parameter ist in
der Abb. 74 dargestellt:

a) Die Wasserstände in der Filterstrecke werden hier als Höhendifferenz
zwischen dem Wasserspiegel in den einzelnen Peilrohren und der Erdoberfläche angegeben und sind demnach nur als relative Werte zu ver-
stehen. Es zeigt sich - dies gilt insbesondere für die Messungen im
zweiten Halbjahr 1972 -, daß die Wasserstandsänderungen ohne jede
zeitliche Verzögerung die gesamte Filterstrecke durchlaufen, im Gegensatz zu den chemischen Veränderungen, bei denen Zeitdifferenzen von
mehreren Wochen zwischen zwei Bohrungen anzutreffen sind (s.u.). Besonders stark betroffen von den Wasserspiegelabsenkungen im 2. Halbjahr 1972 war die Bohrung A, die dem Förderbrunnen 21 am nächsten
liegt. Ohne Beziehung zu den Wasserständen der Filterstrecke stehen die
Schwankungen im Grundwasserspiegel der Bohrung E.

b) Die Wassertemperaturen in den Bohrungen A, B, C, E und im Neckar
sind in der Abb. 74 zusammengefaßt. Die höchste Amplitude besitzt
die Temperaturkurve des Neckarwassers mit Werten von 5°C bis über 20°C;
sie wird immer geringer mit der Entfernung vom Flußufer und ist im
Grundwasserbereich der Bohrung E kaum noch wahrnehmbar. Eine gewisse
zeitliche Phasenverschiebung ist zwischen dem Neckarwasser und dem
Brunnen C festzustellen. Nach KOPPE (1970) hängt die Dämpfung und
Phasenverschiebung von der Wärmekapazität und dem Wärmeinhalt des
Untergrundes ab; bei sinkendem Pegelstand und steigender Lufttempera-
tur ist diese Phasenverschiebung relativ groß. Zwischen dem langzeit-
lichen Mittelwert der Grundwasser- (Bohrung E) und der Uferfiltrat-
temperaturen (Bohrungen A, B, C) besteht eine Differenz von 1 - 2°C.
Die höhere Temperatur des Uferfiltratwassers könnte hier vor allem
durch die oben erwähnte Rückzirkulation des erwärmten Kühlwassers im
Neckar bedingt sein.

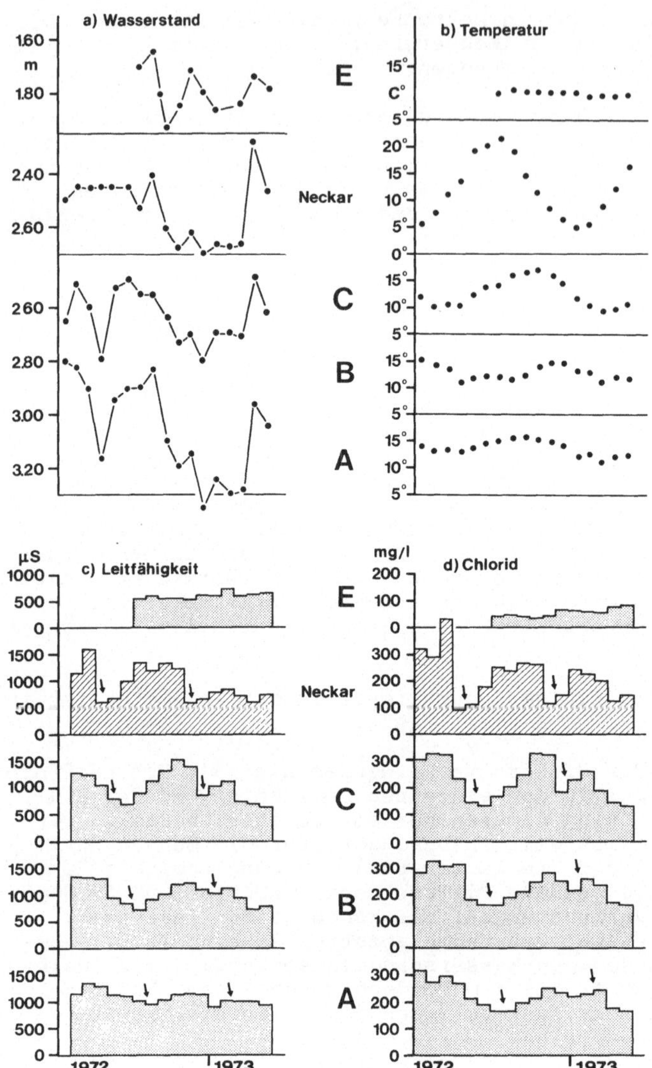

Abb. 74. Temperatur, Leitfähigkeit und Chlorid-Gehalte im uferfiltrierten Wasser der Versuchsstrecke EVS-Heilbronn zwischen Januar 1972 und Mai 1973. Lage der Entnahmepunkte A–E s. Abb. 73

c) und d) Die Leitfähigkeitsdaten und die Chlorid-Gehalte zeigen die gleiche zeitliche Entwicklung. Ähnlich wie bei den Temperaturwerten sind auch hier die Schwankungen im Neckarwasser besonders hoch und werden von dort aus landeinwärts ständig geringer. Dieses Zustandekommen eines chemisch und thermisch sehr einheitlichen Wassers in der Entnahmestelle ist ein besonders günstiger Nebeneffekt beim Uferfiltrationsverfahren.

Aus der Phasenverschiebung der einzelnen Verteilungskurven und aus den Minimalwerten (Pfeile) der Leitfähigkeit und des Chlorid-Anteils – die jeweils den Hochwasserständen im Neckar entsprechen –, läßt sich

die Infiltrationszeit des Neckarwasser grob abschätzen: Sie beträgt
zwischen dem Neckar und der Bohrung C (30 m entfernt) ca. 1 - 2 Monate,
zwischen den Brunnen C und B (40 m) ungefähr 1 Monat und geht zwischen
Bohrung B und A (40 m) auf ca. 14 Tage zurück.

Schwermetalle im Filter. Im Vordergrund standen hier die Untersuchungen über das Verhalten der Schwermetalle beim Passieren der Filterstrecke, um Aufschlüsse über das Rückhaltevermögen der ufernahen
Sedimentschichten zu erhalten.

Chemische Untersuchungen der Filtersedimente (Abb. 75), die jeweils
in der Tonfraktion von Bohrkernproben durchgeführt wurden, zeigen eine
weitgehend einheitliche Zusammensetzung der fossilen Neckarablagerungen bezüglich der Schwermetall-Gehalte. Lediglich in den obersten
Proben der Bohrung E auf dem Neckargartacher Ufer sind die Anteile
von Blei und Zink stark angereichert - vermutlich durch Überdüngung
und durch Einflüsse der nahegelegenen Hauptverkehrsstraße. Wie an den
Schwermetall-Werten der Bohrung C zu beobachten ist, liegen die Anteile von Cadmium, Kupfer, Blei und Zink in den Lettenkeupertonen
bis ungefähr 50% unter den entsprechenden Gehalten in den fossilen
Neckarablagerungen und damit nahe dem geochemischen Tongesteins-
Standard. Besonders eindrucksvoll ist die Diskrepanz in der Schwermetallführung zwischen den fossilen und den rezenten Neckarsedimenten: die Anreicherung der Metalle in den aktuellen Flußablagerungen
gegenüber deren "präzivilisatorischen" Äquivalenten beträgt für
Cadmium das ca. 100-fache, für Quecksilber ungefähr das 15-fache,
für Kupfer, Blei, Chrom und Zink jeweils zwischen dem 5- und 10-fachen.
Mangan ist nur geringfügig erhöht, und für die Eisen-Gehalte werden
in der Filterstrecke durchweg höhere Werte als in den derzeitigen
Neckarsedimenten gefunden.

Die Entwicklungslinien der einzelnen hier untersuchten <u>Schwermetall-
ionen</u> im Neckarwasser, in den verschiedenen <u>Filtrat-Stadien</u> (Brunnen
C, B und A) sowie in den Vergleichsproben natürlicher <u>Grundwässer</u>
(Brunnen E) sind in der Abb. 76 zusammengestellt. Es lassen sich dabei
vier Gruppierungen entsprechend dem Verhalten der Schwermetalle unterscheiden:

a) Zunahme der Schwermetall-Gehalte bei der Ufer-Infiltration. Beispiele sind Eisen und Mangan. In diesem regionalen Beispiel ist die
Entwicklung von höheren Eisen- und Mangan-Gehalten im Grundwasser eindeutig mit dem Vorgang der Flußwasserinfiltration verknüpft, da in
den natürlichen Grundwässern der Bohrung E die Eisen- und Mangan-Gehalte noch unter den entsprechenden Anteilen im Flußwasser liegen.
Innerhalb dieser Gruppierung finden sich weitere Unterschiede: Mangan
zeigt in allen drei Filtratbrunnen dieselbe Entwicklung, während beim
Eisen starke Schwankungen in der zeitlichen Abfolge beobachtet werden
und im flußfernsten Brunnen die Metall-Gehalte deutlich gegenüber den
vorgeschalteten Entnahmestellen verringert sind.

*b) Synchrone Entwicklung der Schwermetall-Gehalte im Flußwasser und im
Filtrat.* Beispiele: Zink und Nickel. Die Elimination der Metallionen
während der Filterpassage ist relativ schwach. Die Rückhaltewirkung
scheint nicht von der Länge der Filterstrecke abzuhängen; in der ufer-
fernsten Bohrung A sind die Schwermetall-Gehalte im Wasser sogar
geringfügig gegenüber den entsprechenden Anteilen in den Brunnen B
und C erhöht.

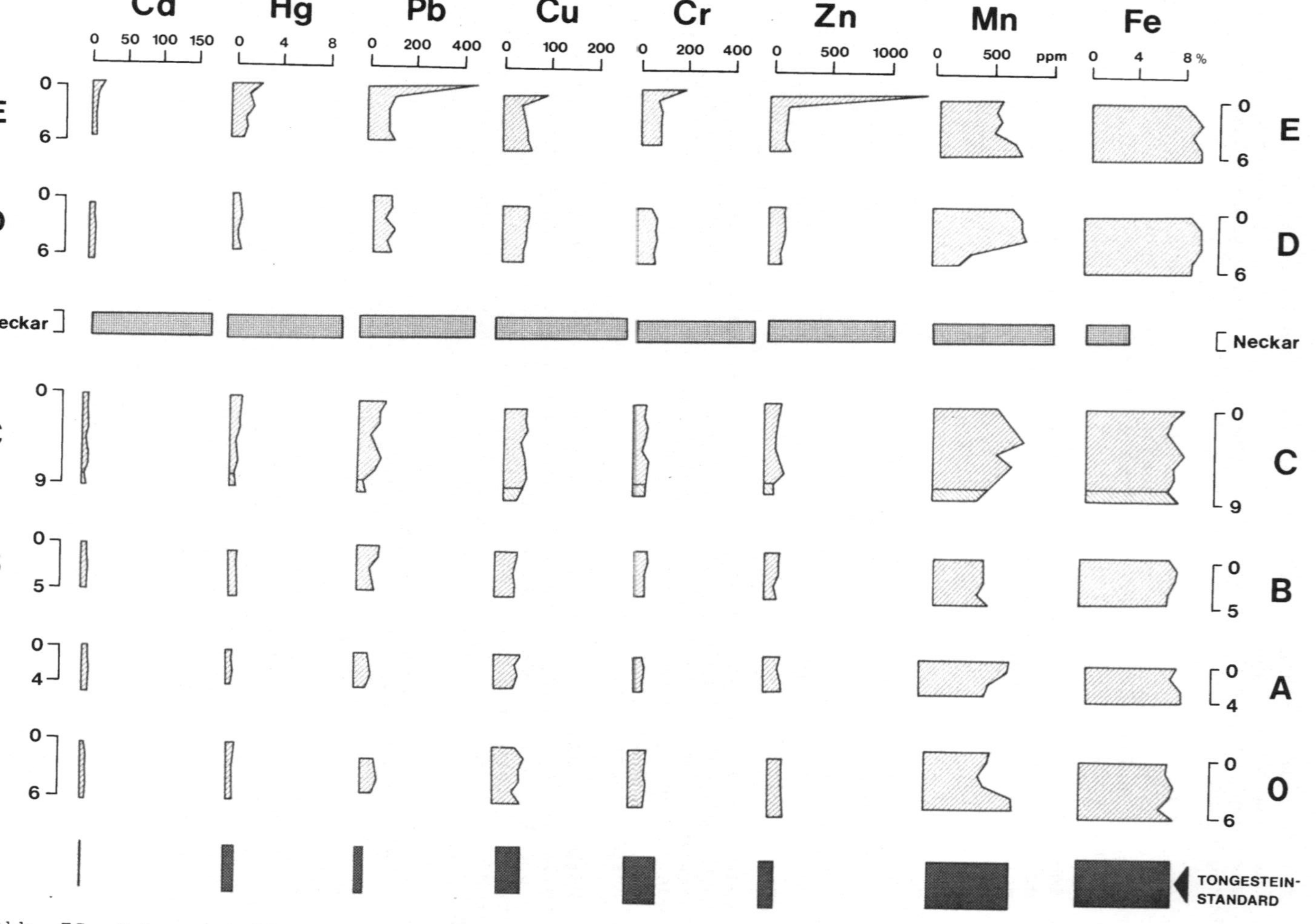

Abb. 75. Schwermetalle in der Tonfraktion von Sedimentprofilen von fossilen Neckarablagerungen. Lage der Bohrungen A-E s. Abb. 73. Zahlenangaben: Profiltiefe in m

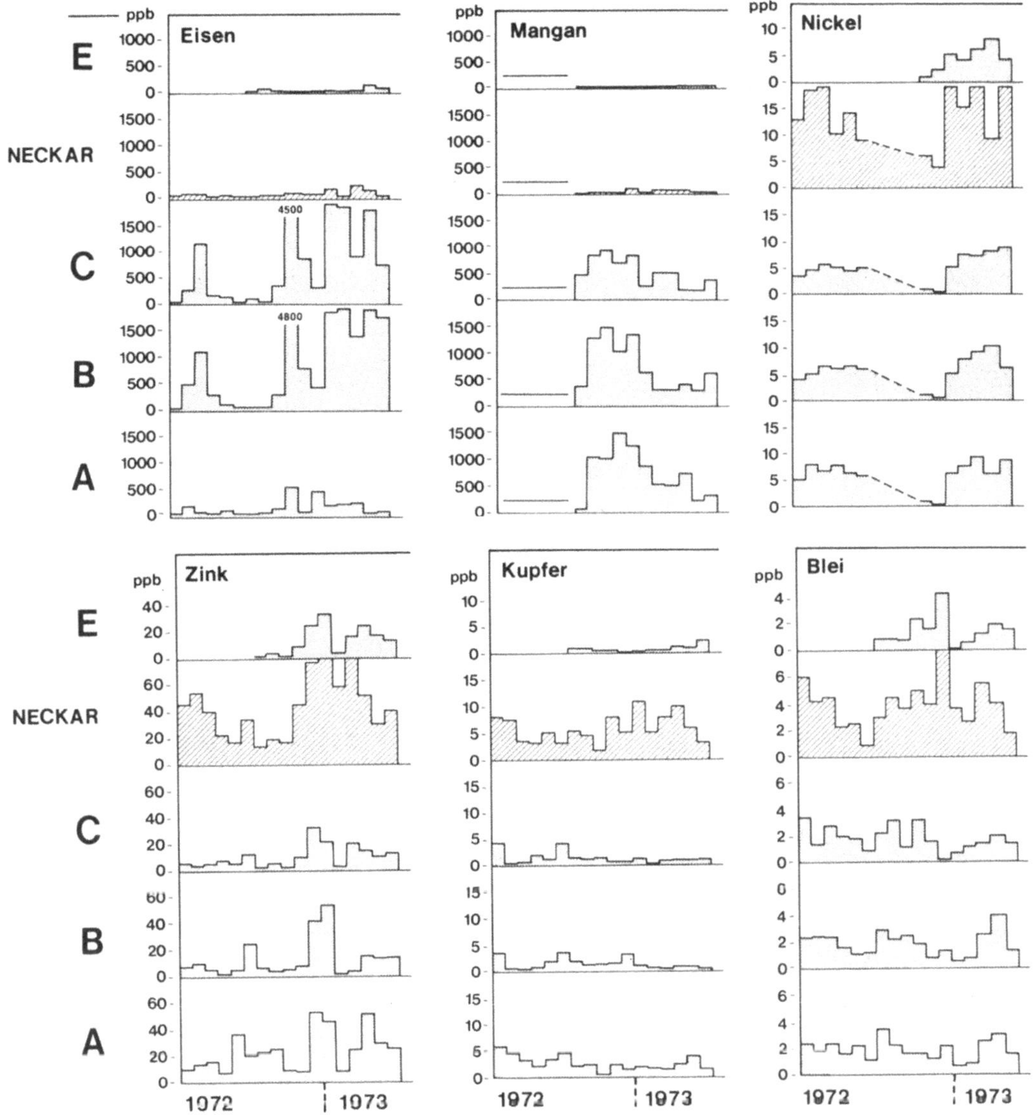

Abb. 76. Schwermetalle in Wässern der Uferfiltrat-Versuchsstrecke
EVS-Heilbronn zwischen Januar 1972 und Mai 1973. Lage der Entnahmepunkte A - E s. Abb. 73

*a) Schwermetallführung im Filtratwasser ohne zeitlichen Zusammenhang
mit den entsprechenden Metall-Gehalten im Flußwasser.* Beispiele:
Kupfer und Blei. Die beiden Metalle zeigen keine signifikante Abhängigkeit von der Infiltrationsdauer. Kupfer wird bei der Bodenpassage
offensichtlich stärker eliminiert als Blei. Die Bleikonzentrationen
im natürlichen Grundwasser (Vergleichsbrunnen E) unterscheiden sich
kaum von den Pb-Werten im (künstlichen) Filtrat.

d) Nahezu vollständige Elimination von Schwermetallionen in der Filter-strecke. Beispiel: Cadmium. Tabelle 52 zeigt, daß auch zu Zeiten extrem hoher Cadmiumführung im Flußwasser des Neckars die Uferfiltrate selbst nur gering mit diesen Metallionen belastet waren.

Tabelle 52. Cadmium-Gehalte (in ppb) in den natürlichen Grundwässern, in den Neckarwässern und in den Uferfiltraten

	E	D	Neckar	C	B	A	O
Januar 1972			8.4	0.1	0.1	0.1	
Februar			9.3	0.4	0.4	0.7	
März			25.0	0.1	0.1	0.1	
April			2.2	0.2	0.2	0.6	
Mai			0.8	0.2	0.6	1.3	
Juni			4.4	0.1	0.2	0.4	
Juli	0.1	0.1	6.0	0.1	0.1	0.1	0.2
August	0.1	0.1	4.5	0.1	0.1	0.2	0.2
September	0.2	0.2	9.0	0.2	0.1	0.1	0.2
Oktober	0.1	0.3	13.0	0.1	0.1	0.2	0.2
November	0.2	0.5	3.2	0.1	0.2	0.3	0.3
Dezember 1972	0.4	0.3	22.5	0.4	0.3	0.7	0.5
Januar 1973	0.1	0.8	1.2	0.5	1.0	1.6	0.2
Februar	0.1	1.2	0.8	0.2	0.2	0.3	0.2
März	0.2	0.1	0.6	0.2	0.4	0.6	0.4
April	0.5	0.9	0.6	0.5	0.3	0.6	0.4
Mai	0.8	–	1.1	0.8	0.7	0.6	0.6
Juni	1.2	–	0.5	0.2	0.3	0.2	0.4
Juli	0.4	–	0.8	1.0	0.7	1.0	0.9

Die Durchschnittswerte der physikalischen und chemischen Meßdaten für Neckar-Flußwasser, die Grundwässer der Bohrungen D und E sowie für die Uferfiltratwässer der Brunnen O, A, B und C sind in der Tabelle 53 und in Abb. 77 zusammengefaßt dargestellt. Bei diesen Daten handelt es sich um die vorläufigen Ergebnisse aus monatlichen Einzelmessungen aus dem Jahre 1972; ein abschließender Bericht über den vorgesehenen 2-jährigen Meßzeitraum wird im Frühjahr 1974 vorliegen.

Von besonderem Interesse ist die Entwicklung der Schwermetall-Gehalte vom Flußwasser bis zu den Uferfiltrat-Förderbrunnen. Aus den Ver-gleichszahlen der Tabelle 53 (jeweils in Klammern) geht hervor, daß - stets bezogen auf die entsprechenden Anteile im Neckarwasser - die Filtrate beim Passieren der Kies- und Sandschichten im Durchschnitt nur etwa 50 - 70% der Blei-, Kupfer-, Zink- und Nickelionen sowie ungefähr 80% der Chromionen verlieren. Lediglich beim Cadmium kann eine ausreichende Rückhaltewirkung festgestellt werden. Im übrigen werden auch in den Wässern der werkseigenen Brunnen (vgl. Kartenskizze in Abb. 73) - die vermutlich alle reines Uferfiltratwasser fördern - ganz ähnliche Verhältnisse vorgefunden (Tabelle 54), und in einem anderen Beispiel, dem der Uferfiltratsstrecke Haßmersheim/Mühlbach-gruppe (rund 15 km unterhalb von Heilbronn) lassen sich - vor allem bei Cadmium - eher noch schlechtere Eliminationseigenschaften der Bodenschichten ermitteln (Tabelle 55).

Unsere Resultate bestätigen die Befunde von anderen Schwermetallunter-suchungen in Uferfiltraten (HOLLUTA et al., 1968; KÖLLE et al., 1971; HAUSEN, 1972; KOPPE, 1973), die alle nur ein begrenztes Rückhalte-vermögen für Metalle bei der Bodenpassage in Uferfiltratsstrecken

Tabelle 53. Mittelwerte der Einzelmessungen 1972. (Zahlen in Klammern: Zu- und Abnahme bezogen auf Neckarwasser = 100)

	E		D	Neckar	C		B		A		O
Wasser ab Oberfläche (m)	1.77		0.35		2.52		2.62		3.00		3.45
Wassertemperatur $^{\circ}$C	11.8		12.8	13.2	13.5		13.0		14.3		13.7
Leitfähigkeit (μS)	558		646	1030	1123		1086		1131		1223
pH	7.2		7.2	7.0	7.6		7.5		7.3		7.2
O_2 (mg/l)	4.2		1.8	10.0	0.6		0.7		1.4		1.3
H_2S (mg/l)	0.0		0.0	0.0	0.08		0.05		0.0		0.0
HCO_3^- (ppm)	355	(128)	359	277	363	(131)	333	(120)	374	(135)	421
Cl^- (ppm)	49	(20)	58	225	237	(105)	245	(109)	233	(104)	222
SO_4^{2-} (ppm)	31	(27)	38	113	84	(75)	100	(89)	106	(94)	164
Ca^{2+} (ppm)	104	(75)	114	139	155	(111)	148	(106)	150	(108)	134
Na^+ (ppm)	16	(20)	28	83	89	(109)	94	(113)	89	(110)	107
Mg^{2+} (ppm)	18.5	(105)	18.1	17.7	20.0	(113)	20.8	(117)	22.9	(128)	26.8
K^+ (ppm)	1.0	(30)	2.1	3.7	3.3	(89)	3.3	(89)	3.4	(93)	3.3
Mangan (ppb)	11	(22)	166	50	685	(1400)	1030	(2000)	961	(2000)	187
Eisen (ppb)	28.6	(88)	33.6	32.7	294	(900)	296	(900)	102	(300)	60
Zn (ppb)	12.7	(39)	6.1	32.2	9.3	(29)	14.4	(45)	20.6	(64)	7.8
Ni (ppb)	1.5	(13)	0.7	11.7	3.7	(31)	4.5	(38)	5.2	(43)	1.5
Cd (ppb)	0.2	(2)	0.2	9.0	0.2	(2)	0.2	(2)	0.4	(4)	0.2
Cu (ppb)	0.6	(11)	1.6	5.6	1.5	(27)	1.7	(30)	2.9	(52)	3.1
Pb (ppb)	1.8	(44)	0.9	4.1	1.9	(46)	1.9	(46)	1.9	(46)	3.0
Cr (ppb)	1.7	(52)	0.5	3.3	0.7	(21)	0.6	(18)	0.5	(15)	0.7

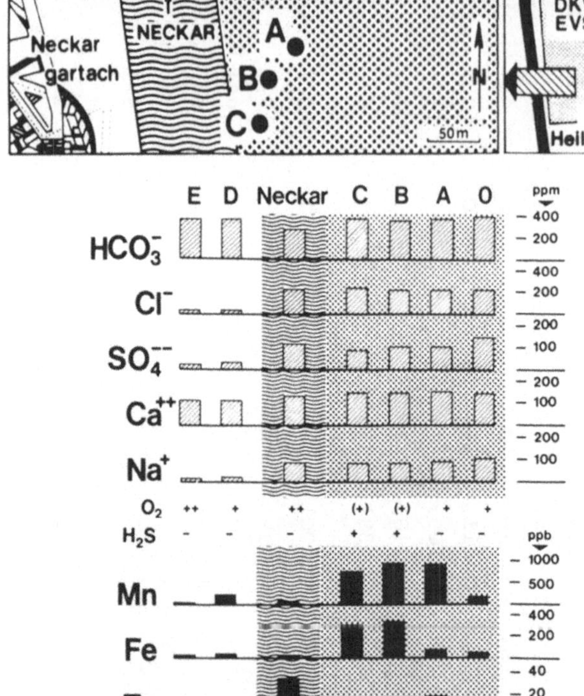

Abb. 77. Zusammenfassende Darstellung der chemischen Veränderungen von Neckarwasser beim Passieren der Uferfiltratstrecke EVS-Heilbronn. Durchschnittswerte berechnet aus Daten zwischen Januar-Dezember 1972

feststellten. Darüber hinaus zeigt sich in einigen Fällen, daß nicht nur eine unzureichende Elimination stattfindet, sondern auch innerhalb der Filterstrecke eine Zunahme der Schwermetall-Gehalte erfolgen kann; besonders verbreitet ist dabei ein Anstieg der Eisen-Gehalte. Generell wird von den übrigen Schwermetallen Nickel am wenigsten eliminiert, gefolgt von Zink, Blei und Chrom (KOPPE, 1973).

Tabelle 54. Schwermetall-Gehalte in den Wässern der Förderbrunnen der EVS-Heilbronn (Uferfiltrate) und im Neckarwasser. Probenahme am 16. November 1972. Werte in ppb

Brunnen	21	22	2a	3a	4a	11-18	Neckar
Mangan	1120	1100	1680	1450	1750	1060	114
Eisen	45	45	550	146	102	620	43
Zink	26	23	122	53	13	19	82
Kupfer	1.9	3.0	1.9	1.5	3.0	0.2	5.4
Nickel	1.7	1.7	1.5	1.5	3.0	3.0	6.0
Blei	1.2	1.2	1.3	1.7	1.5	1.1	4.1
Chrom	0.6	0.6	1.0	1.5	1.0	1.0	6.5
Cadmium	0.2	0.1	1.0	0.3	0.2	0.2	3.2

Tabelle 55. Schwermetalle in den Förderbrunnen der Trinkwasserversorgung Haßmersheim/Mühlbachgruppe (Mischwasser aus Uferfiltrat und natürlichen Grundwässern) und im Neckarwasser bei Haßmersheim. Probenahme am 19. Februar 1973. Werte in ppb

Brunnen	H 1	H 2	H 3	N 1	N 2	N 3	Neckar
Mangan	6	3	34	4	3	4	45
Eisen	16	18	21	26	42	20	58
Zink	136	44	12	17	11	18	35
Kupfer	2.6	1.3	1.3	1.8	1.6	2.0	3.7
Nickel	5.1	9.0	5.1	3.8	5.1	2.5	10.3
Blei	1.5	0.7	0.9	1.3	0.6	0.9	1.0
Chrom	1.5	3.5	0.5	0.5	1.5	1.5	3.5
Cadmium	0.3	0.1	0.1	0.4	0.7	0.4	1.1

Über die physikalischen und chemischen Vorgänge bei der Elimination von Schwermetallen in der Uferfiltratstrecke ist noch wenig bekannt. Nach den "Untersuchungen über das Verhalten von Inhaltsstoffen der metallverarbeitenden Industrie im Wasserkreislauf und ihren Einfluß auf die Wasserversorgung" hat KOPPE (1973) eine - zunächst empirische - Beziehung zwischen den unterschiedlichen Eliminationsraten für die einzelnen Schwermetalle in Binnengewässern sowie Kläranlagen und den entsprechenden Immobilisierungs- bzw. Remobilisierungsvorgängen bei der Uferfiltration abgeleitet. Demnach können generell vier Typen von Metallionen entsprechend ihrem Eliminierungs- bzw. Mobilisierungsverhalten unterschieden werden (Tabelle 56).

Ein Beispiel für Typ II - Metallionen mit starker Fixierung im Vorfluter und geringer Neigung zur Remobilisierung in Uferfiltratstrecken - konnte noch nicht benannt werden, doch fällt in diese Kategorie möglicherweise das Quecksilber-Ion, das zwar in Oberflächengewässern meist stark eliminiert wird (vgl. Abschn. 16.2), über dessen Verhalten bei der Uferfiltration jedoch keine Daten vorliegen. KOPPE (1973) stellt ingesamt fest, daß "sich das Migrationsvermögen der Metalle in der realen Umwelt nur teilweise aus den chemisch-physikalischen Daten, wie z.B. der Löslichkeit oder dem Ionenradius ableiten läßt".

Tabelle 56. Migrationsvermögen der Schwermetalle (KOPPE, 1973)

		Relative Immobilisierung in Kläranlagen und Vorflutern	
		gering	bedeutend
Relative Remobilisierung bei der Wassergewinnung	gering	Typ I Chrom	Typ II ?
	bedeutend	Typ III Nickel	Typ IV Zink

Nachdem im Abschnitt D die Mechanismen dargestellt worden sind, die zu
einer Anreicherung von Schwermetallen in den Oberflächengewässern
führen können, gilt es nun, diese Faktoren auf ihre Wirksamkeit für
die Elimination (oder Mobilisierung) von Schwermetallen bei der Uferfiltration, die im Grundwasserbereich stattfindet, zu untersuchen.
Sicher ist, daß im Einzelfall zwischen diesen Prozessen komplizierte
Wechselwirkungen bestehen und die Resultate dementsprechend stark
von den örtlichen hydrogeologischen Verhältnissen abhängen. Hier
kann das Beispiel der Uferfiltrations-Versuchsanlage in Heilbronn, die
oben beschrieben wurde, den Vorteil relativ guter Übersichtlichkeit
in Anspruch nehmen: einmal handelt es sich bei dem geförderten Brunnen-
wasser um ein reines Flußwasser-Uferfiltrat ohne Grundwasserbeimen-
gungen, zum anderen treten hier nur ganz geringe Pegelstandsänderun-
gen im Fluß auf. Grundsätzliche Entwicklungen zeichnen sich in den
folgenden Punkten ab:

a) In dem Uferbereich zwischen Neckar und den nächstgelegenen Filtratbrunnen C bzw. B wurden - vor allem in C - zeitweise reduzierende
Verhältnisse beobachtet. Bei den seit Oktober 1972 zusätzlich vorge-
nommenen Sulfidmessungen wurden in Bohrung C stets merklich Anteile
von H_2S (0.05 - 0.15 mg/l) gefunden, und im November und Dezember
1972 auch geringe H_2S-Gehalte in B; die Brunnenwässer in A enthalten
wenig Sauerstoff, verglichen mit den natürlichen Grundwässern in D
und E sowie mit dem Neckarwasser.

Die Eliminierung der Cadmium-Ionen in der Filterstrecke ist wahrscheinlich auf eine Ausfällung als CdS zurückzuführen. Ungeklärt ist jedoch,
warum diese "H_2S-Falle" bei den anderen Schwermetallionen kaum wirksam
ist.

b) In reduzierender Umgebung nimmt die Löslichkeit von Eisen und Mangan
stark zu. Abb. 78 kann die Verhältnisse verdeutlichen: bei einem abnehmenden Sauerstoff-Potential steigt zunächst der Mangan-Gehalt im
Wasser an und bleibt dann konstant; die gelösten Eisenbestandteile
werden dagegen eher linear erhöht. Dieser Effekt findet sich in
der untersuchten Filterstrecke im Detail wieder: Während die Mangan-
Gehalte (Abb. 74) bei insgesamt geringen Sauerstoff-Gehalten im Filtrat gleichmäßig hoch sind, unterscheiden sich die Eisen-Anteile in
Lösung ganz beträchtlich je nach der Stärke des Sauerstoff-Defizits;
in der Bohrung A mit einem schwach positiven Redoxpotential liegen
die Gehalte an gelöstem Eisen deutlich unter den Fe-Anteilen der stärker reduzierenden Wässer in den Brunnen B und C.

Das Sorptionsvermögen der Eisen- und Manganverbindungen gegenüber
anderen Schwermetallionen scheint im Grundwasserbereich - häufig durch
Wechselzonen von aeroben und anaeroben Bedingungen gekennzeichnet -

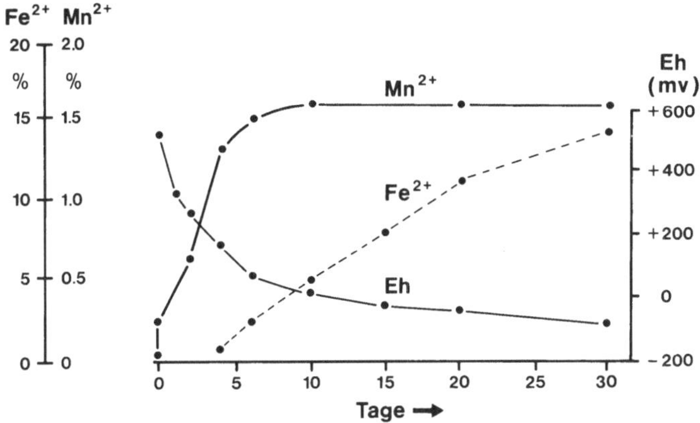

Abb. 78. Auflösung von Mn- und Fe-Oxiden unter anaeroben Bedingungen (aus JENNE, 1968)

insgesamt ein Mechanismus von viel größerer Bedeutung für die Elimination von Schwermetallen zu sein als das in den sauerstoffreichen Oberflächengewässern der Fall ist. Zu diesen Redoxreaktionen können weitere Bedingungen hinzutreten, welche auch die Existenz der zweiwertigen Ionen begrenzen, so z.B. die Bildung von Eisenkarbonat oder Eisensulfid (vgl. Abschn.16). In den Filtratlösungen befindet sich zehn- bis hundertmal mehr Eisen und Mangan als alle übrigen Schwermetallionen zusammengenommen. Dies ist ein deutlicher Unterschied zu den Oberflächengewässern, wo im allgemeinen Fe und Mn keine große Rolle spielen. Insofern scheinen in der Uferfiltratstrecke die quantitativen Voraussetzungen für eine Inkorporation von Schwermetallen in Eisen- und Manganabscheidungen gegeben. Solche Prozesse der "Mitfällung" bzw. der umgekehrte Vorgang einer Remobilisierung von Schwermetallionen bei der Auflösung von Eisen- und Manganverbindungen können in unserem Beispiel durch die gleichsinnige Entwicklung der Eisen-, Mangan- und der Nickel-Gehalte im Uferfiltrat nachgewiesen werden.

c) Die Mechanismen der Adsorption und des Ionenaustausches scheinen bei der Uferfiltration nur eine untergeordnete Rolle zu spielen. Es ist weder bei Zink, bei Kupfer noch bei Blei eine nachhaltige Abnahme der Schwermetall-Gehalte mit der Entfernung vom Fluß, d.h. mit der Dauer der Infiltration, zu beobachten; Zink besitzt sogar in dem uferferneren Brunnen A höhere Anteile als in den vorgeschalteten Bohrungen B und C.

Diese Resultate stehen im Einklang mit Berechnungen von KOPPE (1970) über die Eliminationsleistung der einzelnen Rückhaltemechanismen bei der Uferfiltration. Ausgehend von stark vereinfachenden Annahmen verhalten sich die drei Arten der "temporären Elimination" (KOPPE) Adsorption, Ionen-Austausch und Ausfällung, was ihre wirksame Dauer angeht, wie 1 : 1000 : 1.000.000.

Das Zusammenwirken der Fällungsvorgänge von Eisen- und Manganverbindungen, unter Einbeziehung der organischen Komponenten im Flußwasser, ist nach HOLLUTA et al. (1968) auch als "Hauptursache der Verfestigung und Abdichtung der (Rhein-)Sohle vor den Brunnenlinien anzusehen". Zwar geht nur ein Teil der Eisen- und Mangankomponenten bisher in die Uferfiltrate über, doch deuten zunehmend "Sauerstoffarmut und Auftreten von Schwefelwasserstoff auf Reduktionsvorgänge im Untergrund hin, an denen die organischen Schwebstoffe aus dem Flußwasser beteiligt sind. Nachdem schon KÖLLE et al. (1971) darauf hingewiesen haben, daß "der Schutz der Filter nicht ausreicht, im Rhein selbst

höhere als die für Trinkwasser geltenden Grenzkonzentrationen zu tole-
rieren", hält - u.a. auch nach den hier vorgelegten Daten - der Fachausschuß "Wasserversorgung und Uferfiltration" des Bundesministeriums
des Innern "vorsorgende Maßnahmen zur Verminderung der Einleitung von
Schwermetallen in die Vorfluter für dringend geboten".

Die Zukunft der Uferfiltrations-Methode wird insgesamt pessimistisch
beurteilt. KLUDIG (1968) und HOLLUTA et al. (1968) kommen nach ihren
Untersuchungen am Rhein zu dem Schluß, daß "bei einer weiteren Belastung der Gewässer damit zu rechnen ist, daß die Uferfiltration zur
Trinkwassergewinnung aufgegeben werden muß, und daß in steigendem Maße
das Rohwasser für Versorgungszwecke direkt aus dem Fluß entnommen und
auf kostspieligem Wege fabrikatorisch gereinigt und aufbereitet werden
muß".

19.2 Schwermetalle bei der Trinkwasseraufbereitung

Aufbereitungsverfahren mit höherem technischen Aufwand als die zuvor
beschriebene Uferfiltrations-Methode gewinnen insbesondere für die
Trinkwasserversorgung der Ballungsgebiete immer mehr an Bedeutung.
Die Ausstattung solcher Anlagen muß sich jeweils nach den lokalen Verhältnissen richten, und ihr Wirkungsgrad hängt selbstverständlich auch
von der Qualität des Rohwassers ab. Hier können deshalb nur einige
generelle Aspekte angedeutet werden.

In einem Artikel "Die Bedeutung der Metallspuren in den Gewässern
für die Trinkwasserversorgung" stellen HABERER und NORMANN (1972) die
grundsätzlichen Erfahrungen bei der Eliminierung von Metallen aus
Rohwässern in verschiedenen Wasseraufbereitungs-Anlagen zusammenfassend dar: Bei den Untersuchungen von drei deutschen Trinkwasser-
talsperren zeigte sich, daß bei einer Aluminiumflockung die Gehalte
an Zink um 50 - 80%, von Blei um etwa 30% und von Kobalt sowie von
Nickel um ungefähr 1/4 reduziert werden; die Eisen-Gehalte wurden
bei dieser Methode um mehr als 75%, die Mangan-Mengen zwischen 30
und 90% herabgesetzt. Durch eine Eisenflockung wird Kupfer und Blei
teilweise eliminiert, dagegen ist die Abnahme von Chrom, Nickel und
Zink bei diesem Prozeß nur geringfügig. Eine Kalkfällung scheint die
Schwermetalle besonders gut zu erfassen; in einer amerikanischen Ab-
wasserversuchsanlage wurde damit Cadmium und Silber zu 95% bzw. 97%
zurückgehalten.

Die nachfolgenden Stufen der Trinkwasseraufbereitung, das sind vor
allem Filtrations- und Ionen-Austauschverfahren, wurden in ihrer
Wirksamkeit gegenüber Spurenmetallen von REICHERT, HABERER und NOR-
MANN (1972) im Rheinwasserwerk Wiesbaden-Schierstein der Stadtwerke
Wiesbaden A.G. untersucht. In der Tabelle 57 sind einige Ergebnisse
dieser Arbeit zusammengefaßt. Zu berücksichtigen ist dabei, daß die
Schwermetallkonzentrationen der in dieser Anlage untersuchten Wässer
z.T. weit unter den für den Trinkwassergebrauch zulässigen Grenzwerten lagen; vermutlich würden die einzelnen Schwermetalle bei
höheren Konzentrationen stärker eliminiert, wie sich bereits im Verhalten des Zinks andeutet, das bei allen diesen Versuchen die höchsten
Gehalte aufwies.

Nach diesen Untersuchungen stellen REICHERT et al. (1972) fest, daß
"der Kationenaustausch von allen untersuchten Verfahren weitaus die
beste Entnahmewirkung zeigt", daß aber andererseits "die Methoden der
konventionellen Trinkwasseraufbereitung - Sedimentation im Klärbecken,
Sandfiltration, Aktivkohlefiltration, Bodenpassage, Verdüsung - nicht

Tabelle 57. Schwermetallreduzierung im Gesamtprozeß der technischen Trinkwasseraufbereitung (REICHERT et al., 1972)

Schwermetall	Vorklärung (Sedimenta-tionsbecken)	Flockung Filtration Adsorption	Boden passage	Enteisenung Entmanganung (O_2, Langsam-sandfiltration)	Kationen-Austausch
Cadmium	-	-	-	-	+
Kobalt	-	-	-	-	+
Chrom	-	+	(+)	-	-
Kupfer	-	-	(+)	-	(+)
Quecksilber	(+)	-	+	+	-
Nickel	-	-	(+)	-	+
Blei	-	-	-	-	+
Zink	(+)	+	+	+	+

geeignet sind, eine Sicherheit vor dem Durchgang von Spurenelementen zu gewährleisten". Aus dieser Tatsache, daß "z.Zt. kein wirtschaftlich arbeitendes großtechnisches Verfahren bekannt ist, daß die Schwermetalle bis auf die toxikologisch erforderliche duldbare Restkonzentration aus dem Wasser zu entfernen geeignet wäre", folgt zwangsläufig, daß "diese Substanzen in einem für Trinkwasser genutzten Oberflächengewässer nicht vorhanden sein dürfen" (HÄSSELBARTH, 1972). Für den praktischen Gewässerschutz bedeutet dies "eine Entfernung der anthropogenen Spurenelemente vor Einleitung in das Oberflächengewässer, am Ort ihres konzentrierten Anfallens" (REICHERT et al., 1972).

19.3 Schwermetalle im Abwasser

So einleuchtend Überlegungen sind, Umweltverschmutzungen schon bei ihrer Entstehung zu erfassen und abzuwenden, so schwierig ist die Verwirklichung dieser Vorschläge in der Praxis. Dies gilt besonders für die Eliminierung giftiger Schwermetalle aus den Oberflächengewässern, die zu Trinkwasser aufbereitet werden müssen.

Von den fünf Hauptquellen der Wasserverunreinigung (QUENTIN, 1972)

a) nicht oder ungenügend gereinigte Abwässer,

b) Transportunfälle und unerlaubte Handlungen,

c) landwirtschaftliche Maßnahmen (Düngung, Schädlingsbekämpfung),

d) Abfallablagerungen ungeordnet im Gelände,

e) Luftverschmutzung und Niedergang von Schadstoffen (Abregnung),

enthalten im allgemeinen nur die unter a) aufgeführten Abwässer - und hier speziell die industriellen Abwässer - Schwermetalle in so hohen Konzentrationen, daß durch wirtschaftlich vertretbare Abwehrmaßnahmen ein eindeutig positiver Effekt für die Gewässer erwartet werden kann. Selbstverständlich muß auch bei den übrigen Verschmutzungsfaktoren längerfristig auf eine Reduzierung der Metall-Emissionen hingewirkt werden; vordringlich erscheint jedoch zunächst eine verbesserte Reinigung der Abwässer und eine Reduzierung ihrer Mengen.

Eine der wichtigsten Quellen der Schwermetallverunreinigungen in Oberflächengewässern bildet die direkte oder indirekte Einleitung von Abwässern der galvanischen Industrie, von der es z.Zt. in der Bundesrepublik Deutschland ca. 800 meist kleinere Betriebe gibt. Wesentliche Abwassermengen mit Schwermetallverunreinigungen gelangen auch aus den NE-Metallhütten (vor allem aus den Metallerzflotationsanlagen) sowie aus den Beizereien und Härtereien in die Vorfluter. Im Bereich der chemischen Industrie sind insbesondere die quecksilberhaltigen Abwässer aus der Chloralkali-Elektrolyse, mit ca. 45 Tonnen Hg pro Jahr in der BRD zu nennen, sowie die Abfälle aus der Produktion von Cadmium- und Zinkpigmenten.

Gesetzliche Beschränkungen für die Metallkonzentrationen in Abwässern sind bislang noch nicht erlassen worden. KOPPE (1973) weist darauf hin, daß auch "die vorhandenen Normalwerte - für Zink, Nickel und Cadmium jeweils 3 mg/l, für Kupfer 1 mg/l und für Chrom(VI) 0.5 mg/l - nur angeben, welche Beschaffenheit das Wasser nach üblicher und ordnungsgemäßer Behandlung haben kann, und nicht, welche Beschaffenheit für den jeweiligen Vorfluter noch erträglich ist". Diese Unsicherheit wird weiter durch die Tatsache verdeutlicht, daß das Verhältnis der Abwasser-Normalwerte zu den entsprechenden Trinkwasser-Grenzwerten bei den einzelnen Metallen um mehrere Größenordnungen differiert; die Schwankungsbreite dieser Verhältniszahlen liegt zwischen 0.6 für Zink und 600 für Cadmium (vgl. KOPPE, 1973). Ein Normalwert für die Blei-Gehalte in Abwässern wird überhaupt nicht genannt. Daß selbst diese Richtwerte häufig überschritten werden, liegt nach BUCKSTEEG (1967) jedoch "im allgemeinen nicht an betriebstechnischen Unzulänglichkeiten, sondern an der ungenügenden Kenntnis und unzureichenden Berücksichtigung der physikalischen und chemischen Zusammenhänge".

In den vergangenen Jahren sind die Reinigungsverfahren für schwermetallhaltige Abwässer ständig weiter verbessert worden: Feste Metallpartikel, z.B. aus Flotationsanlagen oder bei der Pigmentherstellung werden in Absatzbecken sedimentiert. Die eingedickten Schlämme werden auf Sondermüllplätzen deponiert, auf hoher See verklappt oder wieder aufgearbeitet. Die einfachste Methode zur Entfernung gelöster Metalle ist im allgemeinen die chemische Fällung, vor allem die Hydroxidfällung. Im pH-Bereich zwischen 6 und 8 (vgl. Abb. 60), der meist durch Zugabe von $Ca(OH)_2$ eingestellt wird, fallen die Hydroxide (bzw. die Oxidhydrate) der Metalle Fe, Ti, Al, Zn, Sn, Sb, Pb, Ni, Mn, Cu und Cd aus. Die mechanische Abtrennung der Fällungsprodukte wird durch Flockungsmittel erleichtert. Bei einigen Metallen wird eine Sulfidfällung vorgenommen, z.B. bei Cadmium und Zink; auch Karbonatzusätze können eine Abscheidung von Schwermetallen bewirken.

Chromate in Abwässern werden bei pH 3 mit Sulfit zum Cr(III) reduziert und dann als Hydroxid gefällt. Für Abwässer mit niedrigen Metallkonzentrationen oder mit Salzen wertvoller Metalle werden zunehmend Ionenaustauscher eingesetzt, aus deren Regenerat die Schwermetalle zurückgewonnen werden können. Dieses Verfahren verspricht auch bei der Reinigung quecksilberhaltiger Abwässer Erfolg (vgl. OEHME, 1971), so daß als Fernziel im Bereich der Chloralkali-Elektrolyse eine Reduktion der Quecksilberverluste von derzeit 100 g Hg pro Tonne erzeugten Chlors auf 5 bis 10 g/t erreicht werden könnte. Die Kosten für eine Reinigung durch Hydroxidfällung dürften um 0.30 DM/m^3 Abwasser liegen, für die Ionenaustausch-Reinigung bewegen sich die Kosten im Bereich zwischen 0.4 und 0.50 DM/m^3 (aus: "Umweltfreundliche Technik - Verfahren und Produkte", Schriftenreihe Technologien 2 des Bundesministers für Bildung und Wissenschaft, 1971).

Die Hauptprobleme treten bei der Behandlung von Abwässern auf, die
größere Anteile von <u>komplexbildenden Substanzen</u>, vor allem Cyanide,
enthalten. Solche Abwässer fallen besonders im Bereich von Galvanik-
Betrieben, bei Hochofenprozessen und in Härtereien an. Im allgemeinen
erfolgt der Abbau der Cyanidmetallkomplexe durch Oxidation mit Chlor
oder durch Mittel, die aktives Chlor enthalten, bei pH-Werten zwischen
8.5 und 12.5 (ausführlich bei BUCKSTEEG und DIETZ, 1972). WAGNER (1972)
weist jedoch darauf hin, daß mit dieser Methode nur ein Teil der nicht-
cyanidischen Komplexe gleichzeitig erfaßt werden kann; in einigen
Fällen wird bei der oxidativen Hypochlorit-Zersetzung sogar eine verstärkte komplex-chemische Wirksamkeit der Metalle beobachtet, mit der
Gefahr einer "Verschleppung" giftiger Metallionen in die Wasserversorgung. Schon BUCKSTEEG (1967) stellte fest, daß "der mögliche erreichbare Reinigungseffekt in hohem Maße von der Art des als Kation
vorhandenen Elements und der Art und Konzentration des Komplexbildners
abhängt" und daß "die Komplexbildner häufig eine befriedigende Abscheidung der Schwermetalle aus dem Abwasser verhindern".

Andere Ursachen für die unterschiedliche Behandlung metallhaltiger
Abwässer sind eher ökonomischer Natur, wie folgendes Beispiel aus
dem Ruhrgebiet zeigt: Bei einer statistischen Untersuchung in galvanischen Betrieben, die alle mit ausreichenden Reinigungsanlagen aus-
gestattet waren, wurde festgestellt, daß bei der Aufbereitung der
anfallenden Abwässer die Anteile von Cyanid, Kupfer und Chrom am
geringsten eliminiert wurden, gefolgt von Nickel und Zink, wo die Reinigung schon effektiver war; für Cadmium wurden die Normalanforderun-
gen offensichtlich am besten erfüllt, weil hier "wegen der hohen
Kosten für die Cadmiumbäder auch die Verschleppungsverluste möglichst
gering gehalten werden" (BUCKSTEEG, 1967).

F. Zusammenfassung – Schlußfolgerungen – Ausblick

20. Schwermetallanreicherungen

Aus den vorliegenden Daten über die Schwermetall-Gehalte in Binnengewässern, teils aus Literaturangaben, teils aus eigenen Untersuchungen,
geht hervor, daß vor allem in den dicht besiedelten und hochindustrialisierten Gebieten die Spurenmetalle deutlich gegenüber den natürlichen Anteilen in den Wässern und Sedimenten angereichert worden
sind. Das Ausmaß der Metallkonzentration ist im einzelnen unterschiedlich: die Flüsse der Bundesrepublik Deutschland, die hier vor allem
untersucht wurden, zeigen bei den Sedimenten maximale Anreicherungsfaktoren gegenüber einem natürlichen Tongesteins-Standard von je 15
bei Kobalt und Nickel, jeweils 35 bei Kupfer und Zink, 60 - 70 bei
Blei und Chrom; bei Quecksilber wurde eine maximale Anreicherung um
das 100-fache festgestellt, bei Cadmium lag in einem Beispiel sogar
eine Anreicherung um den Faktor 1000 vor.

Ähnlich starke Konzentrationserhöhungen finden sich auch in den Wässern:
Nach den vorliegenden Einzelmessungen können auch hier unter ungünstigen Voraussetzungen die gelösten Schwermetalle um das 10- (z.B. Blei)
bis 1000-fache (z.B. Cadmium) angereichert sein.

Die Schwermetalle der Sedimente werden zum größten Teil bereits als
selbständige Metallverbindungen, wohl vor allem als Hydroxide (untergeordnet als Sulfide) in die Vorfluter eingebracht, durch Kationenaustausch an die Oberfläche von Partikeln gebundene Schwermetalle sowie Schwermetalle in organischer Bindung treten demgegenüber zurück.

Die Herkunft dieser Schwermetallverunreinigungen ist häufig nicht genau lokalisierbar. Ursache für eine generelle Anhebung des Schwermetall-
pegels - bei Kobalt um ca. 50%, bei Cadmium und Blei um das 5- bis
10-fache über die Normalwerte - können in erster Linie Abwasser-
Belastungen aus kommunalen Kläranlagen, Sickerwässern aus Mülldeponien
sowie von Rückfallprodukten aus atmosphärischen Metall-Emissionen gelten. Alle diese Faktoren weisen regional nur geringe Unterschiede auf.
Lokale Schwermetallanreicherungen, die über diese allgemeine Belastung
hinausgehen, vor allem die extremen Konzentrationen von Chrom, Quecksilber und Cadmium, entstammen meist industriellen und gewerblichen
Abwassereinleitungen und können durch die hier dargestellten kombinier-
ten Sediment- und Wasseruntersuchungen im allgemeinen bis zu ihrem Ursprung zurückverfolgt werden.

21. Auswirkungen der erhöhten Schwermetallkonzentrationen

a) Schwermetallvergiftungen. Die Gefahr einer Wiederholung von Schwer-
metall-Vergiftungsepidemien, vergleichbar mit jenen von Minamata und
im Jintsu-Gebiet Japans, dürfte inzwischen durch die verstärkte Überwachung der Gewässer geringer geworden sein. Völlig auszuschließen

sind solche Fälle allerdings immer noch nicht. Das Beispiel der Cadmium-Verseuchung des mittleren Neckars zeigt, daß hier bis um das 50-fache höhere Cadmium-Gehalte in den Tonsedimenten gefunden wurden als in den am stärksten Cd-kontaminierten Böden des japanischen Katastrophengebietes. Auch die Cd-Gehalte im Neckarwasser lagen zeitweise um den Faktor 50 über den für Bewässerungs- und Trinkwasserzwecke festgelegten Grenzwerten. Daß eine Gefährdung des Menschen nicht erfolgte, liegt allein daran, daß das Neckarwasser wegen der generell starken Verschmutzung im gefährdeten Gebiet <u>nicht</u> zu Trinkwasser aufbereitet wird, und auch die an diesem Flußabschnitt gefangenen Fische als kaum noch genießbar gelten.

b) Trinkwasseraufbereitung. Die zunehmende Verschmutzung der Gewässer, für die auch die erhöhten Schwermetall-Gehalte im Wasser und in den Sedimenten typische Symptome sind, zwingt zu immer aufwendigeren Verfahren bei der Trinkwasseraufbereitung. Die sehr kostensparende Methode der künstlichen Grundwasseranreicherung durch Uferfiltration zeigt vor allem an stark verschmutzten Gewässern eine immer geringere Reinigungswirkung. Schwermetalle in den Flüssen werden bei der Bodenpassage und bei den herkömmlichen Aufbereitungsverfahren kaum eliminiert, wie die Untersuchungen von REICHERT et al. (1972) gezeigt haben, so daß bei steigenden Schwermetall-Gehalten im Rohwasser zunehmend kostspielige Technologien, z.B. Ionenaustauscher, eingesetzt werden müssen. Bei einer Anwendung dieser Verfahren auf nur 10% der öffentlichen Wasserversorgung in der Bundesrepublik Deutschland ist mit Kosten in der Größenordnung von 100 Mill. DM zu rechnen.

c) Hemmung biologischer Abbauvorgänge. Ein sehr bedrohlicher Effekt erhöhter Schwermetallkonzentrationen liegt in der Hemmung biologischer Abbauprozesse in Gewässern und in Kläranlagen. Eine Berechnung von WALLNER (1971) ergab beispielsweise, daß die Selbstreinigungsleistung des Niederrheins durch Giftstoffe um nahezu ein Drittel verringert wird, was einem "Wert an öffentlichem Kapital von ca. 2 Mrd. DM entspricht". Noch größer erscheint die Schadwirkung von Schwermetallen - vor allem aus galvanischen Abwässern - auf die Leistungsfähigkeit biologischer Kläranlagen; fallen diese Anlagen auf Grund der zugeleiteten Gifte aus, so können im Vorfluter weitere unabsehbare Folgen eintreten (RINCKE, 1971).

d) Gefährdung der Wasserorganismen. An zwei Beispielen wurden die Schwermetallanreicherungen in Fischen beschrieben. Auf Grund der in vielen Ländern gültigen Höchstmengenverordnungen müßte ein Verzehr von Fischen aus bestimmten Flußabschnitten des mittleren Neckars und des Oberrheins sofort untersagt werden. Insgesamt noch bedrohlicher erscheint jedoch das Ausmaß der Gefährdung unserer Randmeere mit ihrem Bestand an nutzbaren Organismen, falls die Schwermetallverschmutzung aus dem Binnenland auch zukünftig in gleicher Weise ansteigt wie das bisher der Fall ist.

e) Schwermetallverluste. Die zunehmenden Schwermetall-Emissionen führen nicht nur zu einer Gefährdung lebensnotwendiger Versorgungssysteme, sie sind auch wirtschaftlich immer weniger vertretbar. Allein mit dem Rhein werden jährlich Schwermetallabfälle im Wert von ca. 100 Mill. DM transportiert. Diese Situation ist umso bedenklicher, als die Reserven wichtiger metallischer Rohstoffe zusehends zur Neige gehen. Nach den Berechnungen von BROWN (1970), die der Abb. 79 zugrundeliegen, reichen die derzeitigen Vorkommen an Blei, Zink, Zinn sowie an den Edelmetallen Gold, Silber und Platin kaum noch für 20 Jahre aus, bei Quecksilber dürften diese Vorräte bereits in einem Jahrzehnt nahezu erschöpft sein.

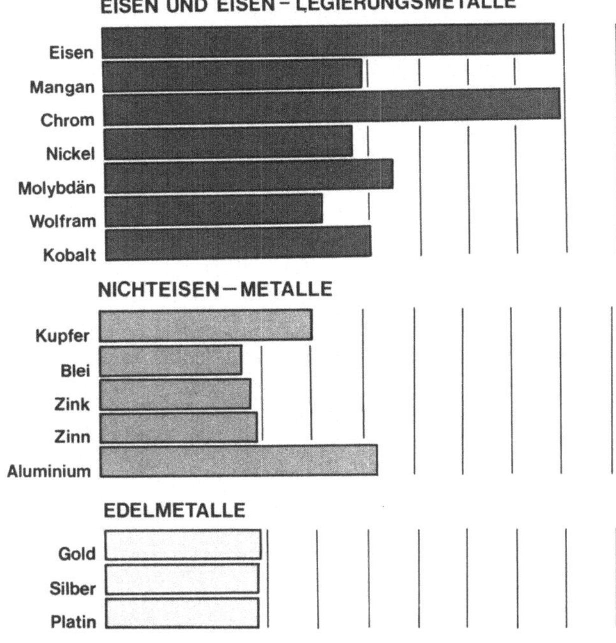

Abb. 79. Verfügbarkeit metallischer Rohstoffe bei Anhalten der gegenwärtigen Steigerungsraten des Verbrauchs (aus BROWN, 1970)

Die Möglichkeit, solche Verluste einzuschränken, sollte am einfachsten bei denjenigen Substanzen sein, die durch zivilisatorische Prozesse besonders stark angereichert wurden - etwa Blei, Chrom, Quecksilber und Cadmium. Damit wäre auch den ökologischen Forderungen prinzipiell Rechnung getragen, da im allgemeinen die Gefährdung eines natürlichen Systems mit der relativen Anreicherung eines Schadstoffes zunimmt.

22. Maßnahmen

Die Umweltbelastung eines bestimmten Schadstoffes kann prinzipiell durch drei Faktoren verändert werden (STRAHLER und STRAHLER, 1973): durch Änderungen in der Bevölkerungsdichte oder in den Verbrauchsraten eines schadstoffhaltigen Produktes, sowie durch technologische Entwicklungen, nach denen diese Substanzen entweder verstärkt oder vermindert zum Einsatz kommen. Die Intensitätsänderungen des Schadstoffeinflusses lassen sich formelmäßig und stark vereinfacht wie folgt darstellen:

I(Intensität) = B(Bevölkerung) x V(Verbrauch) x T(Technologie).

Dazu ein Beispiel: Wenn die Bevölkerung in einem bestimmten Zeitraum um 25% zugenommen hat und der Pro-Kopf-Verbrauch an bleihaltigem Benzin gleichzeitig um das Doppelte gestiegen ist, so könnte die daraus resultierende Zunahme der Umweltbelastung wieder ausgeglichen werden, indem mit geeigneten technischen Maßnahmen 60% des Bleis im Benzin entweder durch andere - möglichst ungefährlichere - Substanzen ersetzt wird oder beim Verlassen des Motors aufgefangen wird.

Das Ziel der globalen Umweltstrategie (vgl. MEADOWS, 1972) ist die
Umwandlung der exponentiellen Zuwachsraten in einen Zustand weltweiten
Gleichgewichts. Dazu gehört zunächst eine Stagnation der Bevölkerungszahlen, (die sich in vielen Industrienationen bereits abzeichnet) wie
auch eine stark verminderte Ausbeutung der Rohstoff-Vorräte. Eine
wichtige Funktion wird den technologischen Maßnahmen zukommen, mit
denen eine Verbesserung der Lebensbedingungen bei gleichzeitiger Reduzierung des Rohstoff-Verbrauchs erreicht werden soll. Einige An-
satzmöglichkeiten für eine Verringerung von Metall-Emissionen werden
nachstehend dargestellt.

a) Verbrauch. Die Zukunftsprognosen für den Verbrauch von Industrie-
metallen weisen bis zum Jahr 2000 Anstiegsraten zwischen 50% (z.B.
Zinn) und 400% (Chrom, Wolfram) auf. In einigen Fällen dürfte jedoch
einem solchen Zuwachs durch die Vorräte Grenzen gesetzt sein. Durch
den Rückgang der Erzreserven werden immer kostspieligere Anreicherungs-
methoden notwendig. Zunächst werden die bislang noch unwirtschaftlichen
Vorkommen ausgebeutet werden, am Ende dieser Entwicklung wird eine
Metallgewinnung aus normalen Gesteinen stehen.

Abb. 80 stellt die Anreicherung von Metallen aus verschiedenen Aus-
gangsstoffen in Abhängigkeit von dem dazu notwendigen Energieaufwand
dar. Es zeigt sich, daß nicht nur die Anreicherungskosten bei abnehmenden Metall-Gehalten ständig zunehmen, sondern daß auch der umgekehrte Vorgang - die Verschrottung oder die Deponie von Altmetallen -
Energie verbraucht.

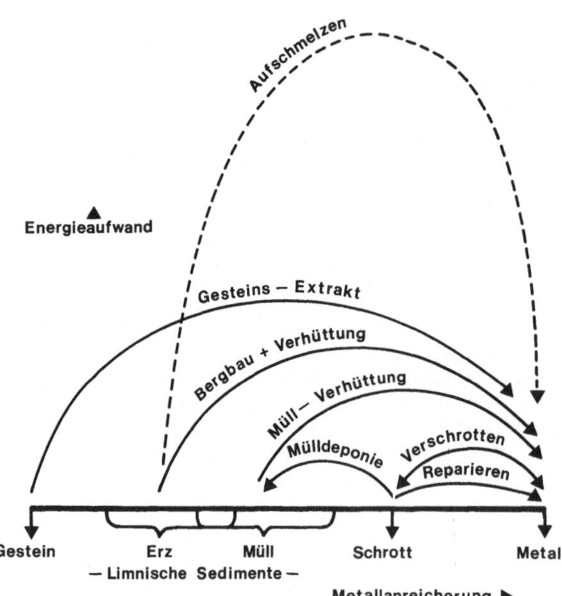

Abb. 80. Metallanreiche-
rung von Metallen aus
verschiedenen Ausgangs-
stoffen in Abhängigkeit
vom hierfür notwendigen
Energie-Aufwand (nach
ROSE et al., 1972)

Die Zauberformel in diesem Stadium, sowohl für ein weiteres Wachstum
wie für eine geringere Umweltbelastung, heißt "Recycling", die "Rückführung" von Grundstoffen in den Produktionsprozeß (vgl. HÖSEL, 1972).
Das Ausmaß der Wiederverwertung von Altmetallen ist im Einzelfall sehr

unterschiedlich und hängt z.Zt. fast ausschließlich von ökonomischen
Faktoren ab. Nach einer Zusammenstellung von BELT (aus STRAHLER und
STRAHLER, 1973) wurden in den Jahren 1968/1969 von den Metallabfällen
die folgenden Anteile wiederverwertet:

Silber	66%	Quecksilber	14%
Blei	36%	Nickel	7%
Kupfer	25%	Zink	5%
Eisen	19%	Cadmium	3%

Besonders bedenklich erscheint hier vor allem, daß Cadmium nahezu quantitativ in den Naturkreislauf eingeht, und daß auch bei Quecksilber die
"Recycling-Rate" sehr gering ist.

Die Zukunft wird einen starken Anstieg der Metall-Wiederverwertung mit
sich bringen. In der weiteren Entwicklung wird auch eine regelrechte
Verhüttung von Müll ins Auge gefaßt werden müssen. Selbst die Ausbeutung bestimmter See- und Flußsedimente, besonders in Gebieten starker zivilisatorischer Metall-Belastung, könnte bereits in naher Zukunft wirtschaftlicher sein als die Gewinnung von Rohstoffen aus metall-
armen Lagerstätten, ganz zu schweigen von der äußerst kostspieligen
Methode einer Metallextraktion aus Gesteinen. Vergleicht man die 1966
geltenden Grenzen der Abbauwürdigkeit von Metallen mit den entsprechenden Gehalten in aquatischen Tonsedimenten (Tabelle 58), so können in
einigen Flüssen der BRD bereits deutliche Anzeichen einer anthropogenen Lagerstättenbildung festgestellt werden.

Tabelle 58. Schwermetall-Gehalte in der Erdkruste und in abbauwürdigen
Erzen (nach MASON, 1966) sowie die maximalen Metallanreicherungen in
den Tonsedimenten von Flüssen der Bundesrepublik Deutschland

Schwer-metall	Gehalte der Erdkruste (Gew.%)	Anreicherung zum abbauwürd. Erz (Faktor)	Abbau-grenzen	Max.-Gehalte in Tonsed. Flüsse BRD (%)
Eisen	5.00	4	30	ca. 7
Mangan	0.10	6	30	ca. 0.2
Chrom	0.02	350	30	1.2
Kupfer	0.007	1500	0.5	0.2
Zink	0.013	300	4	0.4
Nickel	0.008	175	1.5	0.1
Blei	0.0016	2500	4	0.2

b) Technologien. Metallanreicherungen in der Umwelt zu vermeiden, muß
das Hauptziel bei der Entwicklung neuer Technologien sein. Dies kann
auf zwei Arten erreicht werden: Einmal durch geeignete Reinigungsverfahren im Produktionsablauf, verbunden mit einer möglichst weitgehen-
den Rückgewinnung der Metallabfälle; zum anderen durch die Substitution von Metallen und Metallverbindungen in den Produkten. Besonders
vordringlich erscheint ein solcher Ersatz bei den als sehr toxisch
bekannten Schwermetallen Quecksilber, Cadmium und Blei. Beim Quecksilber beispielsweise kann die Metall-Emission in die Gewässer allein
durch die generelle Anwendung des ohne Hg wirksamen Diaphragmaver-
fahrens bei der Chloralkaliproduktion um 33% gesenkt werden; eine
Substitution der quecksilberhaltigen Farbstoffe würde die Umwelt-
belastung um weitere 12% vermindern. Ein Ersatz der Cadmiumpigmente

könnte eine Entlastung von über 20% mit sich bringen, noch wichtiger
wäre hier allerdings eine Reduktion der atmosphärischen Emissionen bei
Erz-Schrottabbränden durch verbesserte Abgas-Reinigungsverfahren. Für
die Bleiverunreinigungen liegt der Ansatzpunkt vor allem auf einem
Verzicht von Benzinadditiven, die ca. 20% des gesamten Bleiverbrauchs
ausmachen.

c) Gesetzgebung. Geeignete Lösungsmöglichkeiten für die vordringlich-
sten Umweltprobleme müssen durch gesetzliche Maßnahmen unterstützt
und gesteuert werden. Waren bei der Preisgestaltung eines Produktes
bislang vor allem die Rohstoffvorkommen und die Gewinnungs- bzw.
Herstellungskosten maßgebend, so wird zukünftig immer mehr auch der
Faktor "Umweltfreundlichkeit" in die Kalkulationen eingehen müssen.
Nach der grundsätzlichen Entscheidung für ein "Verursacherprinzip"
können mit verbindlichen Grenzwerten und definierten Abwassermengen
die Schadstoff-Emissionen allmählich reduziert werden. Praktikabel
sind diese Maßnahmen nur im überregionalen Rahmen ("Bundeskompetenz");
für die vielfältigen Probleme des Gewässerschutzes scheinen internationale Regelungen überhaupt den einzig gangbaren Weg darzustellen.

Anhang: G. Untersuchungsmethoden

23. Entnahme von Wasser- und Sedimentproben

Eine schematische Darstellung der einzelnen Schritte, die von der
Entnahme der Wasser- und Sedimentproben über die verschiedenen Auf-
bereitungsmethoden zu den Analysendaten führen, wurde im Abschnitt
8.2 in der Abb. 20 wiedergegeben und kurz beschrieben.

23.1 Entnahme von Wasserproben für die Bestimmung der Haupt- und
Spurenelemente

23.1.1 Geräte und Reagenzien

a) 50 ml Plastikflaschen
b) 1 l Plastikflaschen
c) 25 ml Plastikspritzen
d) Plastik-Filtrationsvorsatz ($\emptyset$ 25 mm)
e) Membranfilter 0,45 μ
f) Salpetersäure 65%-ig Suprapur (Merck) in Plastiktropfflasche
g) Salpetersäure p.A. 2 n.

23.1.2 Vorbereitung der Flaschen und Geräte

Die Plastikflaschen werden mit 2 n HNO_3 gefüllt und mindestens 3
Stunden (besser über Nacht) stehen gelassen. Danach werden sie ent-
leert und mehrmals mit destilliertem Wasser ausgespült.

Zur Reinigung der Plastikspritze zieht man durch den aufgesetzten
Filtrationsvorsatz 2 n Salpetersäure auf, läßt die säuregefüllte
Spritze mindestens drei Stunden liegen und reinigt anschließend
Spritze und Vorsatz gründlich mit destilliertem Wasser. Bis zur Probe-
nahme werden Spritze und Vorsatz in einem zuvor mit Salpetersäure ge-
reinigten Plastikbehälter aufbewahrt.

23.1.3 Probenahme

Es werden jeweils 2 Proben genommen:

a) 40 ml filtriert und konserviert
b) 1 l unbehandelt

---

[14]Unter Mitarbeit von M. GASTNER, Laboratorium für Sedimentforschung
der Universität Heidelberg.

zu a) Mit der Plastikspritze wird Probenwasser aufgezogen, der Filtrationsvorsatz (mit Membranfilter) aufgesetzt und ca. 25 ml Wasser in eine 50 ml Flasche filtriert. Der Flaschenverschluß wird aufgeschraubt und die Flasche kräftig geschüttelt. Dieser Anteil wird verworfen. Anschließend werden in die Flasche 2 mal 20 ml Wasser durch den Vorsatz einfiltriert und aus der Tropfenflasche 5 Tropfen Salpetersäure (65%-ig) zugesetzt.

zu b) Die 1 l Plastikflasche wird 3 mal mit je 200 ml Wasser ausgespült, dann bis zum Überlaufen gefüllt und verschlossen.

23.2 Entnahme von Sedimentproben

Sedimentproben aus dem Uferbereich werden mit einer Plastikkelle aufgesammelt oder - bei Untersuchungen des Untergrundes - mit einem Bohrstock entnommen, wie er in der Bodenkunde gebräuchlich ist (max. 2 m Tiefe). Für die Probenahme unter Wasserbedeckung stehen eine große Anzahl von Sedimentgreifertypen zur Verfügung, außerdem für die Entnahme von Sedimentkernen (bis 20 m Länge) verschiedene Arten von Lotröhren. Einen Überblick über die einzelnen Geräteausführungen und ihre Verwendungsmöglichkeiten gibt MÜLLER (1964).

Es ist streng darauf zu achten, daß durch die Entnahmegeräte, die aus Metallen oder Metall-Legierungen bestehen, keine Kontamination des Sedimentmaterials erfolgt. Dasselbe gilt für bestimmte Plastiksorten, die Stabilisatorzusätze aus Blei oder Cadmium enthalten (SONTHEIMER und WAGNER, 1969). Metallverunreinigungen können auch beim Auftrennen der Rohre aus den Lotröhren erfolgen, einmal durch das Rohrmaterial selbst, zum anderen durch den Abrieb des Schneidewerkzeuges.

Die Probenmenge richtet sich nach dem Zweck der Untersuchungen. Für die Messungen der Spurenelemente, wie sie hier durchgeführt werden, waren jeweils Mindestmengen von 2 g Tonfraktion erforderlich, doch läßt sich bei größeren Probenmengen naturgemäß eher ein repräsentativer Querschnitt erreichen. Bei unserer Probenahme im Uferbereich der Flüsse wurde jeweils mindestens 1 kg Sedimentmaterial aufgesammelt, wobei darauf geachtet wurde, von vornherein möglichst viel des Feinkornanteils zu erhalten.

23.3 Entnahme von Schwebstoffproben

Schwebgutproben wurden jeweils von 10 Liter Wasser in einem Druckfiltrationsgerät abgetrennt. Bei mittleren Schwebstoff-Gehalten von 20 - 100 mg/l in den meisten der untersuchten Flußwässer war die Schwebstoff-Probenmenge ausreichend für Spurenmetalluntersuchungen durch flammenlose Atomabsorption (vgl. Abschn. 12) und für die Bestimmung des organischen Kohlenstoff-Anteils; eine mechanische Analyse war allerdings nur an wenigen Proben möglich.

Für spezielle Untersuchungen, z.B. für die Bestimmung von Lösungsgleichgewichten oder Verteilungskoeffizienten bei den Spurenmetallen, wird auch das Interstitialwasser (= Porenwasser) benötigt. Eine Abtrennung dieser Wässer von den feuchten Originalsedimentproben erfolgt durch Zentrifugenfiltration. Je nach Wasseranteil und Textur sind 10 - 100 g der Rohprobe erforderlich. Das gewonnene Filtrat (ca. 1 - 5 ccm) wird in eine Plastikspritze aufgezogen, mit 1 - 2 Tropfen HNO_3konz. angesäuert und die Spritze verschweißt.

24. Analysenverfahren

24.1 Die mechanische Sedimentanalyse

Die mechanische Sedimentanalyse soll hier nur insoweit beschrieben
werden, als sie für die Schwermetalluntersuchungen an Fluß- und See-
ablagerungen von Belang ist; eine ausführliche Darstellung der Meßmethoden und der statistischen Auswertung der Meßdaten findet sich
u.a. bei MÜLLER (1964).

Im Normalfall beginnt die mechanische Analyse mit dem Siebvorgang,
mit der Abtrennung der Sandfraktionen (<63 μ) von den feinerkörnigen
Sedimentpartikeln, die anschließend durch Schlämmung in die Silt-
und Tonfraktionen aufgegliedert werden. Durch den Metallabrieb von
den Siebwänden und Siebböden würden jedoch bei einem Vorgehen in
dieser Reihenfolge gerade diejenigen Sedimentanteile kontaminiert,
auf deren Spurenmetall-Gehalte es hier besonders ankommt. So wurden
bei unseren Untersuchungen die Gesamtproben in die ATTERBERG-Schlämm-
zylinder eingebracht und zuerst die Kornfraktion <2 μ durch wieder-
holte Aufschlämmung (5 - 10 mal) möglichst vollständig abgetrennt;[15]
darauf folgt eine Separation der zunehmend gröberen Fraktionen des
Siltbereichs.

Den Abschluß bildet die Abtrennung des Sandanteils durch Siebung.
Die Kornfraktion <2 μ kann durch Zentrifugation weiter untergliedert
werden. Dies ist vor allem dann vorteilhaft, wenn in einer der enger
gefaßten Kornfraktionen eine bestimmte Metallverbindung angereichert
ist - z.B. aus einem speziellen industriellen Fertigungsprozeß - und
chemisch oder röntgenographisch genauer bestimmt werden soll.

Als Korngrößenintervalle für die Schlämm- und Zentrifugenfraktionen
wurde eine gleichmäßige Unterteilung im logarithmischem Maßstab gewählt. Der Siltbereich wurde in die Korngrößenabstände 2 - 6.3 μ
(Feinsilt), 6.3 - 20 μ (Mittelsilt), 20 - 63 μ (Grobsilt) aufgegliedert. Die Intervalle in der Tonfraktion lagen entsprechend bei
<0.06 μ, 0.06 - 0.2 μ, 0.2 - 0.63 μ und 0.63 - 2 μ. Bei einer Fall-
höhe von 25 cm und einer Temperatur von 22°C betrugen die Fallzeiten
(nach dem STOKES'schen Gesetz) für die Kornfraktion <2 μ = 17 h 30 min,
für <6.3 μ = 2 h 45 min, für <20 μ = 8 min 20 sec.[16] Das gröberkörnige

---

[15]Beim Arbeiten mit destilliertem Wasser stellt sich die Frage, inwie-
weit spätere Schwermetalluntersuchungen an den Sedimenten durch Desorp-
tionsvorgänge während der Schlämmung und Zentrifugation verfälscht werden. Wir haben versucht, zumindest beim Abtrennen der meist besonders
wichtigen Kornfraktion <2 μ den möglichen Fehler dadurch gering zu halten, daß nicht - wie sonst üblich - die Schlämmflüssigkeit abfiltriert
wird (was außerdem zu einem teilweisen Verlust der Kolloid- und Fein-
tonanteile geführt hätte), sondern in einer Porzellanschale bei 60°C
abgedampft wurde.

[16]Die entsprechenden Zeitintervalle bei der "Abtrennung im Schwerefeld" =
Zentrifugation sind vor allem durch die Abmessungen des Zentrifugen-
kopfes und der Zentrifugengefäße bestimmt und deshalb bei jeder einzelnen Geräteausführung unterschiedlich. Unsere Untersuchungen wurden mit
einer Laboratoriumszentrifuge des Typs CHRIST UNIVERSAL JUNIOR III durchgeführt, wobei die "Entfernung der Rotationsachse zum Meniskus der
Suspension" (s_1) = 10 cm, die "Entfernung der Rotationsachse bis zum

Material wurde gesiebt, wobei die Siebintervalle im Vergleich zum Silt-
und Tonbereich enger gefaßt wurden, um so die Auswertung der Histo-
gramm- oder Summenkurven genauer durchführen zu können. Aus diesen
Kornverteilungsfunktionen lassen sich graphisch oder rechnerisch verschiedene Texturparameter ermitteln, von denen besonders die Angaben
"mittlere Korngröße" und "Sortierung" Aufschlüsse über die Transport-
und Ablagerungsbedingungen des betreffenden Sediments bieten (vgl.
u.a. FOLK, 1966; FRIEDMAN, 1967; SOLOHUB und KLOVAN, 1970).

24.2 Die mineralogische Analyse

Die mineralogische Analyse hat vor allem zum Ziel, die Herkunft der
einzelnen Sedimentkomponenten zu bestimmen; sie geht im allgemeinen
von den vorgegebenen Kornfraktionen aus.

Die Tonminerale werden aus der Fraktion < 2 μ bestimmt, die zuvor durch
H_2O_2-Behandlung (vgl. JACKSON et al., 1959) weitgehend von störenden
organischen Substanzen befreit worden ist. Die Probe wird mit Ultra-
schall desintegriert und auf einen Glas-Objektträger aufsuspendiert.
Diese Tonpräparate werden nacheinander im lufttrockenen Zustand, nach
Behandlung mit Äthylenglykol, sowie nach Erhitzen auf $350^{\circ}C$ bzw. $500^{\circ}C$
im Winkelbereich von 2° - 32° (CuK$_\alpha$-Strahlung), mit dem Röntgen-
diffraktometer abgefahren. Die einzelnen Mineralkomponenten werden aus
der Lage ihrer Basisreflexe nach den Vergleichsdaten aus BROWN (1961)
bestimmt, wobei im allgemeinen Kaolinit und Chlorit durch die (002)/
(004)-Reflexaufspaltung unterschieden werden können. Da eine quantitative Methode der Tonmineralbestimmung im strengen Sinne nicht
existiert und auch halbquantitative Bestimmungen einen großen Arbeits-
aufwand erfordern, werden die Anteile von Montmorillonit, Illit,
Chlorit und Kaolinit hier stark vereinfachend nach den Intensitäten
der stärksten Basisreflexe als arbiträre Werte festgelegt, jeweils
bezogen auf insgesamt 10 Meßeinheiten.

Die Bestimmung der austauschbaren Kationen aus karbonatführenden Tonsedimenten erfolgt nach der Methode von JACKSON (1958). Es wird eine
bestimmte Menge der Probe (mit ungefähr 0.5 bis 1 Milläquivalent an
austauschbaren Metall-Kationen) in einen Filtertiegel eingewogen und
zunächst mit 50 ml einer 0.2 n BaCl$_2$-Triäthanolamin-Lösung von pH 8.1
behandelt und anschließend mit ca. 50 ml H_2O nachgewaschen. Aus dem
Filtrat, das auf 100 ml aufgefüllt wurde, werden die einzelnen Kationen
gemessen.

Die Karbonatbestimmungen wurden in der Sandfraktion durchgeführt. Der
Gesamtkarbonat-Gehalt wird meist gasometrisch durch die CO_2-Entwicklung
bei Behandlung mit 20%-iger Salzsäure gemessen (SCHEIBLER-Methode,
vgl. MÜLLER, 1964; "Karbonatbombe": MÜLLER und GASTNER, 1971); die
Einzelkomponenten Calcit und Dolomit werden quantitativ röntgenographisch bestimmt (TENNANT und BERGER, 1959; WEBER und SMITH, 1961).

Fortsetzung der Fußnote 16
Boden des Zentrifugengefäßes" (s_2) = 19 cm betrug. Aus dem STOKES'schen
Gesetz, in der Formulierung von SVEDBERG und PEDERSEN (1940), ergab sich
für die Abtrennung der Fraktion < 0.06 μ bei 3600 Umdrehungen/Minute eine
Laufzeit von 120 min, für die Fraktion < 0.2 μ bei 3000 U/min eine Zeit-
dauer von 15 min und für die Separation der Partikel zwischen < 0.63 μ
Durchmesser bei 1200 U/min eine Laufzeit von 10 min. Die Kornfraktion
0,63 - 2 μ verblieb auf dem Boden des Zentrifugengefäßes. Jede Abtrennung war 5 bis 10 mal zu wiederholen.

Mikroskopische Schwermineraluntersuchungen werden im Fein- und Mittel-
sandbereich durchgeführt, nach Abtrennung der Mineralkörner mit Schwere-
flüssigkeiten von einer Dichte zwischen 2.90 - 2.96 g/cm^3 (Tetrabro-
mäthan, Bromoform). Eine Zusammenstellung diagnostischer Merkmale von
Schwermineralien geben FÜCHTBAUER und MÜLLER (1970).

24.3 Chemische Analyse der Haupt-Anionen im Wasser

Vorbemerkung. Die Methodensammlung "Deutsche Einheitsverfahren zur
Wasser-, Abwasser- und Schlammuntersuchung" (herausgegeben von der
Fachgruppe Wasserchemie in der Gesellschaft Deutscher Chemiker, Verlag
Chemie Weinheim) enthält unter den Ziffern D 1 und D 5 maßanalytische
bzw. gravimetrische Bestimmungsverfahren zum Chlorid- sowie zum Sul-
fatnachweis im Wasser, die von den nachstehend aufgeführten, in unserem Institute praktizierten Methoden abweichen. Der quantitative
Nachweis der Hydrogenkarbonat-Ionen erfolgte dagegen nach dem Verfahren unter D 8 ("Bestimmung der Acidität bzw. des Säureverbrauchs")
dieser Vorschriften; zur Festlegung des Umschlagpunktes wurde anstelle
von Phenolphtalein- bzw. Methylorange-Indikatoren eine elektrische
pH-Meßkette verwendet. Nitrat- und Phosphat-Gehalte wurden nach den
angegebenen Verfahren unter Ziffer D 9 und D 11 bestimmt.

Die Haupt-Kationen Natrium, Kalium, Magnesium, Calcium und Strontium
wurden atomabsorptionsspektrometrisch gemessen.

Chloridbestimmung mit dem "Chloro-counter" (Fa. Kipp & Zonen, Delft).
Silber-Ionen setzen sich mit Chlorid-Ionen zu schwer löslichem Silber-
chlorid um. Die Titration mit dem "Chloro-counter" erfolgt coulome-
trisch durch Silber-Ionen, welche durch einen konstanten Gleichstrom
elektrochemisch aus einer Silberelektrode ausgeschieden werden; die
Beendigung der Titration wird ampérometrisch gemessen. (Bei der unter
D 1 in den "Deutschen Einheitsverfahren" ausgeführten Chlorbestimmungs-
methoden wird das Ende der Reaktion mit Chromationen bestimmt, die
mit den überschüssigen Silber-Ionen rotbraunes Silberchromat bilden).

Sulfatbestimmung. Sulfat-Ionen werden mit Barium-Ionen in salzsaurer
Lösung als Bariumsulfat gefällt. Die aus dem Bariumsulfat entstehende
Trübung kann mit dem Photometer gemessen werden. Um eine Beeinflussung
der Bariumsulfat-Fällung durch wechselnde Elektrolyt-Gehalte in den
Lösungen zu vermeiden, wird sowohl der Probe als auch den Standards
salzsaure Natriumchlorid-Lösung zugesetzt. Diese Lösung (200 g NaCl
in 800 ml Wasser gelöst, 15 ml H$_2$SO$_4$ o.1 n und 20 ml HCl zugegeben
und auf 1000 ml aufgefüllt. Lösung filtriert) enthält außerdem eine
geringe Menge an Sulfat-Ionen, um auch bei geringen Sulfat-Gehalten
in den Proben das Löslichkeitsprodukt von Bariumsulfat zu erreichen.

24.4 Atomabsorptionsspektrometrische Bestimmung der Spurenmetalle

Die vielfältige Belastung der natürlichen Systeme durch zivilisatorische Schadstoff-Emissionen hat in den vergangenen Jahren zu einer
raschen Weiterentwicklung der Spurenanalytik geführt. Für die Trink-
wasser- und Abwasseruntersuchungen entstanden immer empfindlichere
Nachweismethoden, insbesondere im Bereich der Bestimmung anorganischer
Spurensubstanzen. Ein Beispiel für diese Entwicklung gibt u.a. auch
der 40. Band des Jahrbuchs "Vom Wasser" (1973) der Fachgruppe Wasserchemie in der Gesellschaft Deutscher Chemiker, der eine Reihe von
Einzelbeiträgen über die moderne Spurenanalytik enthält:

BORLISZ ("Probenvorbereitung für die anorganische Spurenanalyse bei
Abwasseruntersuchungen") und TÖLG ("Zur Frage systematischer Fehler
in der Spurenanalyse der Elemente") geben einen Überblick über die
Möglichkeiten und Grenzen der Spurenmetalluntersuchungen; spezielle
Meßmethoden sind in den Beiträgen von DIETZ und KOPPE (Kathodenstrahl-
polarographie), FRIMMEL und WINKLER (Quecksilberbestimmungen, u.a.
massenspektrometrisch und gaschromatographisch), GRIFFATONG und HELL-
MANN (Röntgenfluoreszenzanalyse) und REICHERT (Atom-Emission-, Atom-
Absorption- und Atom-Fluoreszenz-Spektroskopie) beschrieben. Aus der
Arbeit von TÖLG (1973) wird in Abb. 81 eine Übersicht der wichtigsten
Elementbestimmungsverfahren mit ihren Meßbereichen gegeben.

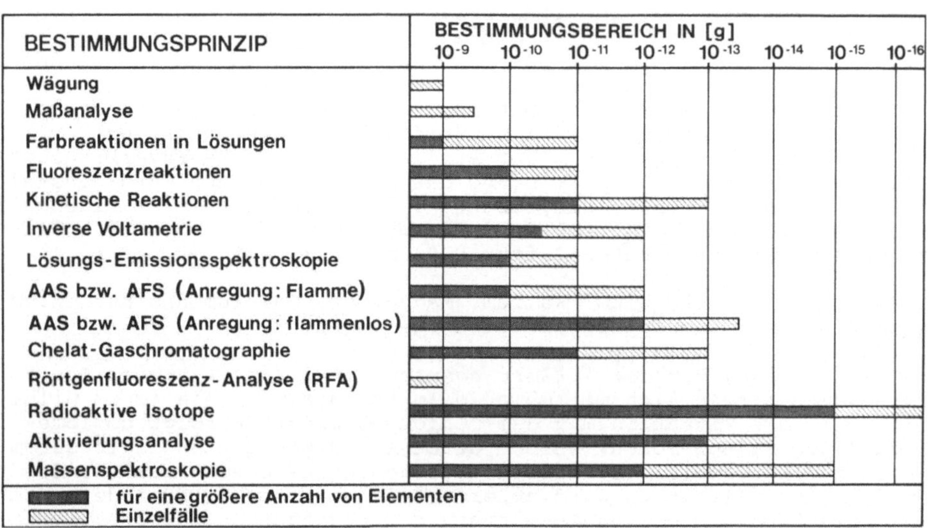

Abb. 81. Übersicht der Arbeitsbereiche wichtiger Elementbestimmungsverfahren unter optimalen Bedingungen (nach TÖLG, 1973)

Die Einführung der Atom-Absorptions-Spektroskopie in die Spurenmetall-
analytik machte es möglich, größere Meßprogramme mit einem vertret-
baren Aufwand an Zeit und an Arbeitskräften durchzuführen. Unser Laboratorium setzte bereits 1966 eines der ersten Modelle (303) der Fa.
Perkin-Elmer für routinemäßige Wasser- und Feststoffuntersuchungen
ein und seit 1972 steht uns auch das weiterentwickelte Verfahren der
flammenlosen Atom-Absorptions-Spektroskopie mit der Graphitrohrküvette HGA-72 und dem Grundgerät 300 desselben Herstellers zur Verfügung
(Abb. 82). Die Erfahrungen mit dieser Methode sollen im folgenden beschrieben werden. (Ausführliche Darstellungen der Methodik und ihrer
Anwendung finden sich bei ANGINO und BILLINGS, 1967; L'VOV, 1972;
RAMIREZ-MUNOZ, 1968 und SLAVIN, 1968. Besonders nützlich ist das
Buch von WELZ (1972)(in deutscher Sprache) mit 800 Literaturangaben
sowie einem Vergleich der einzelnen Gerätetypen).

Das Prinzip der Atom-Absorptions-Spektroskopie

Aus ihrem Verband losgelöste Atome können Lichtenergie bestimmter dis-
kreter Wellenlängen absorbieren. Dabei gehen Elektronen aus der äußeren Hülle des Atoms vom Grundzustand in höhere Anregungszustände über.
Nach kurzer Verweilzeit (10^{-7} bis 10^{-9} sec) fallen die Elektronen in

den Grundzustand zurück. Die vorher aufgenommene Energie wird dabei
in Form von Lichtquanten abgestrahlt. Die Wellenlängen des aufgenom-
menen (absorbierten) und abgestrahlten Lichts sind elementspezifisch.
Auf dieser Tatsache beruhen zwei verwandte Analysenmethoden:

Bei der Emissions-Spektroskopie wird die von Atomen abgestrahlte Licht-
menge gemessen, die durch thermische Energie angeregt wurden. Auf
dieses Verfahren wird hier nicht eingegangen.

Bei der Atom-Absorptions-Spektroskopie wird die absorbierte Licht-
menge auf einer elementspezifischen Linie nach Passieren einer Küvette mit Atomen eines Elementes im gasförmigen Aggregatzustand bestimmt.
Die Lichtschwächung ist der Anzahl der freien Atome in der Meßstrecke
proportional:

$$E = 2.303 \cdot K \cdot N \cdot 1$$

(K = spektraler AAS-Koeffizient; E = Extinktion; N = Gesamtzahl der
freien Atome; 1 = Schichtlänge)

Störungen und Interferenzen treten nicht auf, weil jedes Atom nur die
Lichtquanten seines eigenen Spektrums aufnehmen kann.

Die Empfindlichkeit der Atom-Absorptions-Spektroskopie ist im allgemeinen höher als die der Emissions-Spektroskopie, weil die Zahl der
im Grundzustand befindlichen Atome die zur Emission angeregten bei
weitem übertrifft. Außerdem zeigt die Emissions-Spektroskopie eine
stärkere Temperaturabhängigkeit als die AAS (vgl. REICHERT, 1973b).

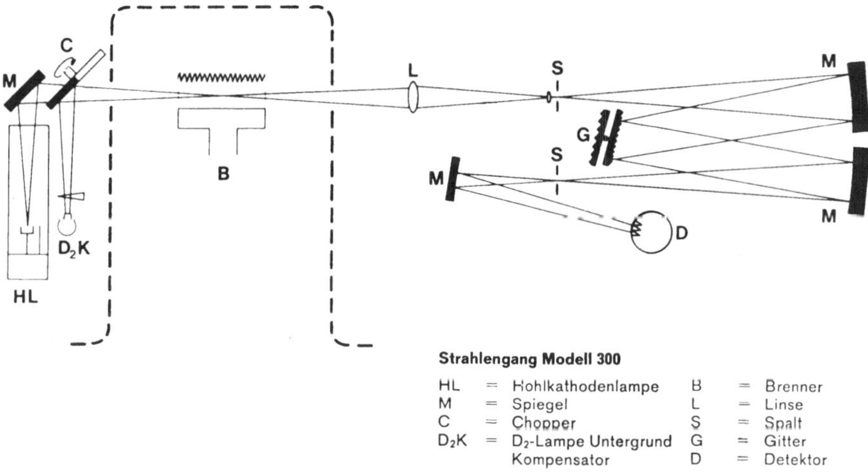

Abb. 82. Schematischer Aufbau eines Atom-Absorptions-Spektrometers.
(Werkzeichnung Perkin-Elmer)

Aufbau eines AAS-Gerätes (Abb. 82)

Bei einem AAS-Gerät lassen sich prinzipiell vier Baueinheiten unterscheiden:

a) Eine Einrichtung zur Erzeugung des elementspezifischen Linienspek-
trums. Es werden meist sog. "Hohlkathodenlampen" verwendet, zylindri-
sche Glimmlampen, deren becherförmige Kathode aus dem Element besteht,
das bestimmt werden soll (HL in Abb. 82).

b) Eine Meßstrecke = <u>Küvette</u> (B), in der die Probe atomisiert wird.
Die Küvette besteht in der klassischen AAS-Meßanordnung aus einer
Flammenstrecke, in die ein Aerosol der Probenlösung eingebracht wird.
Die thermische Energie der Flamme reicht aus, die Verbindung des
Elementes mehr oder weniger effektiv in Atome zu zerlegen (zu disso-
zieren).

c) Ein <u>Monochromator</u>, mit dem die Resonanzlinie des zu messenden
Elementes nach Passieren der Meßstrecke ausgesondert werden kann.

d) Ein hochempfindlicher <u>Lichtdetektor</u> (D) mit Anzeige-Einrichtung.
Hier kann die Intensität der Resonanzlinie registriert werden.

Abb. 83. Atom-Absorptions-Spektrometer im Laboratorium für Sedimentforschung der Universität Heidelberg. Links: konventionelle AAS;
rechts: flammenlose AAS (Foto SCHACHERL)

Die Graphitrohrküvette. Einer Steigerung der Empfindlichkeit durch
Erhöhung der Atomdampf-Konzentration in der Flamme stand die kurze
Verweilzeit der Atome und die beschränkte Aufnahmefähigkeit an Aerosol entgegen. Einsprühen von stärker konzentrierten Lösungen konnte
zum Verstopfen des Brennerschlitzes führen.

Aus diesen Gründen suchte man schon früh nach anderen Atomisierungsmöglichkeiten. Als außerordentlich effektiv erwies sich die von
MASSMANN entwickelte Graphitrohrküvette - ein dünnwandiges, beidseitig

offenes Graphitrohr von 50 mm Länge und 8 mm Durchmesser -, die an
Stelle der Flamme in den Strahlengang eingesetzt wird. Das Graphitrohr wird von einem Inertgasstrom (Argon oder Stickstoff) durchspült.
Durch Veränderung der Stromstärke lassen sich die jeweils optimalen
Atomisierungstemperaturen einstellen. Die Probe wird als Lösung oder
als Feststoff in das Rohr eingebracht. In die bei uns verwendeten
Graphitrohrküvetten der Fa. Perkin-Elmer (HGA-72) können 100 µl bzw.
20 mg der Probe eingebracht werden. Mit einem entsprechend eingestellten Zeit/Temperaturprogramm lassen sich von Fall zu Fall die günstig-
sten Veraschungs- und Atomisierungsbedingungen einstellen. Durch die
fast schlagartig erfolgende thermische Dissoziation der Verbindung
(Probe) wird in der Küvette momentan eine hohe Konzentration an Atomen
erreicht, die relativ langsam durch das Inertgas aus dem Rohr gespült
werden. Daraus resultiert eine erhebliche Herabsetzung der Nachweisgrenzen gegenüber der Messung mit der Flamme. Die Graphitrohrküvette
ist deshalb besonders vorteilhaft für die Spurenelementuntersuchung
einzusetzen.

Der Deuterium-Untergrundkompensator. Unter bestimmten Umständen - z.B.
bei Messungen aus konzentrierten Lösungen oder solchen mit kompli-
zierter Matrix - wird die Resonanzlinie nicht ausschließlich selek-
tiv von der betreffenden Atomart absorbiert, sondern es kann auch
breitbandige Absorption durch Streuung an noch nicht verdampften Feststoffpartikeln (Rauch) im Meßweg auftreten. Die Auswert-Elektronik
kann nicht ohne weiteres zwischen selektiver und nichtselektiver Absorption unterscheiden: es wird ein zu hoher Meßwert angezeigt.

Mit einem meßtechnischen Kunstgriff läßt sich diese Fehlerquelle weitgehend ausschalten: durch die Meßstrecke wird über einen Sektorenspie-
gel (C in Abb. 82) in schneller Folge abwechselnd das Licht der Hohl-
kathodenlampe und ein Ausschnitt aus dem kontinuierlichen Spektrum
einer Deuteriumlampe[17] geschickt. Das Licht der Deuteriumlampe wird
fast ausschließlich durch Streuung an Feststoffpartikeln geschwächt.

Durch elektronische Quotientenbildung der vom Lichtdetektor geliefer-
ten Signalspannungen wird der Einfluß der nichtselektiven Absorption
auf das Meßgerät weitgehend ausgeschaltet. Die Korrektur erfolgt im
gleichen Wellenlängenbereich, in der auch die Resonanzlinie liegt
und ist daher besonders wirksam.

Spezielle Atomisierungsmethode zur Quecksilberbestimmung. Für einige
Elemente werden wegen ihrer besonderen physikalischen Eigenschaften
andere Atomisierungsmöglichkeiten angewandt; sie sind u.a. bei HEIN
(1973) zusammengestellt. Unter einer größeren Anzahl von speziellen
Quecksilberbestimmungsmethoden (Übersicht in FRIMMEL und WINKLER,
1973) zeichnet sich das Verfahren der flammenlosen AAS-Messung durch
eine besonders hohe Empfindlichkeit aus.

Quecksilber kann auf Grund seines schon bei Zimmertemperatur relativ
hohen Dampfdruckes mit einem Luftstrom aus der Probenlösung ausge-
trieben werden, nachdem die Hg-Ionen zuvor mit $SnCl_2$ zum Metall reduziert worden sind. Dieser mit Hg-Dampf beladene Luftstrom wird mit
konstanter Geschwindigkeit durch eine Küvette geleitet, die sich im
Strahlengang des Spektrometers befindet.

---

[17]Der Ausschnitt aus dem Kontinuum der Deuteriumlampe ist abhängig
von der am Monochromator eingestellten Spaltbreite.

Die im Laboratorium für Sedimentforschung verwendete, selbst herge-
stellte Küvette besitzt ein geringeres Totvolumen als die im Handel
erhältlichen Durchfluß-Absorptions-Küvetten. Damit kann die Nachweis-
grenze noch einmal um ca. die Hälfte gesenkt werden: Es lassen sich
bei Vorlage von 100 ml Probenlösung noch 0.5 ng Quecksilber nach-
weisen. Bei der Bestimmung geringster Hg-Mengen ist der Einsatz des
Untergrundkompensators unerläßlich, da sonst durch eine nichtselek-
tive Absorption an Wasserdampf ein viel zu hoher Quecksilber-Blind-
wert vorgetäuscht wird.

<u>Probenvorbehandlung</u>

a) Extraktion: Die Flüssig-Flüssig-Extraktion zur Abtrennung der Schwermetalle aus dem Wasser brachte eine erhebliche Verbesserung in der
Spurenelementanalytik. Bei dieser Arbeitsmethode werden bei definierten pH-Werten die Schwermetalle mit organischen Komplexbildner chelati-
siert. Diese Schwermetall-Chelate lassen sich mit geeigneten - nicht-
wasserlöslichen - Lösungsmitteln aus der wäßrigen Phase extrahieren.
Die Vorteile dieses Verfahrens sind folgende:

1. Abtrennung der Schwermetalle von der Matrix.[18]

2. Anreicherung der Spurenelemente durch Anwendung größerer Proben-
volumina in Verbindung mit kleineren Lösungsmittelmengen.

3. Erhöhung der Zerstäubungseffizienz durch geringe Oberflächenspan-
nung und Viskosität des Lösungsmittels.

In der Praxis wird 1 Liter der salpetersauren Probe (1 mg HNO_3/l) im
Rotationsverdampfer bei 50°C und Wasserstrahlvakuum um den Faktor 20
aufkonzentriert, mit tetramethylendithiocarbamin-saurem Ammonium (APDC)
ankomplexiert und die Metall-Chelate mit Methylisobutylketon (MIBK)
nacheinander bei pH = 4 sowie pH = 2 extrahiert (Arbeitsvorschrift
bei REICHERT, 1973a).

b) Vorbehandlung zu direkten Messungen mit flammenloser AAS: Die unmittelbar nach der Probenahme filtrierten und konservierten (vgl.
23.1.3) Wässer werden direkt gemessen.

c) Sedimentaufschlußverfahren. Zur Untersuchung feinkörniger Sedimente kommen vor allem die nachfolgend beschriebenen Aufschlußverfahren
in Frage:

<u>Lithiummetaborat-Aufschluß</u>: 50 mg des Probenmaterials werden mit
200 mg $LiBO_2$ im Platintiegel 15 Minuten lang bei 1100°C aufgeschlossen;
die Schmelze wird abgeschreckt. Unter Zugabe von 25 ml 10%-iger Salzsäure wird mit dem Magnetrührer die gesamte Masse gelöst, in einen
50 ml Meßkolben übergespült und aufgefüllt.

<u>Flußsäure-Perchlorsäure-Aufschluß</u>: 50 mg der Probe werden im Platin-
tiegel mit 5 ml HF und 0.5 ml $HClO_4$ versetzt, abgedampft und mit 25 ml
HCl (10%-ig) aufgenommen. Die Lösung wird in einen 50 ml Meßkolben
übergespült und aufgefüllt.

---

[18]Auch bei der Bestimmung der leichtflüchtigen Spurenelemente mit der
Graphitrohrküvette in Wässern mit einem hohen Ionen-Gehalt ist die Abtrennung von der Matrix anzuraten. Allerdings muß hier die Probe nicht
aufkonzentriert werden.

<u>Salzsäure-Salpetersäure (Königswasser)-Aufschluß</u>: 50 mg Probe werden
in 50 ml Meßkolben mit 3 ml HNO_3-HCl (1:3) eine halbe Stunde lang auf
dem Sandbad bei ca. 110°C behandelt. Nach Abkühlen wird mit H_2O auf
50 ml aufgefüllt.

Nach unseren Erfahrungen eignet sich der Salzsäure-Salpetersäure-
Aufschluß (Königswasser-Aufschluß) am besten für Schwebgut und tonige
Sedimente. Lediglich Schwermetalle in silikatischen Mineralien werden
hierdurch nicht erfaßt.

d) Eingabe von Feststoff-Suspensionen in die Graphitküvette. Ohne
jeglichen Aufschluß können Spurenmetalle von Feststoffen gemessen
werden, sofern die Partikel feinförnig genug sind, um sich in einer
Suspension homogen zu verteilen. Diese Voraussetzung ist bei den
Untersuchungen des Tonanteils (Fraktion < 2 μ) von Sedimentproben stets
gegeben. Die Gefahr einer sekundären Kontamination durch metallhal-
tige Chemikalien ist hier nahezu ausgeschlossen. Serienversuche haben
gezeigt, daß diese Methode gut reproduzierbare Meßdaten ergibt.

<u>AAS-Messungen</u>

a) Einstelldaten. Die Tabelle 59 enthält eine Zusammenstellung der
üblichen Meßbereiche für Schwermetalle im Wasser und in den Sedimenten,
die Nachweisgrenzen für Untersuchungen mit der Flamme bzw. mit der
Graphitrohrküvette sowie die gebräuchlichen Temperaturprogramme für
die flammenlose Schwermetallbestimmung mit dem Gerät HGA-72 der Fa.
Perkin-Elmer. Zusätzliche Angaben zu den einzelnen Elementen finden
sich bei WELZ (1972).

b) Meßtechnische Verbesserungen. Bei der Bestimmung von Spurenelementen im Wasser mit der flammenlosen AAS-Technik arbeitet man häufig
in der Nähe der Nachweisgrenzen. Es ist unbedingt erforderlich, das
AAS-Gerät optimal zu justieren. Als außerordentlich nützlich erwies sich dabei ein handelsüblicher TV-Service-<u>Oszillograph</u>, der an
den Ausgang des Vorverstärker des Geräts angeschlossen wurde (bei
Modell 303 Perkin-Elmer: TP 9 und TP 3). Es lassen sich so Wellenlänge,
Blenden, Untergrundkompensator und Küvette abgleichen. Die Beobachtung der Signale während des Ablauf des Temperaturprogrammes ermöglich-
te gleichzeitig eine kritische Beurteilung der Meßwerte.

Bei der Verwendung emissionsschwacher Hohlkathodenlampen in Verbindung mit dem Deuterium-Untergrundkompensator tritt häufig eine <u>Störung</u>
durch sekundäre Licht-Emissionen aus dem Graphitrohr auf. Die von
HAUSEN und KUSSMAUL (1973) vorgeschlagene Lochblende vor dem Eingangs-
spalt des Monochromators bringt nicht in allen Fällen Abhilfe. Die
Hauptursache dieser Störung liegt nämlich darin, daß die glühende
Wand des Graphitrohres über das Spiegelsystem auf die Deuteriumlampe
projiziert wird; daraus resultiert eine scheinbare Erhöhung der
Strahlungsausbeute der Deuteriumlampe während des Meßvorgangs. (Diese
Erscheinung tritt vor allem bei älteren Deuteriumlampen auf, deren
Quarzkolben durch innen aufgedampftes Metall einen spiegelnden Belag
erhalten hat.) Bei der elektronischen Verhältnisbildung der Signalspannungen I_D/I_{HL} entsteht ein Ausgangssignal, das eine Erhöhung des
Untergrundes bewirkt. Mit einer ca. 6 cm vor dem rotierenden Sektoren-
spiegel (Modell 303 Perkin-Elmer) in den Strahlengang gebrachten Lochblende (Ø 6 mm) ließ sich das von der Küvettenwand abgestrahlte Licht
restlos ausblenden. Diese Anordnung - zusammen mit der Lochblende vor
dem Monochromatoren-Eingangsspalt - konnte den Fremdlichteinfluß im
Gerät völlig ausschalten.

Tabelle 59. Vorkommen von Schwermetallen in natürlichen Wässern und Sedimenten. Einstelldaten für die AAS-Messungen und Nachweisgrenzen (bezogen auf 100 µl Eingabe)

Element	Linie	Vorkommen in Wässern	Vorkommen in Sedimenten	Nachweis-grenze	Nachweis-grenze	Einstellungen für Gerät HGA-72		
	Å	ppb (µg/l)	ppm (mg/kg)	Flamme µg/l	Küvette µg/l	Trocknen sec-Digits	Therm.Vorbeh. sec-Digits	Atomisieren sec-Digits
Cd	2288	0.01- 100	0.1- 100	1	0.001	30 - 33	30 - 86	10 - 481
Co	2407	0.03- 10	10 -1000	10	0.1	30 - 33	30 - 225	10 - 770
Cr	3578	0.1 - 10	50 -5000	3	0.1	30 - 33	30 - 250	10 - 770
Cu	3247	1 - 100	20 -2000	2	0.03	30 - 33	30 - 187	15 - 770
Fe	3719	1 ->2000	2% - 15%	10	0.03	30 - 33	30 - 240	10 - 700
Hg	2537	0.01- 3	0.1- 100	0.5 ng/100 ml		flammenlos		
Mn	2795	1 ->2000	100 -3000	2	0.01	30 - 33	30 - 214	10 - 640
Ni	2320	0.2 - 100	30 -1000	10	0.1	30 - 33	30 - 232	10 - 862
Pb	2833	0.1 - 50	10 -1000	20	0.02	30 - 33	30 - 126	10 - 580
Zn	2140	0.1 - 1000	50 -5000	2	0.0005	30 - 33	30 - 100	10 - 481

Eine andere Fehlerquelle ergibt sich aus der <u>ungleichmäßigen Vertei-lung der eingebrachten Probe</u> innerhalb der Küvette. Auf Grund unter-schiedlicher Oberflächenspannungen gelangen Teile der Probe in kühlere Regionen der Küvette und werden dort dementsprechend langsamer atomi-siert. Daraus resultiert eine mehr oder weniger große Streuung der Meßwerte. Eine mehrmalige Wiederholung der Messung mit Mittelwert-bildung wird erforderlich.

Es sollte ferner beachtet werden, daß die Temperatur der Küvette nach längerer Betriebsdauer durch die Verringerung der <u>Wandstärke des Graphitrohres</u> und die dadurch bedingte Änderung des Widerstandes unter Umständen ganz erheblich von den Sollwerten abweicht (wir haben Tem-peraturerhöhung bis zu 200°C feststellen können).

Eine bislang nur wenig genutzte Möglichkeit bietet das Temperatur-gleitprogramm der HGA-72 für die <u>Bestimmung von spezifischen Bindungs-arten der Spurenelemente</u>. Während bei der üblichen Atomisierungsmetho-de die Küvette schlagartig aufgeheizt wird, läßt sich mit dem <u>Gleit-programm</u> die Temperatur der Küvette langsam steigern. In Stellung "9" - der Stufe "Rate" - wird der gesamte zuvor eingestellte Bereich mit etwa 60°C/sec durchfahren. Die Probe wird entsprechend langsam atomisiert, wobei sich - bedingt durch die unterschiedlichen Ver-dampfungstemperaturen der einzelnen Verbindungen des zu bestimmenden Elements - mehrere, meist überschneidende, Adsorptionspeaks registrie-ren lassen. Die Temperaturanstiegsrate ist im höheren Bereich nahezu zeitproportional; dadurch ist es möglich, nach einer entsprechenden "Eichung" die Peaks bestimmten Verbindungen zuzuordnen.

Die Empfindlichkeit ist beim Temperaturgleitprogramm um ungefähr den Faktor 10 verringert. Dies erlaubt auch die <u>direkte Bestimmung höherer Spurenmetallkonzentrationen</u>, z.B. bei Zink, mit der Graphitrohr-küvette ohne vorheriges, umständliches Verdünnen der Lösung.

Literatur

ABDUL-RAZZAK, A.K.: Geochemisch-sedimentpetrographischer Vergleich
lakustrischer Sedimente aus verschiedenen Klimabereichen. Disser-
tation Univ. Heidelberg, 94 S., 1972.

AIDINYAN, N.Kh.: Soderzhanie rtuti v nekotorykh prirodnykh vodakh
(Der Gehalt von Quecksilber in einigen natürlichen Gewässern).
Tr. Inst. Geol. Rudn. Mestorozhd, Petrog., Mineralog. i Geokhim.
70, 9-14 (1962).

ANDERSSON, A.: Mercury in Swedish soils. Oikos Suppl. 9, 13 (1967).

ANDREN, A.W., HARRISS, R.C.: Sources and transport of mercury to
the Gulf of Mexico. Abstract, 35th Annual Meeting of ASLO, Tallahassee, Fla., March 19-22, 1972.

ANDREW, A.W., HARRISS, R.C.: Methylmercury in Estuarine Sediments.
Nature 245, 256-257 (1973).

ANGINO, E.E., BILLINGS, G.K.: Atomic Absorption Spectrometry in
Geology. Amsterdam-London-New York: Elsevier Publishing Co. 1967

APPLEQUIST, M.D., KATZ, A., TUREKIAN, K.K.: Distribution of mercury
in the sediments of New Haven (Conn.) Harbor. Environ. Sci. Techn.
6, 1123-1124 (1972).

ASTON, S.R., BLUTY, D., CHESTER, R.A., PAGHAM, R.C.: Mercury in
lake sediments: a possible indicator of technological growth.
Nature 241, 16 (1973).

ASTON, S.R., CHESTER, R., GRIFFITHS, A., RILEY, J.P.: Distribution
of cadmium in North Atlantic Deep-Sea sediments. Nature 239,
393 (1972).

AWWA (American Water Works Association) - Quality Goals for Potable
Water - Statement of Policy. AWWA 60, 1317-1322 (1968).

AXELSSON, W., HÅKANSON, L.: Kvicksilver i södra Vätterns, Ekolus
och Björkens Sediment. Uppsala Universit. Naturgeograf. Inst.,
UNGI Rapport 25, 49 S. (1973).

BAGNOLD, R.A.: An approach to the sediment transport problem from
general physics. U.S. Geol. Surv. Prof. Paper 442-I, 38 p. (1966).

BAILS, J.D.: Mercury in fish on the Great Lakes. In: R. HARTUNG
and B.D. DINMAN (Eds.), Environmental Mercury Contamination,
p. 31-37. Ann Arbor: Science Publishers Inc. 1972.

BAKIR, F., DAMLUJI, S.F., AMIN-ZAKI, L., MURTHADA, M., KHALIDI, A.,
AL-RAWI, N.Y., TIKRITI, S., DHAHIR, H.I., CLARKSON, T.W.,
SMITH, J.C., DOHERTY, R.A.: Methylmercury poisoning in Iraq.
Science 181, 230-241 (1973).

BANAT, K.: Experimentelle Untersuchungen zur Freisetzung von Schwermetallen in Sedimenten durch künstliche Chelatbildner (in Bearb.).

BANAT, K., FÖRSTNER, U., MÜLLER, G.: Schwermetalle in den Sedimenten
des Rheins. Umschau in Wiss. u. Techn. 72, 192-193 (1972a).

BANAT, K., FÖRSTNER, U., MÜLLER, G.: Schwermetall-Anreicherungen in
den Sedimenten wichtiger Flüsse im Bereich der Bundesrepublik
Deutschland - eine Bestandsaufnahme. Interner Bericht des Laboratoriums für Sedimentforschung, 230 S., Heidelberg 1972b.

BANAT, K., FÖRSTNER, U., MÜLLER, G.: Schwermetalle in Sedimenten
von Donau, Rhein, Ems, Weser und Elbe im Bereich der Bundesrepublik Deutschland. Naturwissenschaften 59, 525-528 (1972c).

BANDT, H.J.: Über verstärkte Schadwirkungen auf Fische, insbesondere
über erhöhte Giftwirkungen durch Kombination von Abwassergiften.
Beitrag z. Wasser-, Abwasser- und Fischereichemie a.d. Flußwasser-
Untersuchungsanstalt Magdeburg 1, 15-23 (1946).

Battelle-Institut, Frankfurt/Main: Wasserbedarfsentwicklung in Industrie, Haushalten, Gewerbe, öffentlichen Einrichtungen und Landwirtschaft - Prognose des Wasserbedarfs in der Bundesrepublik
Deutschland bis zum Jahre 2000. Bericht für das Bundesinnenministerium, 211 S., 1972.

Blei und Umwelt. Kommission für Umweltgefahren des Bundesgesundheitsamtes. Arbeitsgruppe Blei. Verein für Wasser-, Boden- und Lufthygiene e.V., Berlin, 111 S., 1972.

BLOCK, W., SCHNEIDER, H.: Zur Frage der Belastbarkeit des Rheins
mit radioaktiven Nukliden. I. Mitteilung: Sorption von Radionukliden durch den organischen Anteil der Schwebstoffe. GWF 108,
1249-1957 (1967).

BLOKKER, P.C.: Review paper a literature survey on some health
aspects of lead emissions from gasoline engines. Atmospheric
Environment 6, 1-18 (1972).

BOEHNKE, B.: Volkswirtschaftlicher Aufwand für die Wasserversorgung
sowie für die Beseitigung fester und flüssiger Abfallstoffe.
Wasser, Luft u. Betrieb 15, 294-297 (1971).

BORNEFF, J.: Forderungen an die Reinhaltung unserer Binnengewässer
aus hygienischer Sicht. In: H. SCHULTZE (Hrsg.), Umwelt-Report
"Unser verschmutzter Planet", S. 87-91. Frankfurt: Umschau-Verlag
1972.

BORTLISZ, J.: Probenvorbereitung für die anorganische Spurenanalyse
bei Abwasseruntersuchungen. Jahrb. "Vom Wasser" 40, 1-17 (1973).

BOWEN, H.J.M.: Trace elements in biochemistry, 235 p. London-New York:
Academic Press 1966.

BOYLE, R.W., TUPPER, W.M., LYNCH, J., FRIEDRICH, G., ZIAUDDIN, M.,
SHAFIQULLAH, M., CARTER, M., BISGRAVE, K.: Geochemistry of Pb, Zn,
Cu, As, Sb, Mo, Sn, W, Ag, Ni, Co, Cr, Ba and Mn in waters and
stream sediments of the Bathurst Jaquet River District, New Brund-
wick. Can. Geol. Surv., Paper 65-42 (1966).

BRADFORD, G.R., BAIR, F.L., HUNSKER, V.: Trace and major element
content of 170 high Sierra Lakes in California. Limnol. Oceano.
13, 526-532 (1968).

BRINGMANN, G.: Die dritte Stufe der Reinigung kommunaler Abwässer
und analoge Reinigungsverfahren. In: H. SCHULTZE (Hrsg.), Umwelt-
Report "Unser verschmutzter Planet", S. 102-105. Frankfurt: Umschau-
Verlag 1972.

BROOKS, R.R., AHRENS, L.H., TAYLOR, S.R.: The determination of trace
elements in silicate rocks by a combined spectrochemical-anion
exchange technique. Geochim. Cosmochim. Acta 18, 162-175 (1960).

BROWN, G. (ed.): The X-ray identification and crystal structures
of clay minerals. - Mineralogical Society (Clay Mineral Group),
550 p., London, 1961.

BROWN, H.: Human materials production as a process in the biosphere.
Sci. Am. 223, 4, 195-208 (1970).

BUCKSTEEG, W.: Beseitigung anorganischer Schmutzstoffe - Forderungen
und Erfüllung. GWF-Wasser/Abwasser 108, 962-965 (1967).

BUCKSTEEG, W., DIETZ, F.: Die Behandlung cyanidischer Abwässer
mittels chemisch/physikalischer Verfahren. In: H. LIEBMANN (Hrsg.)
Abbau und Elimination in Wasser und Abwasser, Münchner Beiträge
zur Abwasser-, Fischerei- und Flußbiologie Bd. 22, 272 S. München-
Wien: R. Oldenbourg Verlag 1972.

BUKENBERGER, U., LODEMANN, C.K.W., LOESCHKE, J.: Die Verteilung der
Schwermetalle in ober- und unterirdischen Wässern sowie in den
Böden des Neckartales oberhalb Tübingen. Oberrhein. Geol. Abh. 21,
43-62 (1972).

Bundesministerium für Bildung und Wisschenschaft der Bundesrepublik
    Deutschland: Umweltfreundliche Technik, Verfahren und Produkte.
    Schriftenreihe Technologien 2, 337-547 (1971).
Bundesministerium des Innern der Bundesrepublik Deutschland: Umwelt-
    schutz, Sofortprogramm der Bundesregierung 3, 56 (1970).
BURTON, J.D., LEATHERLAND, T.M.: Mercury in a coastal marine environ-
    ment. Nature 231, 440-442 (1971).
CALLENDER, E.: Geochemical characteristics of Lakes Michigan and
    Superior sediments. Proc. 12th Conf. Great Lakes Res. pp. 124-160,
    1969.
CASPERS, H. (Hrsg.): Litoralforschung Abwässer in Küstennähe. DFG
    Forschungsbericht, 93 S. Boppard: Harald Boldt Verlag K.G. 1973.
CHAWLA, V.K., CHAU, Y.K.: Trace elements in Lake Erie. Proc. 12th
    Conf. Great Lakes Res., pp. 760-769, 1969.
CHESTER, R., STONER, J.H.: Pb in Particulates from the Lower Atmo-
    sphere of the Eastern Atlantic. Nature 245, 27-28 (1973).
CHOW, T.J., PATTERSON, C.: The occurrence and significance of lead
    isotopes in pelagic sediments. Geochim. Cosmochim. Acta 26,
    263-293 (1962).
CHOW, T.J., BRULAND, K.W., BERTINE, K., SOUTAR, A., KOIDE, M., GOLD-
    BERG, E.D.: Lead Pollution: Records in Southern California
    Coastal Sediments. Science 181, 551-552 (1973).
CISSARZ, A.: Quantitative-spektralanalytische Untersuchung eines
    Mansfelder Kupferschieferprofiles. Chem. Erde 5, 48-75 (1930).
COENEN, R., FEHRENBACH, R., FRITSCH, W., GOETZMANN, S., PIOTROWSKI,
    H.D., SCHLADITZ, R.: Alternativen zur Umweltmisere - Raubbau
    oder Partnerschaft? 190 S. München: Carl Hanser 1972.
COENEN, R., FRITSCH, W., GOETZMANN, S., KESBERGER, H., LANGHEIM, J.,
    PIOTROWSKI, H.D., SCHLADITZ, R.: Chemisch-toxikologische Probleme
    des Umweltschutzes. Naturwissenschaften 59, 106-111 (1972).
COLBY, B.R.: Fluvial sediments - a summary of source, transportation,
    deposition, and measurement of sediment discharge. U.S. Geol.
    Surv. Bull. 1181-A, 47 (1963).
COLLINSON, C., SHIMP, N.F.: Trace elements in bottom sediments from
    Upper Pretoria Lake, Middle Illinois River - a pilot project.
    Illinois Geol. Surv. Environ. Geology Note 56, 21 (1972).
CONNOR, J.J., FEDER, G.L., ERDMAN, J.A., TIDBALL, R.R.: Environ-
    mental geochemistry in Missouri - A multidisciplinary study. 24th
    Intern. Geological Congress, Montreal 1972, Symposium 1, pp. 7-14,
    1972.
CONWAY, E.J.: Mean geochemical data in relation to oceanic evolu-
    tion. Roy. Irish Acad. Proc., B-48, 119-159 (1942).
COPELAND, R.A.: Mercury in the Lake Michigan environment. In:
    R. HARTUNG and B.D. DINMAN (Eds.), Environmental Mercury Contamina-
    tion. pp. 71-76. Ann Arbor: Science Publishers Inc. 1972.
CUSTODI, G.L.: A survey of mercury in the Gulf of Mexico. Abstract,
    35th Annual Meeting of ASLO, Tallahassee, Fla., March 19-22, 1972.
DALL'AGLIO, M.: The abundance of mercury in 300 natural water samples
    from Tuscany and Latium. In: L.H. AHRENS (Ed.), Origin and
    Distribution of Elements (1st Meeting, International Association
    of Geochemistry and Cosmochemistry, Paris, 8-11 May, 1967). Oxford:
    Pergamon Press 1968.
DEAN, J.G., BOSQUI, F.L., LANOUETTE, V.H.: Removing heavy metals
    from waste water. Environ. Sci. Techn. 6, 518-522 (1972).
DEAN, W.E., GORHAM, E.: Major and minor elements in profundal sedi-
    ments from Minnesota lakes. Abstract, 35th Annual Meeting of
    ASLO, Tallahassee, Fla., March 19-22, 1972.
DEGENHARDT, K.-H.: Teratologische Probleme der Umweltverschmutzung.
    In: H. SCHULTZE (Hrsg.), Umwelt-Report "Unser verschmutzter Planet",
    S. 290-294. Frankfurt: Umschau-Verlag 1972.

DERRYBERRY, O.M.:   Investigation of mercury contamination in the
    Tennessee Valley region. In: R. HARTUNG and B.D. DINMAN (Eds.),
    Environmental Mercury Contamination, pp. 76-79. Ann Arbor: Science
    Publishers Inc. 1972.
DIETZ, F., KOPPE, P.:   Analytisch-technische Besonderheiten bei der
    Anwendung der Kathodenstrahlpolarographie zur Bestimmung von
    Spurenmetallen in Wässern. Jahrb. "Vom Wasser" $\underline{40}$, 35-53 (1973).
D'ITRI, F.M.:   The environmental mercury problem. Institute of
    water research, Michigan State University, Techn. Report $\underline{12}$, 289
    (1971).
D'ITRI, F.M.:   Sources of mercury in the environment. In: R. HARTUNG
    and B.D. DINMAN (Eds.), Environmental Mercury Contamination,
    pp. 5-25. Ann Arbor: Science Publishers Inc. 1972.
DURUM, W.H., HAFFTY, J.:   Occurrence of minor elements in Water.
    U.S. Geol. Surv. Circ. $\underline{445}$, 11 (1960).
DURUM, W.H., HAFFTY, J.:   Implication of minor element content of
    some major streams in the world. Geochim. Cosmochim. Acta $\underline{27}$,
    1-11 (1963).
DURUM, W.H., HEM, J.D., HEIDEL, S.C.:   Reconnaissance of selected
    minor elements in surface waters of the United States. U.S.
    Geol. Surv. Circ. $\underline{643}$, 49 (1971).
DUSTMAN, E.H., STICKEL, L.F., ELDER, J.B.:   Mercury in wild animals,
    Lake St. Clair, 1970. In: R. HARTUNG and B.D. DINMAN (Eds.),
    Environmental Mercury Contamination, pp. 46-52. Ann Arbor: Science
    Publishers Inc. 1972.
EGAN, H.:   Trace lead in food. In: P. HEPPLE (Ed.), Lead in the
    Environment, Institute of Petroleum, London, p. 34-42, 1972.
EGGERT, P., GOCHT, W.:   Zur Situation auf dem Quecksilbermarkt.
    Metall $\underline{8}$, 860-863 (1972).
Environmental Science and Technology: Metals focus shifts to cadmium
    $\underline{5}$, 754-755 (1971).
ERLENKEUSER, H., SUESS, E., WILLKOMM, H.:   Industrialization affects
    heavy metal and carbon isotope concentration in Recent Baltic
    Sea sediments (1974) Im Druck.
FAGERSTRÖM, T., JERNELÖV, A.:   Formation of methyl mercury from pure
    mercuric sulphide in aerobic organic sediments. Water Research $\underline{5}$,
    121-122 (1971).
Federal Water Pollution Control Administration (U.S.A.):   Report of
    the Committee on Water Quality Criteria, 234 pp., Washington, D.C.,
    1968.
FÖRSTNER, U.:   Petrographische und geochemische Untersuchungen an
    afghanischen Endseen. Neues Jahrb. Mineral. Abh. $\underline{118}$, 268-312
    (1973).
FÖRSTNER, U.:   Hydrochemische Entwicklungen in Flüssen und Seen Af-
    ghanistans. Chem. Erde (1974) Im Druck.
FÖRSTNER, U., MÜLLER, G.:   Heavy metal accumulation in River sediments:
    A response to environmental pollution. Geoforum $\underline{14}$, 53-61 (1973a).
FÖRSTNER, U., MÜLLER, G.:   Anorganische Schadstoffe im Neckar. Ruper-
    to Carola. Jahresschrift der Universität Heidelberg $\underline{51}$, 67-71
    (1973b).
FOLK, R.L.:   A review of grain size parameters. Sedimentology $\underline{6}$,
    73-93 (1966).
FORTESCUE, J.A.C.:   The geochemistry of lake sediment cores and
    stream sediments as a guide to man's effect on the environment
    of Southern Ontario. Abstract, Annual Meeting of the Geological
    Society of America, 1972.
FRENZEL, H.J., SARFERT, F.:   Untersuchungen über einige die Toxizität
    von Kupfer bestimmende Faktoren bei der biologischen Abwasser-
    reinigung - insbesonders beim Belebtschlamm. GWF-Wasser/Abwasser
    $\underline{112}$, 103-108 (1971).

FRIEDMAN, G.M.: Dynamic processes and statistical parameters compared
    for size frequency distribution of beach and river sands. J. Sediment.
    Petrol. 37, 327-354 (1967).
FRIMMEL, F., WINKLER, H.A.: Bestimmung von Quecksilber in Gewässern.
    Jahrb. "Vom Wasser" 40, 55-68 (1973).
FRYE, J.C., SHIMP, N.F.: Major, minor and trace elements in sediments
    of late Pleistocene Lake Saline compared with those in Lake Michi-
    gan sediments. Illinois Geol. Surv. Environ. Geol. Note 60, 13 pp.
    (1973).
FÜCHTBAUER, H., MÜLLER, G.: Sedimente und Sedimentgesteine. 726 S.
    Stuttgart: E. Schweizerbart 1970.
FUJIKI, M.: The transitional conditions of Minamata Bay and the
    neighbouring sea polluted by factory waste water containing
    mercury. In: Proceedings 6th Intern. Water Pollution Res.,
    C/6/12, 13 p., Juni 1972.
FURST, A.: Trace elements related to specific chronic diseases:
    cancer. In: H.L. CANNON and H.C. HOPPS (Eds.), Environmental
    Geochemistry in Health and Disease. Geol. Soc. Am. Mem. 123,
    109-130 (1971).
GADOW, S., SCHÄFER, A.: Die Sedimente der Deutschen Bucht: Korn-
    größen, Tonmineralien und Schwermetalle. Senckenbergiana marit.
    5, 165-178 (1973).
GARRELS, R.M., CHRIST, C.L.: Solutions, minerals, equilibria. 450 pp.,
    New York-Evanston-London: Harper & Row 1965.
Gefährliche Metallspuren. Chemie für Labor und Betrieb. Mai 1972,
    208-212.
GERLACH, S.A.: Auswirkungen der Meeresverschmutzung auf das Leben
    im Meer und die Nahrungsketten. In: H. SCHULTZE (Hrsg.), Umwelt-
    Report, S. 156-157. Frankfurt: Umschau-Verlag 1972.
GIBBS, R.J.: The geochemistry of the Amazon River system: Part I.
    The factors that control the salinity and the composition and
    concentration of the suspended solids. Geol. Soc. Am. Bull. 78,
    1203-1232 (1967).
GIBBS, R.J.: Mechanisms controlling world water chemistry. Science
    170, 1088-1090 (1970).
GIBBS, R.J.: Mechanisms controlling world water chemistry: evapora-
    tion-crystallization process. Reply to J.H. FETH (1971). Science
    172, 871-872 (1971).
GIBBS, R.J.: Mechanisms of Trace Metal Transport in Rivers. Science
    180, 71-73 (1973).
GLUSKOTER, H.J., LINDAHL, P.C.: Cadmium: Mode of Occurrence in
    Illinois Coals. Science 181, 264-266 (1973).
GOEBGEN, H.G., BROCKMANN, J.: Bindungsvermögen von anaerobem Faul-
    schlamm für Schwermetallionen. Wasser, Luft und Betrieb 13,
    409-412 (1969).
GOLDBERG, E.D.: Chemical invasion of ocean by man. McGraw-Hill
    Yearbook Science and Technology, 1970.
GOODMAN, G.T., ROBERTS, T.M.: Plants and soils as indicators of
    metals in the air. Nature 231, No. 5301, 287-292 (1971).
GORHAM, E.: Factors influencing supply of major ions to inland
    waters, with special reference to the atmosphere. Bull. Geol.
    Soc. Am. 72, 795-840 (1961).
GREGOR, C.D.: Solubilization of Lead in Lake and Reservoir Sediments
    by NTA. Environmental Science & Technology 6, 278-279 (1972).
GREIG, R.A., SEAGRAN, H.L.: Survey of mercury concentrations in
    fishes of lakes St. Clair, Erie and Huron. In: R. HARTUNG and
    B.D. DINMAN (Eds.), Environmental Mercury Contamination, pp. 38-45.
    Ann Arbor: Science Publishers Inc. 1972.
GRIFFATONG, A., HELLMANN, H.: Neue Untersuchungen zur Bestimmung
    von gelösten und ungelösten Schwermetallen in Gewässern durch
    Röntgenfluoreszenz. Jahrb. "Vom Wasser" 40, 69-87 (1973).

GRIM, R.E.:   Clay Mineralogy, 2nd edit., 596 pp.   New York: McGraw-Hill
    Book Co. 1968.
de GROOT, A.J.:   Mobility of Trace Elements in Deltas.   Trans. Comm.
    II and IV, Int. Soc. Soil Sci., 267-279, Aberdeen 1966.
de GROOT, A.J., ALLERSMA, I.E., van DRIEL, W.:   Zware Metalen in
    Fluviatiele en Mariene Ecosystemen.   Sympos. Waterloopkunde in
    dienst van industrie en milieu, 24.-25. Mai 1973; Publikatie no.
    110 N, Sekt. 5, 27 S., 1973.
de GROOT, A.J., de GOEIJ, J.J.M., ZENGERS, C.:   Contents and
    behaviour of mercury as compared with other heavy metals in
    sediments from the rivers Rhine and Ems.   Geologie en Mijnbouw 50,
    393-398 (1971).
GROSS, D.L., LINEBACK, J.A., SHIMP, N.F., WHITE, W.A.:   Composition
    of Pleistocene sediments in Southern Lake Michigan, U.S.A.   24th
    Intern. Geological Congress, Montreal 1972, Section 8, 215-222
    (1972).
GROTH, P.:   Untersuchungen über einige Spurenelemente in Seen.   Arch.
    Hydrobiol. 68, 305-374 (1971).
HABERER, K.:   Ergebnisse spurenanalytischer Untersuchungen an Fließ-
    gewässern in Süddeutschland.   Jahrb. "Vom Wasser" 35, 62-65 (1968).
HABERER, K.:   Trinkwasser im Umweltschutz - II. Abwendung der Ge-
    fahren.   GWF-Wasser/Abwasser 113, 556-561 (1972).
HABERER, K., NORMANN, S.:   Metallspuren im Wasser - ihre Herkunft,
    Wirkung und Verbreitung.   Jahrb. "Vom Wasser" 38, 157-182 (1972).
HÄSSELBARTH, U.:   Wassergefährdende Stoffe in Oberflächengewässern
    aus der Sicht der Trinkwasserversorgung.   GWF-Wasser/Abwasser 113,
    509-512 (1972).
HALL, S.K.:   Pollution and poisoning; high lead levels are dangerous
    to man, and ambient concentrations are presently rising.   Environ.
    Sci. Techn. 6, 31-35 (1971).
HALME, E.:   Kanzerogene Wirkung von zinkhaltigem Trinkwasser.   Städte-
    hygiene 20, 174-175 (1969).
HARRISS, R.C.:   Ecological implication of mercury pollution in
    aquatic systems.   Biol. Concerv. 3, 279-283 (1971).
HARRISS, R.C., WHITE, I., McFARLANE, R.:   Mercury compounds reduce
    photosynthesis by plankton.   Science 170, 736-737 (1971).
HARTMANN, L., LAUBENBERGER, G.:   Toxicity measurements in activated
    sludge.   Cit. LAUBENBERGER and HARTMANN.   Sanit. Eng. Div.,
    April 1968 (1970).
HARTUNG, R.:   The role of food chains in environmental mercury con-
    tamination.   In: R. HARTUNG and B.D. DINMAN (Eds.), Environmental
    Mercury Contamination, pp. 172-174.   Ann Arbor: Science Publishing
    Inc. 1972.
HARVEY, H.W.:   The chemistry and fertility of sea waters, 224 pp.
    Cambridge/England: Cambridge University Press 1955.
HAUSEN, B.M.:   Eliminierung von Schwermetallverunreinigungen in Ober-
    flächengewässern durch die Filterwirkung von Flußufern.   Mitt.
    Dtsch. Bodenkundl. Ges. 16, 255-263 (1972).
HAUSEN, B.M., KUSSMAUL, H.:   Einfache und schnelle Bestimmung von
    Spurenmetallen mit der flammenlosen Atomabsorptions-Spektrophoto-
    metrie.   Jahrb. "Vom Wasser" 40, 101-114 (1973).
HAWKES, H.E., WEBB, J.S.:   Geochemistry in mineral exploration, 415 pp.
    New York: Harper & Row 1962.
HEIDE, F., HERZ, H., BÖHM, G.:   Gehalt des Saalewassers an Blei und
    Quecksilber.   Naturwissenschaften 44, 441-442 (1957).
HEIN, H.:   Zusatzgeräte zur Atom-Absorptions-Spektralanalyse.   Chemie
    für Labor und Betrieb. 7, 301-310; 8, 348-355 (1973).
HEITFELD, K.-H., SCHÖTTLER, U.:   Versickert wohin? Kontamination des
    Wassers im Bereich von Abfallhalden durch Spurenmetalle.   Umwelt 1,
    57-58 (1973).

HELLMANN, H.: Die Charakterisierung von Sedimenten auf Grund ihres
Gehaltes an Spurenmetallen. Deutsche Gewässerkundl. Mitt. $\underline{14}$,
160-164 (1970a).

HELLMANN, H.: Die Absorption von Schwermetallen an den Schwebstoffen
des Rheinwassers (ein Nachtrag). Deutsche Gewässerkundl. Mitt.
$\underline{14}$, 42-47 (1970b).

HELLMANN, H.: Untersuchungen zum Beitrag von Abwässern an der Schlammbildung in Bundeswasserstraßen. Z. Binnenschiff. Wasserstraßen
$\underline{11}$, 427-431 (1971).

HELLMANN, H.: Herkunft der Sinkstoffablagerungen in Gewässern
(2. Mitt.: Überlegungen und Ergebnisse aus der Sicht der Abwasser-
technik). Deutsche Gewässerkundl. Mitt. $\underline{16}$, 137-141 (1972a).

HELLMANN, H.: Definition und Bedeutung des backgrounds für umweltschutzbezogene gewässerkundliche Untersuchungen. Deutsche Gewässerkundl. Mitt. $\underline{16}$, 170-174 (1972b).

HELLMANN, H.: Matrix-Effekt und Korngrößenverteilung bei der Röntgenfluoreszenzanalyse von Feststoffen der Gewässer. Z. Anal. Chem.
$\underline{263}$, 14-19 (1973).

HELLMANN, H., BRUNS, F.J.: Die chemische Zusammensetzung der unge-
lösten Stoffe des Rheins. Deutsche Gewässerkundl. Mitt. $\underline{12}$,
162-166 (1968).

HELLMANN, H., GRIFFATONG, A.: Die Absorption von Schwermetallen an
den Schwebstoffen des Rheins - eine Untersuchung zur Entgiftung
des Rheinwassers. Deutsche Gewässerkundl. Mitt. $\underline{13}$, 108-114 (1969).

HELLMANN, H., GRIFFATONG, A.: Herkunft der Sinkstoffablagerungen in
Gewässern (1. Mitt.: Chemische Untersuchungen der Schwermetalle).
Deutsche Gewässerkundl. Mitt. $\underline{16}$, 14-18 (1972).

HEM, J.D.: Chemistry and occurrence of cadmium and zinc in surface
water and groundwater. Water Resources Res. $\underline{8}$, 661-679 (1972).

HERRIG, H.: Untersuchungen an Flußwasser-Inhaltsstoffen. GWF-
Wasser/Abwasser $\underline{110}$, 1385-1391 (1969).

HINRICH, H.: Schwebstoffgehalt und Schwebstofffracht der Haupt- und
einiger Nebenflüsse in der Bundesrepublik Deutschland. Deutsche
Gewässerkundl. Mitt. $\underline{15}$, 113-129 (1971).

HINRICH, H.: Rhein bei Karlsruhe und Koblenz; Gegenüberstellung von
Abfluß, Schwebstoffgehalt und Salzgehalt (einschließlich der
Frachten). Wasser, Luft und Betrieb $\underline{16}$, 421-424 (1972).

HJULSTRÖM, F.: Studies of the morphological activity of rivers as
illustrated by the River Fyris. Bull. geol. Inst. Univ. Uppsala
$\underline{25}$, 221-452 (1934).

HÖSEL, G.: Wiederverwertung von Abfällen. Umweltschutz, Informationen des Bundesministeriums des Innern zu Fragen der Wasserwirtschaft, Luftreinhaltung, Lärmbekämpfung und Abfallbeseitigung
$\underline{19}$, 17-19 (1972).

HOLLUTA, J., BAUER, L., KÖLLE, W.: Über die Einwirkung steigender
Flußwasserverschmutzung auf die Wasserqualität und Kapazität der
Uferfiltrate. GWF-Wasser/Abwasser $\underline{109}$, 1406-1409 (1968).

HORVATH, G.J.: The transport of heavy metals in the Big Cypress-
Everglades estuary system. Abstract, 35th Annual Meeting of
ASLO, Tallahassee, Fla., March 19-22, 1972.

HÜBNER, H.: Statistik. In Wasserkalender 1973, S. 227-277. Düssel-
dorf-Berlin: Erich Schmidt Verlag 1972.

HUSMANN, W.: Kreislaufwasserführung. In: H. SCHULTZE (Hrsg.), Umwelt-Report "Unser verschmutzter Planet", S. 122-125. Frankfurt:
Umschau-Verlag 1972.

INGOLS, R.S., FETNER, R.H., ESCHENBRENNER, A.B.: Chromate Toxity.
Water and Sewage Works $\underline{32}$, 548-549 (1964). Cit. HABERER and
NORMANN (1971).

IRUKAYAMA, K.: The pollution of Minamata-Bay and minamata disease.
Advan. Water Pollution Res., Proc. 3rd Intern. Conf., Munich,
Germany, Sept. 1966, $\underline{3}$, 153 (1967).

JACKSON, M.L.: Soil chemical analysis, 498 p. Englewood Cliffs,
  N.J.: Prentice-Hall Inc. 1958.
JACKSON, M.L., WHITTIG, L.D., PENNINGTON, R.P.: Segregation proce-
  dure for mineralogical analysis of soils. Proc. Soil. Sci. Soc.
  Am. 14, 77-81 (1950).
JENNE, E.A.: Controls on Mn, Fe, Co, Ni, Cu, and Zn concentrations
  in soils and water: the significant role of hydrous Mn and Fe
  oxides. In: Trace inorganics in water. American Chemical Society
  Publications, Advances in chemistry series 73, 337-387 (1968).
JENNY, H., ELGABALY, M.M.: Cation and Anion interchange with Zinc
  Montmorillonite Clays. J. Phys. Chem. 47, 399-410 (1943).
JENSEN, S., JERNELÖV, A.: Biological methylation of mercury. Nature
  223, 753-754 (1969).
JERNELÖV, A.: Release of methyl mercury from sediments with layers
  containing inorganic mercury at different depths. Limnol.
  Oceanogr. 15, 958-960 (1970).
JERNELÖV, A.: Factors in the transformation of mercury to methyl-
  mercury. In: R. HARTUNG and B.D. DINMAN (Eds.), Environmental
  Mercury Contamination, pp. 167-172. Ann Arbor: Science Publishers
  Inc. 1972a.
JERNELÖV, A.: Mercury and Food Chains. In: R. HARTUNG and B.D.
  DINMAN (Eds.), Environmental Mercury Contamination, pp. 174-177.
  Ann Arbor: Science Publishers Inc. 1972b.
JONASSON, I.R.: Mercury in the natural environment: A review of
  recent work. Geol. Surv. Can. 70-57, 39 pp. (1970).
JONES, L.H.P., CLEMENT, C.R.: Lead uptake by plants and its
  significance for animals. In: P. HEPPLE (Ed.), Lead in the
  Environment, Institute of Petroleum, London, p. 29-33, 1972.
JUDSON, S., RITTER, D.F.: Rates of regional denudation in the
  United States. J. Geophys. Res. 49, 3395-3401 (1964).
KELLEY, W.P.: Cation Exchange in Soils. A.C.S. monograph No. 109,
  324 p. New York: Reinhold 1948.
KENNEDY, E.J., RUCH, R.R., SHIMP, N.F.: Distribution of mercury in
  unconsolidated sediments from Southern Lake Michigan. Illinois
  Geol. Surv. Environ. Geol. Note 44, 18 p. (1971).
KHARKAR, D.P., TUREKIAN, K.K., BERTINE, K.K.: Stream supply of
  dissolved silver, molybdenum, antimony, selenium, chromium, cobalt,
  rubidium and cesium to the oceans. Geochim. Cosmochim. Acta 32,
  285-298 (1968).
KIEFER, F.: Naturkunde des Bodensees, 169 S. Lindau-Konstanz: Jan
  Thorbecke-Verl. 1955.
KLEIN, D.H.: Some estimates of natural levels of mercury in the
  environment. In: R. HARTUNG and B.D. DINMAN (Eds.), Environmental
  Mercury Contamination, pp. 25-29. Ann Arbor: Science Publishers
  Inc. 1972.
KLEIN, D.H.: Mercury and other metals in urban soils. Environ. Sci.
  Techn. 6, 560-562 (1972).
KLEIN, D.H., GOLDBERG, E.D.: Mercury in the marine environment.
  Environ. Sci. Techn. 4, 765 (1970).
KLEINKOPF, M.D.: Spetrographic determination of trace elements in
  lake water of Northern Maine. Bull. Geol. Soc. Am. 71, 1231 (1960).
KLUDIG, K.H.: Die Gewinnung von uferfiltriertem Grundwasser und der
  Einfluß der Rhein-Verschmutzung. GWF-Wasser/Abwasser 109, 1401-
  1405 (1968).
KOBAYASHI, J.: Biochemistry of cadmium (1-3). Nippon Kaguku Zasshi
  39, 286, 369, 424 (1969).
KOBAYASHI, J.: Relation between the "Itai-Itai" disease and the
  pollution of river water by cadmium from a mine. Advances in
  Water Pollution Research, Proc. 5th Intern. Conf., San Francisco
  and Hawaii 1970; Vol. 1, I 25, 1-7 (1971).

KÖLLE, W.: Aspekte der Schwermetallbelastung des Rheins. GWF-Wasser/
    Abwasser 112, 517 (1971).
KÖLLE, W., DORTH, K., SMIRICZ, G., SONTHEIMER, H.: Aspekte der Be-
    lastung des Rheins mit Schwermetallen. Jahrb. "Vom Wasser" 38,
    183-196 (1971).
KONOVALOV, G.S.: The transport of microelements by the most important
    rivers of the U.S.S.R. (engl. Übers. M. FLEISCHER, U.S.G.S.). Dokl.
    Akad. Nauk USSR 129, 912-915 (1956).
KONRAD, J.G.: Mercury contents of bottom sediments from Wisconsin
    rivers and lakes. In: R. HARTUNG and B.D. DINMAN (Eds.), Environ-
    mental Mercury Contamination, pp. 52-58. Ann Arbor: Science
    Publishers Inc. 1972.
KOPP, J.F., KRONER, R.C.: Trace metals in waters of the United
    States, a five-year summary of trace metals in rivers and lakes
    of the United States (1.10.1962-30.9.1967). U.S. Departm. of
    the Interior, Fed. Wat. Poll. Contr. Admin. Cinc., Ohio. Cit.
    KÖLLE et al., 1971.
KOPPE, P.: Grundlegende Überlegungen und Untersuchungen über die
    hydrochemischen Beziehungen zwischen Flußwasser und dem Wasser
    ufernaher Brunnen. Schr. Reihe Ver. Wasser-, Boden-, Lufthyg.
    33, 129-142 (1970).
KOPPE, P.: Untersuchungen über das Verhalten von Inhaltsstoffen
    der Abwässer der metallverarbeitenden Industrie im Wasserkreis-
    lauf und ihren Einfluß auf die Wasserversorgung. GWF-Wasser/
    Abwasser 114, 170-175 (1973).
KRAUSKOPF, K.B.: Factors controlling the concentration of 13 rare
    metals in seawater. Geochim. Cosmochim. Acta 9, 1-32 (1954).
KRAUSKOPF, K.: Introduction to Geochemistry, 721 S. New York-St.
    Louis-San Francisco-Toronto-London-Sidney: McGraw-Hill Book Co.
    1967.
KROPF, R., GELDMACHER-v.MALLINCKRODT, M.: Der Cadmiumgehalt von
    Nahrungsmitteln und die tägliche Cadmiumaufnahme. Arch. Hygiene
    152, 218-224 (1968).
LANDSTROM, I., SAMSAHL, K., WENNER, C.: An investigation of trace
    elements in marine and lacustrine deposits by means of a neutron
    activation method. Modern Trends in Activation Analysis, NBS
    Spec. Publ. 312, Vol. 1, 353-367 (1969).
LAUBENBERGER, G., HARTMANN, L.: Speicherung von Schwermetallsalzen
    in Flußsedimenten und ihr Einfluß auf die Schlammbiocoenose. Die
    Wasserwirtschaft 11, 372-375 (1970).
LEOPOLD, L.B., DAVIS, K.S.: Water. Time-Life Books, Time
    1966. Deutsche Übers.: Wasser. Rowohlt Taschenbuch Verlag, 190 S.,
    1970.
LIEBMANN, H.: Handbuch der Frischwasser- und Abwasserbiologie,
    Bd. II. München: R. Oldenbourg 1958.
LIVINGSTONE, D.A.: Chemical composition of rivers and lakes. In:
    M. FLEISCHER (ed.), Data of Geochemistry, 6th ed. U.S. Geol.
    Surv. Prof. Paper, 440-G, 64 pp. (1963).
LOOKWOOD, R.A.: Chemical transformation of mercury in aquatic
    environment. Abstract, 35th Annual Meeting of ASLO, Tallahassee,
    Fla., March 19-22, 1972.
L'VOV., B.V.: Atomic Absorption Spectrochemical Analysis, 324 p.
    London: Adam Hilger 1970.
MACKENZIE, P.D. et al.: Hexavalent and trivalent chromium administer-
    ed in drinking water to rats. Am. Med. Assoc. Ind. Health 18,
    237 (1958). Cit. HABERER and NORMANN (1971).
McCABE, L.J., SYMONS, J.M., LEE, R.D., ROBECK, G.G.: Survey of
    community water supply system. AWWA 62, 670-687 (1970).
MARSAL, D.: Statistische Methoden für Erdwissenschaftler, 152 S.
    Stuttgart: E. Schweizerbart 1967.

MARSHALL, C.E.: The Physical Chemistry and Mineralogy of Soils.
    Vol. 1: Soil Materials. 388 p. New York-London-Sydney: John
    Wiley & Sons Inc. 1964.
MARTIN, J.T.: Mercury residues in plant. Analyst 88, 413 (1963).
MASON, B.: Principles of Geochemistry, 3rd edit. 329 p. New York-
    London-Sydney: John Wiley & Sons Inc. 1966.
MEADOWS, D.: Die Grenzen des Wachstums, Bericht des Club of Rome
    zur Lage der Menschheit. 180 S. Stuttgart: Deutsche Verlags-
    Anstalt 1972.
MERTZ, W.: The role of chromium in glucose metabolism. Environ.
    Health 1, 86-95 (1967).
MORGAN, J.J., STUMM, W.: The role of multivalent metal oxides in
    limnological transformations, as exemplified by iron and manganese.
    Adv. in Water Pollution Research, Proc. 2nd Intern. Conf. Tokyo
    1964, p. 103-131 (1965).
MÜLLER, G.: Die rezenten Sedimente im Obersee des Bodensees.
    Naturwissenschaften 50, 350 (1963).
MÜLLER, G.: Methoden der Sedimentuntersuchungen. 303 S. Stuttgart:
    Schweizerbart 1964a.
MÜLLER, G.: Nicht-mineralische Abfallstoffe in den Ufersanden des
    Bodensees. Umschau in Wiss. u. Techn. 4, 117-119 (1964b).
MÜLLER, G.: Zur Hydrochemie von Alpenrhein und Seerhein. GWF-Wasser/
    Abwasser 105, 810-814 (1964c).
MÜLLER, G.: Ergebnisse einjähriger systematischer Untersuchungen
    über die Hydrochemie von Alpen- und Seerhein (mit Einzelunter-
    suchungen an weiteren Bodensee-Zuflüssen). Fortschr. Wasser-
    chemie 2, 33-99 (1965).
MÜLLER, G.: Die Sedimentbildung im Bodensee. Naturwissenschaften
    53, 237-248 (1966).
MÜLLER, G.: Beziehungen zwischen Wasserkörper, Bodensediment und
    Organismen im Bodensee. Naturwissenschaften 54, 454-466 (1967).
MÜLLER, G.: High strontium contents and Sr/Ca-ratios in Lake
    Constance waters and carbonates and their sources in the drainage
    area of the Rhine River (Alpenrhein). Mineralium Deposita 4,
    75-84 (1969a).
MÜLLER, G.: Diagenetic changes in interstitial waters of Holocene
    Lake Constance sediments. Nature 224, 258-259 (1969b).
MÜLLER, G.: Sediments of Lake Constance. In: G. MÜLLER (Ed.),
    Sedimentology of parts of Central Europe. Guide-book VIII Intern.
    Sedimentol. Congress, Heidelberg, 237-252 (1971).
MÜLLER, G., FÖRSTNER, U.: General relationship between suspended
    sediment concentration and water discharge in the Alpenrhein and
    some other rivers. Nature 217, 244-245 (1968a).
MÜLLER, G., FÖRSTNER, U.: Sedimenttransport im Mündungsgebiet des
    Alpenrheins. Geol. Rundschau 58, 229-259 (1968b).
MÜLLER, G., FÖRSTNER, U.: Cadmium-Anreicherung in Neckar-Fischen.
    Naturwissenschaften 60, 258-259 (1973).
MÜLLER, G., GASTNER, M.: The "Karbonat-Bombe", a simple device for
    the determination of carbonate content in sediments, soils and
    other materials. N. Jb. Miner. Mh., 1971/10, 466-469 (1971).
MÜLLER, G., GEES, R.A.: Distribution and thickness of Quaternary
    sediments in the Lake Constance Basin. Sediment. Geol. 4, 81-87
    (1970).
MÜLLER, G., HAHN, Ch.: Schwermineral- und Karbonatführung der Fluß-
    sande im Einzugsgebiet des Alpenrheins. N. Jb. Miner. Mh., 1964,
    371-375.
MÜLLER, G., QUAKERNAAT, J.: Diffractometric clay mineral analysis
    of recent sediments of Lake Constance (Central Europe). Contr.
    Mineral. Petrol. 22, 268-275 (1969).
MÜLLER, G., RÖPER, H.P.: Erste Ergebnisse hydrochemischer Unter-
    suchungen am Bodensee. GWF-Wasser/Abwasser 107, 825-830 (1966).

MÜLLER, G., SCHÖTTLE, M.: Schwermineral- und Karbonatführung der
    Flußsande im Gebiet des Bodensees. N. Jb. Miner. Mh. 1965,
    26-29.
MÜLLER, G., TIETZ, G.: Der Phosphorgehalt der Bodensee-Sedimente,
    seine Beziehung zur Herkunft des Sediment-Materials sowie zum
    Wasserkörper des Bodensees. N. Jb. Miner. Abh. 105, 41-62 (1966).
MULLIN, J.B., RILEY, J.P.: The occurrence of cadmium in seawater
    and in marine organisms and sediments. J. Marine Res. 15,
    103-122 (1956).
MUROZUMI, M., CHOW, T.J., PATTERSON, C.: Chemical concentrations of
    pollutant lead aerosols, terrestrial dusts and sea salts in
    Greenland and Antarctic snow strata. Geochim. Cosmochim. Acta 33,
    1247-1294 (1969).
NELSON, C.H.: Mercury dispersal in ancient and modern sediments of
    Bering Sea. Abstract, Annual Meeting of the Geological Society
    of America, 1972.
NORDIN, C.F. jr.: A preliminary study of sediment transport para-
    meters, Rio Puerco near Bernardo, New Mexico. U.S. Geol. Surv.
    Prof. Paper 462-C, 21 p. (1963).
OEHME, C.: Reinigung quecksilberhaltiger Wässer und Abwässer durch
    Ionenaustausch. GWF 112, 518 (1971).
OFFHAUS, K.: Adaption, Ausfällung und Sorption - wichtige Vorgänge
    bei der Entgiftung von Schwermetallionen. Z. Wasser- und Abwasser-
    Forschung 1970, 35-37 (1970).
OHLE, W.: Kolloidkomplexe als Kationen- und Anionenaustauscher in
    Binnengewässern. Jahrb. "Vom Wasser" 50-69 (1963).
ONG, L.H., BISQUE, R.E.: Coagulation of humic colloids by metal
    ions. Soil Science 106, 220-224 (1968).
PATTERSON, C.: Contaminated and natural lead environments of man.
    Arch. Environ. Health 11, 344-363 (1965).
PHILLIPS, H.O., KRAUS, K.A.: Adsorption on inorganic materials.
    V. Reaction on cadmium sulphide with Cu(II), Hg(II) and Ag(I).
    J. Am. Chem. Soc. 85, 486-487 (1963).
PHILLIPS, H.O., KRAUS, K.A.: Adsorption on inorganic materials.
    VI. Reaction of insoluble sulphides with metal ions in aqueous
    media. J. Chromatog. 17, 549-557 (1965).
POLDERVAART, A.: Chemistry of the earth's crust. Geol. Soc. Am.
    Spec. Paper 62, 119-144 (1955).
PORIES, W.J., STRAIN, W.H., ROB, C.G.: Zinc deficiency in delayed
    healing and chronic disease. In: H.L. CANNON and H.C. HOPPS (Eds.),
    Environmental Geochemistry in Health and Disease. The Geological
    Society of America. Memoir 123, 73-95 (1971).
POTTS, R.H.: Cationic and Structural Changes in Missouri River Clays
    when treated with Ocean Water. Thesis, Univ. of Missouri, Columbia,
    Mo., 1959.
QUENTIN, K.-E., FEILER, L.: Selen in Grund und Oberflächengewässern.
    Vom Wasser 34, 19-30 (1967).
QUENTIN, K.-E.: Schadstoffe im Wasser als aktuelles Problem der
    Wasserversorgung. GWF-Wasser/Abwasser 113, 377-382 (1972).
RAMIREZ-MUNOZ, J.: Atomic-Absorption Spectroscopy. Amsterdam-
    London-New York: Elsevier Publishing Co. 1968.
RAO, P.S.: Untersuchungen über die Bindungsart von Schwermetallen
    in fluviatilen Sedimenten. (In Bearb.).
RASHID, M.A.: Role of humic acids of marine origin and their different
    molecular weight fractions in complexing di- and trivalent metals.
    Soil Science 111, 298-306 (1971).
REICHERT, J.K.: Untersuchungen von Fließgewässern auf Spurenelemente
    (Metalle - Metalloide). Gewässerschutz-Wasser-Abwasser 10,
    377-389 (1973a).
REICHERT, J.K.: Spurenelementanalytik in Gewässern mit Hilfe der
    Atomemission (AES), Atomabsorption (AAS) und Atomfluoreszenz (AFS).
    Jahrb. "Vom Wasser" 40, 135-149 (1973b).

REICHERT, J., HABERER, K., NORMANN, S.: Untersuchungen über das Verhalten von Spurenelementen bei der Trinkwasseraufbereitung. Vom Wasser 39, 137-146 (1972).

REIMANN, K.: Untersuchungen über den Mechanismus der toxischen Hemmung des Belebtschlammes durch die Schwermetallionen, dargestellt am Beispiel des Kobalts. Wasser- und Abwasserforschung, S. 25-35, 1969.

REINECK, H.-E. (Hrsg.): Das Watt - Ablagerungs- und Lebensraum, 142 S. Frankfurt: Waldemar Kramer 1970.

REINHARD, D.: Schwermetalle in Sedimentkernen aus Schleusenwehren des Mittleren Neckars. (In Bearb.).

REYNOLDS, A.: Kationenaustausch an Permutiten, insbesondere an Wasserstoff- und Schwermetallpermutiten. Kolloid-Beihefte 43, 1-142 (1935).

RINCKE, G.: Kann der Gewässerzustand mit herkömmlichen Mitteln ausreichend überwacht werden oder sind zusätzliche oder neuartige Überwachungsmaßnahmen erforderlich. - Zur Sache: Themen parlamentarischer Beratung. Umweltschutz (I). Aus den öffentlichen Anhörungen des Innenausschusses und des Ausschusses für Jugend, Familie und Gesundheit des Deutschen Bundestages, 1971, S. 53.

RIVERS, J.B., PEARSON, J.E., SHULTZ, C.D.: Total and organic mercury in marine fish. Bull. Environ. Contam. Tox. 8, 257-266 (1973).

RÖMPP, H.: Chemie Lexikon, 4 Bde. 6. Auflage. Stuttgart: Franckh' sche Verlagshandlung 1966.

ROHDE, G.: Sind bedenkliche Anreicherung von Schwermetallen in Böden und Pflanzen nach fortgesetztem Einsatz von Müll- und Müllklärschlammkomposten möglich? Wasser u. Abwasser 11, 1-6 (1972).

ROTH, F.: Schwermetallgehalte von Lebensmitteln und Bedarfsgegenständen. Veröff. Inst. für Küsten- und Binnenfischerei Hamburg 53, 56-74 (1972).

ROSE, D.J., GIBBONS, J.H., FULKERSON, W.: Physics looks at waste management. Physics Today 32-41 (1972).

ROSS, R.G., STEWARD, D.K.R.: Cadmium residues in apple fruit and foliage following a cover spray of cadmium chloride. Can. Plant Sci. 49, 49-52 (1969).

SAMES, C.-W.: Die Zukunft der Metalle. 240 S. Frankfurt: Suhrkamp 1971.

SCHEELHAASE, F.: Erzeugung künstlichen Grundwassers aus Mainwasser. Geol. Rundschau 3, 133-137 (1912).

SCHEFFER, F., SCHACHTSCHABEL, P.: Lehrbuch der Bodenkunde. 6. Aufl., 473 S. Stuttgart: F. Enke 1966.

SCHLEICHERT, V., HELLMANN, H.: "Auftreten und Herkunft von Zink in Gewässern, Literaturbericht 1972/73". Bundesanstalt für Gewässerkunde Koblenz, 32 S., 1973.

SCHLIPKÖTER, H.-W.: Die Luftverunreinigung als gesundheitliches Problem. In: H. SCHULTZE (Hrsg.), Umwelt-Report "Unser verschmutzter Planet", S. 199-205. Frankfurt: Umschau-Verlag 1972.

SCHMIDT, F.: Wasserwirtschaftliche Planungen in Baden-Württemberg. GWF 113, 452-469 (1972).

SCHNEIDER, H.: Zur Frage der Belastbarkeit des Rheins mit radioaktiven Nukliden. IV. Mitteilung: Sorption von Radionukliden durch den planktonischen Anteil der Schwebstoffe des Rheins. GWF 110, 624-652 (1969).

SCHNEIDER, H.: Zur Frage der Belastbarkeit des Rheins mit radioaktiven Nukliden. VI. Mitteilung: Sorption von Radionukliden durch ausgewählte Minerale. Gas- und Wasserfach 111, 21-26 (1970).

SCHNEIDER, H., BLOCK, W.: Zur Frage der Belastbarkeit des Rheins mit radioaktiven Nukliden. III. Mitteilung: Sorption von Radionukliden durch Sedimente des Rheins. GWF 109, 1410-1415 (1968).

SCHNEIDER, W.: Einige Anmerkungen zu den Ursachen der Wasserver-
    unreinigung. - Umweltschutz (I), öffentliche Anhörungen des
    Innenausschusses des Deutschen Bundestages, S. 41-44 (1971).
SCHÖTTLER, U.: Hydrochemische Untersuchungen von Sickerwässern unter-
    halb von Abfallablagerungen, ihr Verhalten im Untergrund und
    Methoden zur statistischen Darstellung. Dissertation Technische
    Hochschule Aachen, 284 S., 1972.
SCHROEDER, H.A., BALASSA, J.J.: Cadmium-uptake by vegetables from
    superphosphate in soil. Science 140, 819-820 (1963).
SCHWILLE, F.: Kernkraftwerke und Grundwassernutzung - eine Aufgabe
    der wasserwirtschaftlichen Planung. Deutsche Gewässerkundl.
    Mitt. 12 (4), 95-103 (1968).
SEGAR, D.A., GILIO, J.L., PELLENBARG, R.E.: Some aspects of the
    biochemical cycles of trace metals in a sub-tropical estuary in-
    cluding ecosystem compartment models. Abstract, Symposium on
    Environmental Biogeochemistry, Utah State University Logan,
    March 22-24, 1973.
SELBY, L.A., MARIENFELD, C.J., PIERCE, J.O.: The effects of trace
    elements on human and animal health. J.A.V.M.A. 157, 1800-1808
    (1970).
SHACKLETTE, H.T.: Cadmium in plants. U.S. Geol. Surv. Bull.
    1314-G, 28 p. (1972).
SHIMP, N.F., LELAND, H.V., WHITE, W.A.: Distribution of major, minor
    and trace constituents in unconsolidated sediments from Southern
    Lake Michigan. Illinois Geol. Surv. Environ. Geol. Note 32, 19 p.
    (1970).
SHIMP, N.F., SCHLEICHER, J.A., RUCH, R.R., HECK, D.B., LELAND, H.V.:
    Trace element and organic carbon accumulation in the most recent
    sediments of Southern Lake Michigan. Illinois Geol. Surv.
    Environ. Geol. Note 41, 25 p. (1971).
SILKER, W.B.: Variations in elemental concentrations in the Columbia
    River. Limnol. Oceanog. 9, 540-545 (1964).
SILLÉN, L.G.: Stability constants of metal-ion complexes, Sec. I:
    inorganic ligands. Chem. Soc. London Spec. Publ. 17, 1964.
SIMON, W.G.: Untersuchungsergebnisse an Grundproben aus dem Gebiet
    der Elbe zwischen Scheelenkuhlen und Cuxhaven und ihre Ausdeutung
    hinsichtlich der Sandwanderung 1951. Mitteilungen der Wasser-
    und Schiffahrtsdirektion Hamburg, Mitt. aus dem geol. Landesamt
    Hamburg, Nr. 11, 153 S. (1953).
SIOLI, H.: Introduction into the Problems: The Situation of Modern
    Civilization in the Light of the Ecological Aspect of Life. In:
    "Ökologie und Lebensschutz" E. SIOLI (Hrsg.), pp. 9-23. Freiburg:
    Verlag Rombach 1972.
SIOLI, H.: Managing Natural Resources for Scientific, Education and
    Health Purposes. IUCN's Technical Meeting, Banff, Alberta, Canada,
    12-15 September 1972: Conservation for Development. Papers and
    Proceedings. Edit. Sir HUGH F.I. ELLIOTT. - IUCN Publications
    new series No. 28, pp. 219-233. Morges 1973.
SLAVIN, W.: Atomic Absorption Spetroscopy. New York-London-Sidney:
    Interscience Publishers 1968.
SOLOHUB, J.T., KLOVAN, J.E.: Evaluation of grain-size parameters
    in lacustrine environments. - Sediment. Petrol. 40, 81-101 (1970).
SONTHEIMER, H., WAGNER, I.: Untersuchungen zur Bleiauswanderung
    aus bleistabilisierten Hart-PVC-Rohren. GWF-Wasser/Abwasser 110,
    487-492 (1969).
SOONG, K.L.: Versuche zur adsorptiven Bindung von Schwermetall-ionen
    an künstlichen Tongemischen. (In Bearb.).
STIEGELE, P., KLEE, O.: Kein Trinkwasser für morgen. 150 S.
    Stuttgart: Deutsche Verlags-Anstalt 1973.
STOCK, A., CUCUEL, F.: Die Verbreitung des Quecksilbers. Natur-
    wissenschaften 22, 390-393 (1934).

STOFFERS, P.: Geochemische Untersuchungen an Sedimenten des Boden-
sees. Diplom-Arbeit, Univ. Heidelberg (1970).
STRAHLER, A.N., STRAHLER, A.H.: Environmental Geoscience: Interaction
between natural systems and man. 511 p. Santa Barbara/California:
Hamilton Publishing Co. 1973.
STUBBS, O.B.E.: Sources of lead in the environment. In: P. HEPPLE
(Ed.), Lead in the Environment, Institute of Petroleum, London,
1-7, 1972.
SVEDBERG, T., PEDERSEN, K.O.: Die Ultrazentrifuge. - Handbuch der
Kolloidwissenschaft, Bd. VII, 436 S. Dresden-Leipzig: Verlag
Steinkopff 1940.
SWANWICK, J.D., O'GORMAN, J.V.: Some effects on metals discharged
in effluents and possiblities for their recovery. Proceedings of
the SCI-DECHEMA Conference from 26-28 March 1973, Cambridge,
England, 31-33, hrsg. von Society of Chemical Industry, London
v. Deutsche Gesellschaft f. Chemisches Apparatewesen, Frankfurt,
1973.
TAKEUCHI, T.: Distribution of mercury in the environment of Minamata
Bay and the Inland Ariaka Sea. In: R. HARTUNG and B.D. DINMAN
(Eds.), Environmental Mercury Contamination, pp. 79-81. Ann Arbor:
Science Publishers Inc. 1972.
TAKEUCHI, T., MORIKAWA, N., MATSUMOTO, H., SHIRAISHI, Y.: A
pathological study of Minamata disease in Japan. Acta Neuropath.
$\underline{2}$, 40-57 (1962).
TATSUMOTO, M., PATTERSON, C.C.: Concentrations of common lead in
some Atlantic and Mediterranean waters and snow. Nature $\underline{199}$,
350-356 (1963).
TENNANT, C.B., BERGER, R.W.: X-ray determination of dolomite-calcite
ratio of a carbonate rock. Am. Miner. $\underline{42}$, 23-29 (1957).
THIERGÄRTNER, H.: Grundprobleme der statistischen Behandlung geo-
chemischer Daten. Freiburger Forschungshefte, C $\underline{237}$, 99 S.,
Leipzig 1967.
THOMAS, R.L.: The distribution of mercury in the sediments of Lake
Ontario. Can. J. Earth Sci. $\underline{9}$, 636-651 (1972).
TÖLG, G.: Zur Frage systematischer Fehler in der Spurenanalyse
der Elemente. Jahrb. "Vom Wasser" $\underline{40}$, 181-206 (1973).
TOURTELOT, H.A., HUFFMAN, Jr., C., RADER, L.F.: Cadmium in samples
of the Pierre shale and some equivalent stratigraphic units,
Great Plain region. U.S. Geol. Surv. Prof. Papers $\underline{475\text{-}D}$, 73-78
(1964).
TUREKIAN, K.K.: The oceans, streams and atmosphere. In: K.H. WEDE-
POHL (ed.), Handbook of Geochemistry, Vol. I, pp. 297-323. Berlin-
Heidelberg-New York: Springer 1969.
TUREKIAN, K.K., KLEINKOPF, M.D.: Estimates of the average abundance
of Cu, Mn, Pb, Ti, Ni and Cr in surface waters of Maine. Bull.
Geol. Soc. Am. $\underline{67}$, 1129-1132 (1956).
TUREKIAN, K.K., SCOTT, M.R.: Concentrations of Cr, Ag, Mo, Ni, Co
and Mn in suspended material in streams. Environ. Sci. Techn. $\underline{1}$,
940-942 (1967).
TUREKIAN, K.K., WEDEPOHL, K.H.: Distribution of the elements in some
major units of the earth's crust. Bull. Geol. Soc. Am. $\underline{72}$, 175-192
(1961).
UDODOV, P.A., PARILOV, Y.S.: Certain regularities of migration of
metals in natural water. Geochemistry (engl. Übers) $\underline{8}$, 763 (1961).
Umwelt - Information des Bundesministeriums des Innern zur Umwelt-
planung und zum Umweltschutz. $\underline{20}$, 6.4.1973, S. 10 (Standards für
Schwermetalle im Wasser).
Umweltschutz - Informationen des Bundesministeriums des Innern zu
Fragen der Wasserwirtschaft, Luftreinhaltung, Lärmbekämpfung
und Abfallbeseitigung, $\underline{18}$, 3.11.1972. "Abfall - Anfall, Behandlung
und Beseitigung in Gemeinden und Industriebetrieben in der Bundesrepublik Deutschland".

U.S. Public Health Service: Drinking water standards. Publ. 969,
   61 pp. Washington, D.C., 1962.
VAHRENKAMP, H.: Metalle in Lebensprozessen - Chemie in unserer Zeit.
   7, 97-105 (1973).
VEEN, J. van: Onderzoekingen in de Hoofden. S'Gravenhage 1936.
   Cit. in SIMON, 1953.
VERNET, J.-P., THOMAS, R.L.: The occurrence and distribution of
   mercury in the sediments of the Petit Lac (western Lake Geneva).
   Eclogae Geol. Helv. 65/2, 307-316 (1972).
VERNET, J.-P., THOMAS, R.L.: Levels of mercury in the sediments of
   some Swiss lakes including Lake Geneva and the Rhone river.
   Eclogae Geol. Helv. 65/2, 209-306 (1972).
VESTER, F.: Das Überlebensprogramm. 234 S. München: Kindler Verlag
   1972.
WAGNER, G.: Beiträge zum Sauerstoff-, Stickstoff- und Phosphorhaus-
   halt des Bodensees. Arch. Hydrobiol. 63, 86-103 (1967).
WAGNER, K.-H., SIDDIQI, I.: Gefährliche Stoffe in Bodenverbesserungs-
   mitteln. Naturwissenschaften 60, 160-161 (1973a).
WAGNER, K.-H., SIDDIQI, I.: Die toxischen Inhaltsstoffe der Mikroalge
   Scenedemus obliquus. Naturwissenschaften 60, 109-110 (1973b).
WAGNER, K.-H., SIDDIQI, I.: Schwermetallkontamination durch industri-
   elle Immission. Untersuchungen von Böden, Futterpflanzen und
   Rinderlebern aus dem Raum Nordenham. Naturwissenschaften 60,
   161 (1973c).
WAGNER, R.: Verhalten nicht-cyanidischer Metallkomplexe bei der her-
   kömmlichen Entgiftung von Galvanikabwässern. Vortrag auf der
   Jahrestagung der Fachgruppe Wasserchemie in der Ges. Deutscher
   Chemiker, Marburg, 8.-10. Mai 1972; Kurzfassung in GWF-Wasser/
   Abwasser 114, 84-85 (1973).
WAHLER, W.: Pulse-polarographische Bestimmung der Spurenelemente
   Zn, Cd, In, Tl, Pb und Bi in 37 geochemischen Referenzproben nach
   Voranreicherung durch selektive Verdampfung. Neues Jahrb. Mineral.
   Abh. 108, 36 (1968).
WAKITA, H.: Cadmium. Abundance in sedimentary rocks. In: K.H. WEDE-
   POHL (Ed.), Handbook of Geochemistry, Vol. II/2, 48-K. Berlin-
   Heidelberg-New York: Springer 1970.
WALDEN, H.: Verunreinigung der Meere. In: H. SCHULTZE (Hrsq.),
   Umwelt-Report "Unser verschmutzter Planet", S. 149-152. Frankfurt:
   Umschau-Verlag 1972.
WALLIS, W.A., ROBERTS, H.V.: Statistics, a new approach. Free Press,
   Glencoe, 1956; deutsche Übers.: Methoden der Statistik, rororo-
   Taschenbuch 6091-6095, 574 S., 1969.
WALLNER, J.: Wie beurteilen Sie die gegenwärtige Lage auf dem Gebiet
   der Wasserwirtschaft hinsichtlich der Menge und der Güte des
   Wassers? Zur Sache: Themen parlamentarischer Beratung. Umwelt-
   schutz (I). Aus den öffentlichen Anhörungen des Innenausschusses
   und des Ausschusses für Jugend, Familie und Gesundheit des Deutschen
   Bundestages, S. 11-16, 1971.
WALTERS, L.J., HERDENDORF, C.E.: Mercury concentration in surface
   sediments as related to water masses in western Lake Erie. The
   Compass of Sigma Gamma Epsilon 50, 5-10 (1973).
WEBB, J.S.: Regional geochemical reconnaissance in medical geo-
   graphy. In: H.L. CANNON and H.C. HOPPS (Eds.), Environmental
   Geochemistry in Health and Disease. The Geol. Soc. Am. Mem. 123,
   31-42 (1971).
WEBER, J.N., SMITH, F.G.: Rapid determination of calcite-dolomite
   rations in sedimentary rocks. J. Sediment. Petrol. 31, 130-131
   (1961).
WEDEPOHL, K.H.: Geochemie. Sammlung Göschen Bd. 1224, 218 S.
   Berlin: Walter de Gruyter & Co. 1967.

WEDEPOHL, K.H.: Composition and abundance of common sedimentary
    rocks. In: K.H. WEDEPOHL (ed.), Handbook of Geochemistry, Vol. I,
    pp. 250-271. Berlin-Heidelberg-New York: Springer 1969.
WEDEPOHL, K.H.: Zinc. Abundance in natural waters and in the
    atmosphere. In: K.H. WEDEPOHL (Ed.), Handbook of Geochemistry,
    Vol. II/3, 30-I. Berlin-Heidelberg-New York: Springer 1972.
WEICHARDT, G.: Verschmutzung der Nordsee. Naturwissenschaften 60,
    469-472 (1973).
WEILER, R.R., CHAWLA, V.K.: Dissolved mineral quality of Great
    Lakes waters. Proc. 12th Conf. Great Lakes Res. p. 801-818 (1969).
WEISS, A., AMSTUTZ, G.C.: Ion-Exchange Reactions on Clay Minerals
    and Cation Selective Membrane Properties as Possible Mechanisms
    of Economic Metal Concentration. Mineralium Deposita 1, 60-66
    (1966).
WEISS, H.V., KOIDE, M., GOLDBERG, E.D.: Mercury in a Greenland ice
    sheet: evidence of recent impact by man. Science 174, 692 (1971).
WEISSBERG, B.G., ZOBEL, M.G.R.: Geothermal mercury pollution in
    New Zealand. Bull. Environ. Contam. Tox. 9, 148-155 (1973).
WELZ, B.: Atom-Absorptions-Spektroskopie. 216 S. Weinheim: Verlag
    Chemie 1972.
WIDENER, D.: Kein Platz für den Menschen. Fischer Bücherei, 1971.
WILLIAMS, R.J.P.: Schwermetalle in biologischen Systemen. Endeavour
    26, 96-100 (1967).
WOOD, E.D.: Biochemical cycling of several trace metals in the
    Caribean Sea. Abstract, 35th Annual Meeting of ASLO, Tallahassee,
    Fla., March 19-22, 1972.
WOOD, J.M., ROSEN, C.G., KENNEDY, S.F.: Synthesis of methyl-mercury
    compounds by extracts of a methanorganic bacterium. Nature 220,
    173-174 (1968).
World Health Organization (WHO), Genf: Einheitliche Anforderungen
    an die Beschaffenheit, Untersuchung und Beurteilung von Trink-
    wasser in Europa. - Vorschläge einer vom Europäischen Büro der
    Weltgesundheitsorganisation, Kopenhagen, berufenen Studiengruppe.
    2., verb. Aufl. 1970, nach dem englischen Text übersetzt von
    GERTRUD MÜLLER. Schriftenreihe des Vereins für Wasser-, Boden-
    und Lufthygiene 14 b, 50 S., 1971.
YOUNG, D.R., JOHNSON, J.N., SOUTAR, A., ISAACS, J.D.: Mercury
    concentrations in dated varved marine sediments collected of
    Southern California. Nature 244, 3, 273-274 (1973).
ZAHNER, R.: Organismen als Indikatoren für den Gewässerzustand.
    Arch. Hyg. Bakt. 149, 243-256 (1965).
ZITKO, V., CARSON, W.V.: Release of heavy metals from sediments
    by Nitrilotriacetic Acid (NTA). Chemosphere 3, 113-118 (1972).
ZÜLLIG, H.: Sedimente als Ausdruck des Zustandes eines Gewässers.
    Schweiz. Z. Hydrologie 18, 7-143 (1956).
Zur Sache - Umweltschutz (I): Wasserhaushalt, Binnengewässer, hohe
    See und Küstengewässer. Aus den öffentlichen Anhörungen des
    Innenausschusses und des Ausschusses für Jugend, Familie und Ge-
    sundheit des Deutschen Bundestages. Hersg. vom Presse- und In-
    formationszentrum des Deutschen Bundestages, 215 S., 1971.

Sachverzeichnis

"Schwermetall" (oder "Schwermetalle") wird nachfolgend SM abgekürzt.

Ökosystemforschung

Ergebnisse von Symposien der Deutschen Botanischen Gesellschaft
und der Gesellschaft für Angewandte Botanik

Herausgegeben von
Professor Dr. **Heinz Ellenberg,**
Systematisch-Geobotanisches
Institut der Universität Göttingen

101 Abb. XV, 280 Seiten. 1973
DM 39,—

■ **Bitte Prospekt anfordern!**

Springer-Verlag
Berlin
Heidelberg
New York
München Johannesburg
London New Delhi Paris
Rio de Janeiro Sydney
Tokyo Utrecht Wien

Ökosystemforschung ist eine wichtige Voraussetzung für die Gesundung und Gesunderhaltung unserer Umwelt. Wo auch immer auf der Erde Menschen und andere Lebewesen existieren, sind sie Partner mehr oder minder im Gleichgewicht befindlicher Systeme — sei es in Industriestädten oder ländlichen Siedlungsräumen, sei es in der freien Landschaft, sei es an und in Binnengewässern oder Meeren. Ökosysteme sind zur Selbstregulation befähigte Wirkungsgefüge von Lebewesen und deren anorganischer Umwelt. Nahrungsketten verbinden die grünen Pflanzen als Primärproduzenten mit den abfallzehrenden Tieren und den mineralisierenden Mikroorganismen einerseits und mit den Pflanzenfressern sowie den Raubtieren und Parasiten steigenden Grades andererseits. Der Mensch gliedert sich an verschiedenen Stellen ein, sei es als Nutznießer, Förderer oder Störer. Das Funktionieren und die Gesetzmäßigkeiten solcher komplizierten offenen Systeme näher kennenzulernen, ist eines der Hauptziele des Internationalen Biologischen Programms (IBP). Mitarbeiter deutscher und österreichischer Arbeitsgruppen bringen hier erstmalig einen Teil ihrer Ergebnisse in größerem Zusammenhang, gemeinsam mit einigen unabhängig arbeitenden Kollegen. Der Herausgeber war an der Planung des IBP wesentlich beteiligt und ist Vorsitzender des deutschen Landesausschusses. An Beispielen von Seen und Meeren, Wäldern, Rasen, Zwergstrauchheiden und sonstigen naturnahen oder anthropogenen Systemen bis hinauf in die Schneestufe der Alpen werden in diesem Bande verschiedenste Aspekte der Forschung behandelt. Der einleitende Überblick und der abschließende Versuch·einer globalen Klassifikation der Ökosysteme runden das Ganze zu einer Einführung in diesen neuen Wissenszweig, wie sie bisher für das deutsche Sprachgebiet noch nicht vorlag.